21世纪普通高等院校土木工程系列规划教材

建筑工程质量事故分析与处理

（第二版）

主　编 ◎ 李伙穆　李　栋

副主编 ◎ 蔡　昱　王　兰

主　审 ◎ 林春建　施纯正

厦门大学出版社
XIAMEN UNIVERSITY PRESS
国家一级出版社
全国百佳图书出版单位

图书在版编目（CIP）数据

建筑工程质量事故分析与处理 / 李伙穆，李栋主编
. -- 2 版. -- 厦门：厦门大学出版社，2022.8
  ISBN 978-7-5615-8664-8

  Ⅰ. ①建… Ⅱ. ①李… ②李… Ⅲ. ①建筑工程－工
程质量事故－事故分析－高等学校－教材②建筑工程－工
程质量事故－事故处理－高等学校－教材 Ⅳ. ①TU712

中国版本图书馆CIP数据核字(2022)第119303号

出 版 人　郑文礼
总 策 划　宋文艳
责任编辑　陈进才
美术编辑　李嘉彬

出版发行　厦门大学出版社
社　　　址　厦门市软件园二期望海路 39 号
邮政编码　361008
总　　　机　0592-2181111　0592-2181406(传真)
营销中心　0592-2184458　0592-2181365
网　　　址　http://www.xmupress.com
邮　　　箱　xmup@xmupress.com
印　　　刷　厦门集大印刷有限公司

开本　787 mm×1 092 mm　1/16
印张　18.75
字数　468 千字
版次　2015 年 4 月第 1 版　2022 年 8 月第 2 版
印次　2022 年 8 月第 1 次印刷
定价　45.00 元

厦门大学出版社
微信二维码

厦门大学出版社
微博二维码

前　言

"百年大计,质量第一。"建筑工程质量安全,是确保建筑物能够长期有效使用的首要条件。做好安全生产工作,落实生产经营单位主体责任是很重要的一个环节。

随着我国国民经济的迅速发展,建筑业已成为我国经济发展的支柱产业之一。建筑作为一种工业产品,其科技含量也在不断提高。为确保建筑安全,对其也不断提出新要求。尽管采取了许多措施,建筑事故还是时有发生。严重的事故使建筑物倒塌,造成人员伤亡和严重的经济损失。如何促使各建设工程参与方树立建筑工程质量意识,避免建筑事故的发生,提高建筑工程质量,是笔者编写本书的目的。本书编写体现了教育部、住宅与城乡建设部大力推进一般普通高等院校教育向技术应用型转型的教育改革和办学理念,根据建设行业人才市场的实际需要出发,以素质为基础,以能力为本位,以就业为导向,加快培养建设行业一线迫切需要的高技能人才。

为适应新技术的发展和新规范的要求,提高教材的质量,笔者对原教材做了修订。这次修订有以下特点:

(1)体现高职教育特色,适应高等职业技术教育发展,重视专业技能的培养,让理论与实践在教材中最大限度地结合;

(2)联系工作实际,以实践实用为主,将重点放在建筑工程质量中经常出现的问题中来,树立质量和安全观念;

(3)不仅重视学生对专业基础知识的掌握和能力的培养,而且还注意今后的进一步深造和发展要求;

(4)结合我国国情,取材适当,尽量采取最近的新发展和最新的案例。

由于工程建设项目不同于一般工业生产活动,其项目实施的一次性,生产组织特有的流动性、综合性,劳动的密集性及协作关系的复杂性,导致建筑质量事故具有复杂性、严重性、可变性及多发性的特点。本书对大量工程事故案例进行分析,目的在于让工程建设参与者清楚工程各分部分项的各个部位容易出现工程质量事故的原因所在,施工时才能更特别细心地去处理,从而起到防范与抑制事故发生的作用,同时提高在校生对工程质量事故的分析能力和解决能力。

本书由泉州工程职业技术学院教授、高级工程师李伙穆和集美大学讲师、工程师李栋担任主编,厦门城市技术学院讲师、工程师蔡昱,黎明职业大学副教授王兰博士担任副主编,泉州工程职业技术学院教师谢丹萍参与编写,福建省第五建筑工程公司教授级高级工程师林春建、高级工程师施纯正主审。全书共分十章,编写分工如下:李伙穆编写第一、十章,李栋编写第三、五章,蔡昱编写第八、九章,王兰编写第六、七章,谢丹萍编写第二、四章并参加了校稿工作。

因水平有限,书中肯定还有不足之处,敬请专家、同仁和广大读者给予批评指正。

编者

2022 年 6 月

目 录

第一章 工程质量事故分析概述 ……………………………………………（1）

第一节 工程项目质量的概念 ……………………………………………（2）

第二节 工程质量事故的分类 ……………………………………………（5）

第三节 工程质量事故的特点及影响因素 ………………………………（7）

第四节 工程质量事故分析依据与作用 …………………………………（9）

第五节 事故分析的方法与基本原则 ……………………………………（10）

第六节 建筑工程质量事故处理的一般步骤 ……………………………（14）

思考题 ……………………………………………………………………（18）

第二章 土方工程 ……………………………………………………………（20）

第一节 平整场地 …………………………………………………………（20）

第二节 土方开挖与回填 …………………………………………………（22）

第三节 排水与降水 ………………………………………………………（24）

第四节 深基坑支护工程 …………………………………………………（26）

思考题 ……………………………………………………………………（36）

第三章 地基与基础工程 ……………………………………………………（37）

第一节 国内外地基基础工程成败实例 …………………………………（37）

第二节 地基和基础工程质量控制要点 …………………………………（43）

第三节 地基处理与加固 …………………………………………………（46）

第四节 灰土地基 …………………………………………………………（50）

第五节 多层建筑基础工程 ………………………………………………（53）

第六节 高层建筑基础工程 ………………………………………………（60）

第七节 桩基础工程 ………………………………………………………（71）

思考题 ……………………………………………………………………（84）

第四章 砌体结构工程 ………………………………………………………（85）

第一节 砌体工程质量控制要点 …………………………………………（85）

第二节 砖（石）砌体工程 ………………………………………………（88）

第三节 混凝土小型空心砌块砌体工程 …………………………………（92）

思考题 ……………………………………………………………………（100）

第五章　钢筋混凝土工程·······························(101)
　第一节　钢筋混凝土工程质量控制要点·····················(101)
　第二节　模板工程·····································(108)
　第三节　钢筋工程·····································(113)
　第四节　混凝土工程···································(123)
　第五节　预应力混凝土工程·····························(138)
　第六节　现浇钢筋混凝土框架工程常见的质量问题···········(155)
　第七节　特殊工艺钢筋混凝土框架工程·····················(160)
　思考题···(168)

第六章　结构安装工程·······························(169)
　第一节　装配式钢筋混凝土结构吊装工程·················(169)
　第二节　钢结构工程···································(174)
　第三节　钢结构工程质量事故处理·······················(176)
　思考题···(187)

第七章　防水工程···································(189)
　第一节　屋面防水工程·································(190)
　第二节　地下建筑防水工程·····························(201)
　第三节　其他防水工程·································(211)
　思考题···(216)

第八章　装饰装修工程·······························(218)
　第一节　抹灰工程·····································(218)
　第二节　地面工程·····································(225)
　第三节　饰面板（砖）工程·····························(233)
　第四节　涂饰工程·····································(239)
　第五节　裱糊与软包工程·······························(246)
　第六节　门窗工程·····································(251)
　思考题···(254)

第九章　建筑工程检测方法···························(255)
　第一节　钢筋混凝土构件的检测·························(256)
　第二节　砌体构件的检测·······························(265)
　第三节　钢构件的检测·································(269)
　第四节　建筑物的变形观测·····························(271)
　思考题···(273)

第十章　建筑结构缺陷的处理………………………………………………（274）

　　第一节　建筑结构的加固与地基处理方法……………………………（274）

　　第二节　建筑结构的加固原则…………………………………………（282）

　　第三节　建筑结构加固设计与施工要点………………………………（283）

　　思考题……………………………………………………………………（289）

附录……………………………………………………………………………（290）

参考文献………………………………………………………………………（292）

第一章　工程质量事故分析概述

【教学要求】

　　本章重点阐述了质量与质量事故相关的几个重要概念、术语以及工程质量事故的分类、特点；分析了影响工程质量的因素。从理论上强化对工程质量事故分析的认识与把握。

【教学提示】

　　要掌握"工程质量事故分析"理论的系统性、整体性，掌握其作用、依据、方法、原则和对建筑工程质量事故处理的一般程序。为今后进一步深入学习打下基础，并能指导运用于工作实践。

　　建设工程是人们生活、生产、工作的活动场所，是人们赖以生存和发展的物质基础之一。建设工程质量关系到人民的生命及财产的安全。《建筑法》把保证工程质量和安全作为立法的主要目的，把确保工程质量和安全作为建筑活动的基本原则。《建设工程质量管理条例》是《建筑法》颁布实施配套的法规，《建筑工程施工质量验收统一标准》(GB50300—2019)统一了建筑工程施工质量的验收方法、质量标准和程序，增加了建筑工程施工现场质量管理和质量控制的要求，体现了以强化检验来保证过程控制的原则。强制性条文的实施，又为建筑从业人员在建筑活动中确保工程质量提供了必须严格执行的准则。

　　我国建设工程的质量，用发展的眼光从总体上审视是好的。国家重点工程的质量逐年稳步提高，有的已达到国际先进水平。一般建设工程质量也在稳步提升，但是，也必须清醒地看到另一面，即当前工程质量存在的问题还比较突出，一些"豆腐渣"工程的重大质量事故，不仅给国家带来了严重经济损失，社会的负面影响也十分恶劣，一些民用建筑工程特别是住宅工程，影响正常使用功能的质量事故或质量缺陷屡屡出现，也成为人们关注投诉的热点之一。

　　工程质量事故的发生，从大环境看，与建筑市场发育不够成熟有关。工程、劳务、物资等市场还没有达到完全规范化、法治化。项目工程的生产要素还不能得到最佳的优化配置，施工企业经营管理机制滞后。从小环境分析，发生质量事故有其内在的必然性，就是工程建设各阶段工作的失误。工程质量问题突出的表现是工程项目前期工作差，基础资料不完善；工程设计不合理，违反科学；工程材料假冒伪劣严重，以次充好；施工粗制滥造，偷工减料等。另外，前期建设工程各阶段的工作做得再好，施工不按规范操作，物化劳动的最终产品必然导致或工程质量不合格，或发生质量事故，或产生质量缺陷。2021 年 9 月 1 日实施的最新版《中华人民共和国安全生产法》明确确立了安全生产在经济社会发展中的重要地位。安全生产的地位进一步凸显，因此，强化安全意识，保证工程质量，势在必行。

第一节 工程项目质量的概念

工程质量事故分析,是后馈式控制手段之一。为了掌握与工程质量事故分析的理论和方法,取得举一反三的效果,触类旁通,掌握与质量有关的基本概念非常必要。

一、质量的概念

质量,是"一组固有特性满足要求的程度"(GB/T 19000—2016)。对建筑产品而言,如工业厂房、居住建筑,其固有特性是本来就有的,尤其是那种永久的特性,如必须满足人们生产、居住的特性。这种"要求"是"明示的,通常隐含的或必须履行的需要或期望"。如住宅工程必须具备的功能,这种期望是不言而喻的。"满足要求的程度"才能反映质量好与坏。通俗的比喻:如有防水要求的卫生间、房间和外墙面出现渗漏,不能满足要求的程度,就可以说质量不好。

工程质量受建设全过程众多因素的影响。施工阶段是建设工程"过程的结果",对工程质量的影响举足轻重。

二、质量保证的含义

质量保证,应是"质量管理的一部分,致力于提供质量要求会得到满足的信任"(GB/T 19000—2016)。随着经济的发展和施工技术的进步,单体建筑工程的建筑规模越来越大,具有综合使用功能的综合性建筑物越来越多,建筑产品也越来越复杂,对其质量要求也越来越高。建筑产品的特性,有的已不能通过检验来鉴定,在动用一段时间以后就逐渐暴露出质量问题,这种现象时有发生。施工单位为了向业主提供质量保证,就必须提供合格的施工阶段的各个环节、工序质量的证据。"质量保证"正是以保证质量为基础,进一步引申到"提供信任"这一基本目的。"质量保证"不是单纯为了保证质量,其主要目的是提供(向用户或第三方)信任。施工单位,尤其是生产一线的质量管理人员一定要加深对"质量保证"的理解,并付诸"过程"中。

三、工程项目质量的概念

工程项目质量是国家现行的有关法律、法规、技术标准、设计文件及工程合同中对工程的安全、使用、经济、美观等特性的综合要求。建筑工程质量《建筑工程施工质量验收统一标准》(GB 50300—2019),从其标准的角度赋予其涵义:是反映建筑工程满足相关标准规定或合同约定的要求,包括其在安全、使用功能及其在耐久性能、环境保护等方面所有明显和隐含能力的特性总和。工程项目质量是活动和过程的本身,也是活动和过程的结果。整个活动过程,包括项目设计、项目施工、项目回访保修。本教材质量事故分析的重点是建筑工程施工质量。

工程项目具有单件性、建成的一次性和寿命长期性的特点。

单件性。工程项目必须满足每个不同需求业主所需的功能和使用价值,不同于其他在工厂中连续批量生产的相同产品,即使同类型的工程项目,由于所处地理位置和自然环境的区别,施工管理条件、施工工艺的不同,其最终的产品(实体)质量也存在差异。

一次性建成。工程项目只能一次性建成,只能允许生产合格的产品,否则,造成的巨大经济损失是无法挽回的。质量的风险性显而易见。

寿命周期长。建筑工程耐久年限一般较长。这就要求工程质量长期属于稳定状态,具有耐久性能,如民用建筑的主体结构耐久年限为50~100年。

建设工程一次性投入大、建设周期长,在工程建设的各个阶段,存在着许多影响质量的不确定因素,并受制于不确定因素。工程项目质量波动、质量变异、质量隐蔽、质量终检局限难度,都是一般产品无法比拟的。

四、建筑工程事故造成的影响

工程质量事故,应该理解为:凡工程质量没有满足规定的要求,即质量达不到合格标准的要求,称为不合格(GB/T 19000—2016)。

工程质量缺陷,应理解为:凡工程未满足与预期或规定用途有关要求,称为质量缺陷(GB/T19000—2016)。

掌握了这样的尺度,就利于区别质量事故和质量缺陷。

在工程建设整个活动过程中,质量事故是应该防止发生的,也是能够防止发生的。质量缺陷却存在发生的可能性,如建筑结构完全能满足功能所有要求,钢筋混凝土结构受拉区出现了规范允许的微细裂缝,只能界定为质量缺陷,但这并不是说质量缺陷完全可以忽视,事物的发展,是量变到质变的过程,有些质量缺陷,会随着时间的推移、环境的变化,趋向严重。例如,某地区一餐厅,屋面长期漏水,没有得到根治,三年之后某深夜瞬间倒塌,发生这起重大质量事故的原因,主要是结构计算存在重大错误,从倒塌的屋面显示,钢筋严重生锈,严重腐蚀,局部混凝土与钢筋失去了握裹力,屋面承受不了荷载,由此可见屋面漏水也是诱发原因之一。

建筑物在施工和使用过程中,不可避免地会遇到质量低下的现象,轻则看到种种缺陷,严重则发生各种破坏,甚至出现局部或整体倒塌的重大事件。当遇到这些现象时,建筑工作者应该善于分析,判断它产生的原因,提出预防和治理它的措施,要做到这些,必须对它们有一个准确的认识。

五、建筑工程中的缺陷表现

建筑工程中的缺陷,是由人为的(勘察、设计、施工、使用)或自然的(地质、气候)原因造成的,是建筑物出现影响正常使用、承载力、耐久性、整体稳定性的种种不足的统称,它按照严重程度不同,又可分为三种情况。

(1)轻微缺陷。它们并不影响建筑物的近期使用,也不影响建筑结构的承载力、刚度及其完整性,但却有碍观瞻或影响耐久性。例如墙面不平整,地面混凝土龟裂,混凝土构件表面局部缺浆、起砂、钢板上有划痕、夹渣等。

（2）使用缺陷。它们虽不影响建筑结构的承载力，却影响建筑物的使用功能，或使结构的使用性能下降，有时还会使人有不舒适感和不安全感。例如屋面和地下室渗漏，装饰物受损，梁的挠度偏大，墙体因温差而出现斜向或竖向裂纹等。

（3）危及承载力缺陷。它们或表现为采用材料的强度不足，或表现为结构构件截面尺寸不够，或表现为连接构造质量低劣。例如混凝土捣固不实、配筋欠缺、钢结构焊缝有裂纹、咬边现象、地基发生过大的沉降速率等。这类缺陷威胁到结构的承载力和稳定性，如不及时消除，可能导致局部或整体的破坏。

缺陷可能是显露的，如屋面渗透，也可能是隐蔽的，如配筋不足。后者更为危险，因为它有良好外表的假象，一旦有所发展，后果可能很严重。

缺陷的发展是破坏，而破坏本身又经历着一个过程，它对建筑装饰来说，是指装饰物从失效、毁坏到脱落的过程。对建筑结构来说，是指结构构件从临近破坏到破坏，再由破坏到即将倒塌的过程。

六、建筑结构破坏的表现

建筑结构的破坏，是结构构件或构件截面在荷载、变形作用下承载和使用性能失效的协议标志。例如：

（1）截面破坏。指构件的某个截面由于材料达到协议规定的某个应力或应变值所形成的破坏。例如：钢筋混凝土梁正截面受弯破坏，指该截面拉区钢筋到达屈服点，相应压区混凝土边缘达到极限压应变时的受力状态，破坏时该截面所能承受的弯矩不能再增加，就是一种破坏。但超静定构件某个截面发生破坏，并不等于该构件发生破坏。

（2）构件破坏。指结构的某个构件由于达到某些协议检验指标所形成的破坏。上述钢筋混凝土梁，如果受拉主筋处的最大裂缝宽度达到 1.5 mm，或挠度达到 $L/50$（L 指跨长）时，即认为该梁发生破坏。同理，超静定结构的某个构件发生破坏，并不等于该结构发生破坏。

正因为破坏是一种人为的协议标志，要十分注意结构构件或构件截面的受力和变形处于设计规范允许值和协议破坏标志之间的状态，并将它称之为临近破坏（如钢筋混凝土梁受拉区的裂缝宽度在 0.9 mm 和 1.5 mm 之间时）。临近破坏是破坏的前兆，有这种破坏前兆的（如钢筋混凝土梁的弯曲破坏）称为延性破坏；无这种破坏前兆的（如无腹筋混凝土梁的剪切破坏）称为脆性破坏。在进行建筑物的结构设计时，要避免发生脆性破坏；对有破坏前兆的临近破坏的质量问题，要及时发现并及时处理，予以纠正。这些在实际的建筑工程设计和实践中，都具有极其重要的意义。

建筑结构的倒塌，是建筑结构在多种荷载和变形共同作用下稳定性和整体性完全丧失的表现，建筑结构的临近破坏、破坏和倒塌，统称质量事故，简称事故。破坏称破坏事故；倒塌称倒塌事故。其中，若只有部分结构丧失稳定性和整体性的，称为局部倒塌；整个结构物丧失稳定性和整体性的，称为整体倒塌。倒塌具有突发性，是不可修复的；它的发生，一般都伴随着人员的伤亡和经济上的巨大损失。但倒塌绝不是不可避免的，因为，建筑结构的倒塌一般都要经过以下几种规律性的阶段：

(1)结构的承载力减弱；

(2)结构超越所能承受的极限内力或极限变形；

(3)结构的稳定性和整体性丧失；

(4)结构的薄弱部位先行突然破坏、倾倒；

(5)局部结构或整个结构倒塌。

有时，这些阶段在瞬时连续发生发展，表现为突发性倒塌；有时，这些阶段的发生和发展是渐变的，它使破坏有一个时间过程。因此，如果人们能在发生轻微缺陷时就及时纠正，在有破坏征兆时就及时加固，做到防微杜渐、亡羊补牢，倒塌往往是可以避免的。

纵览以上分析，建筑结构的缺陷和事故，虽然是两个不同概念：事故表现为建筑结构局部或整体的临近破坏、破坏和倒塌；缺陷仅表现为具有影响正常使用、承载力、耐久性、完整性的种种隐藏的和显性的不足。但是，缺陷和事故又是同一类事物的两种程度不同的表现；缺陷往往是产生事故的直接或间接原因；而事故往往是缺陷的质变或经久不加处理的发展。

第二节   工程质量事故的分类

为了准确把脉工程质量事故的症结所在，精确分析其原因，总结带有共同性的规律，了解和掌握质量事故的分类方法，是非常必要的。

一、按事故的经济损失程度分类

1. 一般事故

(1)直接经济损失在5000元(含5000元)以上，不满50000元的；

(2)影响使用功能和工程结构安全，造成永久质量缺陷的。

2. 严重质量事故

凡具备下列条件之一者为严重质量事故。

(1)直接经济损失在50000元(含50000元)以上，不满10万元的；

(2)严重影响使用功能或工程结构安全，存在重大质量隐患的；

(3)事故性质恶劣或造成2人以下重伤的。

3. 重大质量事故

凡具备下列条件之一者为重大质量事故，属建设工程重大事故范畴。

(1)工程倒塌或报废；

(2)由于质量事故，造成人员死亡或重伤3人以上；

(3)直接经济损失10万元以上。

按伤亡人数和直接经济损失(重大事故)又可分为1~4级。

根据2007年4月9日国务院发布的《生产安全事故报告和调查处理条例》第三条规定，

生产安全事故造成的人员伤亡或直接经济损失,分为以下等级:

(1)Ⅰ级(特别重大事故)指死亡 30 人以上,或者重伤 100 人以上,或者直接经济损失 1 亿元以上的事故。

(2)Ⅱ级(重大事故)指死亡 10 人以上 30 人以下,或者重伤 50 人以上 100 人以下,或者直接经济损失 5000 万元以上 1 亿元以下的事故。

(3)Ⅲ级(较大事故)是指造成死亡 3 人以上 10 人以下,或者重伤 10 人以上 50 人以下,或者直接经济损失 1000 万元以上 5000 万元以下的事故。

(4)Ⅳ级(一般事故)是指造成死亡 3 人以下,或者重伤 10 人以下,或者直接经济损失 1000 万元以下 100 万元以上的事故。

二、按事故发生的部位和现象分类

地基事故:地基不均匀下沉、边坡失稳塌方、填方地坪下沉等。

基础事故:基础错位、变形过大、基础上浮、桩基偏移、桩身断裂等。

错位事故:建筑物方位不准、结构体几何尺寸偏差、预埋件、预留洞(槽)位移等。

开裂事故:砌体结构、混凝土结构开裂等。

变形事故:结构件受力倾斜、扭曲等。

倒塌事故:建筑物整体或局部倒塌等。

三、按事故的不可见性分类

隐性事故:结构或构件承载力不足、混凝土强度达不到规定要求等。

功能事故:隔声隔热达不到设计要求等。

四、按事故产生的原因分类

程序原因:从事建设工程活动,没有严格执行基本建设程序,没有坚持先勘察、后设计、再施工的原则。在基本建设一系列规定程序中,勘察、设计、施工是保证工程质量最关键的三个阶段。近年来,边勘察、边设计、边施工的"三边工程"屡禁不止。因地质资料不全,施工图纸不完整,盲目施工造成质量事故的举不胜举。

技术原因:地质情况估计错误;结构设计计算错误;采用的技术不成熟,或采用没有得到实践检验充分证实可靠的新技术;或采用的施工方法和工艺不当。

社会原因:社会上存在的弊端和不正之风导致腐败,腐败引发建设中的错误行为恶性循环。朱镕基总理曾经指出:"工程质量事故频发,重要原因是由于工程建设领域存在的严重腐败行为,内外勾结,贪赃枉法。"过去,有不少重大工程质量事故的确与社会原因有关。近些年来通过对腐败之风进行不断整治,工程建设领域存在的严重腐败现象有了很大的扭转,工程质量也有较大的提高。

第三节　工程质量事故的特点及影响因素

一、工程质量事故特点

工程建设物流渠道错综复杂,参与的各方多,涉及面广,加之特殊的地域、自然环境,一旦出现质量事故就具有复杂性、严重性、多变性和多发性的特点。

1. 复杂性

就施工阶段而言,产品固定,人员流动;产品多样性、单件性,结构类型各异;材料品种繁杂,材质性能不同,组合配制不一;多专业、多工种交叉作业,协调难度大;施工方法、工艺要求、技术标准变化大。这些都是影响工程质量的因素。建设活动过程和建设活动本身,一旦工序失控,发生质量控制断链,就会造成事故原因的复杂性。同一性质的质量事故,造成的原因也截然不同。如砌体裂缝的原因,可能是温差收缩变形,可能是地基不均匀下沉,或结构荷载过大,或设计构造不当,或材质不良,或施工质量低劣,或受地震、机械振动、邻近爆破影响。某地尚未竣工的新礼堂突然倒塌,造成重大质量事故的原因:台口大梁下砌筑断面太小,砖筑为包心砌筑,砂浆不饱满,强度达不到规范要求。由此可见,造成质量事故的成因,可能是单一的,也可能是综合因素共同造成的结果。

2. 严重性

投资建设工程项目具有高风险,一旦出现质量事故,轻的延误工期,增加工程费用,影响使用功能,重的对社会和经济影响往往十分严重。重庆綦江彩虹桥垮塌;某市某 20 层大厦(主体为框架剪力墙结构)浇筑主体使用了不合格水泥,迫使拆除 11~14 层;某市某住宅工程(剪力墙结构、18 层、建筑面积 1.46 万 m²)主体完工后,整体倾斜,采取纠偏措施无效,最后被迫引爆 5~18 层。质量事故的严重性远远超过其他产品。

3. 可变性

工程质量事故的存在,往往是动态的。如处理不及时或处理方法不当,会随时间、环境等因素,由此及彼,使事故性质发生变化。某市某大厦,基坑设计深度 9.0 m,支护结构采用直径 800 mm,间距 1.0 m 的钢筋混凝土灌注桩,桩长 15 m,支护桩外侧为水泥搅拌止水帷幕。基坑完工做基础垫层时,遇大雨,因基坑拐向处水平支撑钢筋混凝土大梁突然断裂,基坑坍塌范围达 40 多米。造成相邻近 1、3 号住宅楼墙体开裂,楼房向基坑方向倾斜。可见水平支撑抗力不足,带来可变性的后果。某市发电厂第二期扩建工程,梁柱吊装之后,未能及时焊接固定,节点间尚未浇筑混凝土,为了赶工期,在整个排架尚未稳定的情况下,安装上节柱,在大风突袭下倒塌,这也是可变性的案例。

4. 多发性

多发性应理解为工程建设施工阶段,容易被疏忽,容易发生质量失控,造成的应该避免又没能避免的质量缺陷。多发性的质量通病,具有普遍性、顽固性。如屋面渗漏,有防水要求的卫生间、房间和外墙面渗漏及抹灰层开裂、脱落,预制构件的微细裂缝等。

二、影响工程质量的因素

工程项目质量要达到设计和合同规定的要求,首先须分析人的因素对工程质量的影响。在施工阶段,关键岗位管理者的理论水平、技术水平对工程质量的影响,起着关键作用。工程技术环境、工程劳动环境、工程管理环境,都与施工人员的行为有关,并受其制约。我国加入WTO后,面临外资施工企业对我国建筑市场的冲击。各方的竞争能力,主要取决于科技水平和人才素质。国家鼓励采用先进的科学技术和管理方法,提高建设工程质量,已经初见成效。建设工程,由于积极采用新技术、新工艺、新材料、新设备,大大提高了建设工程的质量水平。如新型防水材料的使用,使长期困扰房屋渗漏的问题得到了治理;新型外加剂的使用,提高了混凝土的强度和耐久性;深基坑支护技术的推广运用,确保了边坡稳定,满足了变形控制要求。但是,在建筑新技术日新月异的今天,施工管理人员的理论水平、专业素质明显滞后,技术创新能力差;乡镇建筑企业占据了全国建筑企业总数的一半,建筑从业人员中,农民工占80%以上,建筑劳动者的文化素质、专业技能水平偏低,又成为影响工程质量的主要因素。

工程质量发生的原因多种多样,往往是由多种因素造成的。例如:技术原因引发的事故、管理原因引发的事故、社会经济原因引发的事故等。从已有的事故分析,归纳起来可以分为以下几个方面。

1. 管理不善

管理是一个复杂且涉及多方面内容的因素。管理不善内容包括"七无"工程,既无立项、无报建、无开工许可、无招投标、无资质、无监理、无验收;"三边"工程,即边勘察、边设计、边施工等。如违反法规、无证或越级设计、施工、有法不依、违章不纠、投标中不公平竞争、低价中标、非法分包、转包、挂靠、擅自修改设计、监督不力、马虎盖合格章、申报手续不全、违背建设程序、未搞清地质情况、无图施工、未竣工就交付使用、从业人员资质不够、管理混乱、信用低下等,腐败和违反建设基本程序及地方保护等也是管理不善的表现之一。

2. 勘察失误或地基处理不当

勘察失误,如盲目套用临区勘测资料;钻孔布置不足,地质勘察过程中钻孔间距太大,不能反映实际地质情况,有些隐患未能查出;勘察报告不准确,不详细,未能明确诸如孔洞、墓穴、软弱土层等地层特征,致使地基基础设计时采用不正确的方案造成地基不均匀沉降、结构失稳、上部结构开裂甚至倒塌等。地基处理不当,如饱和土用强夯法;打桩未达到持力层,深基坑支护不当,地基土受干扰又未能重新夯实等。

3. 设计失误

目前设计院普遍存在任务急、时间紧的现象,设计人员为尽快完成设计任务,容易造成一些人为的设计失误,为工程质量事故埋下隐患。例如,计算简图与结构实际受力不符。结构方案不正确,荷载或内力分析计算有误,忽视构造要求,盲目套用图纸,未做结构的抗倾覆、抗滑移验算,计算中漏算荷载,计算方案欠妥,未考虑施工过程中会遇到的意外情况等。

4. 施工质量差

造成施工质量差的原因有:施工单位为节约成本造价,施工过程中有意偷工减料;施工技术人员不了解项目设计意图,不熟悉项目设计、施工图,甚至擅自修改设计,施工中不遵守操作规范,达不到质量控制的要求,采用不合格的材料,未进行材料进场检验。技术工人未经培训,缺乏基本的施工技术知识,不具备上岗资质,盲目蛮干,不严格控制施工荷载,造成结构超载、开裂、没控制砌体结构的自由高度,高厚比造成墙体在施工过程中失稳、破坏模板与支架、脚手架设置不当发生破坏等。

5. 改建方法不当

任意增大荷载或结构使用不当,如把阳台当库房、办公室、存放机械设备房等。改造时随意改动结构,拆除承重构件,盲目开动任意夹层等,造成严重的结构安全隐患。

第四节　工程质量事故分析依据与作用

一、质量事故分析的依据

质量事故的分析,必须依据客观存在的事实。尤其需要以与特定工程项目密切相关的特定性质为依据。质量事故分析的主要依据有以下三方面。

1. 质量事故周密详实的报告

报告的主要内容:

(1)事故发生的时间、部位;

(2)事故的类型、分布状态、波及的范围;

(3)严重程度或缺陷程度;

(4)事故的动态变化及观察记录等。

2. 与施工有关的技术文件、档案和资料

其中应主要包括:

(1)有关的施工图、设计说明及其他设计文件;

(2)施工组织设计或施工方案;

(3)施工日志记载的施工时环境状况,施工现场质量管理和质量控制情况,施工方法、工艺及操作过程;

(4)有关建筑材料和现场配置材料的质量证明以及材料的检验报告等。

3. 建筑施工方面的法规和合同文件

(1)建筑施工方面的法规是具有权威性、约束性、通用性的依据;

(2)合同文件是与工程

相关的具有特定性质和特定指向的法律依据。

二、工程质量事故分析的作用

工程质量事故一旦发生,或影响结构安全,或影响功能使用,或二者都受到影响。重视质量

事故分析,预防在先,在施工全过程活动中尤为重要。质量事故分析的主要作用有以下两点:

1. 防止事故进一步恶化

建筑工程出现质量事故或质量缺陷,为了弄清原因,界定责任,实施处理方案,施工单位必须停止有质量问题部位和与其有关联部位及下道工序的作业,这样就从"过程"中防止事故进一步恶化的可能性。

在施工过程中,如发现现浇混凝土结构强度达不到设计的要求,不能进入下道工序,采取补救和安全措施的本身,遏制了事故恶化。

事故得到了处理,排除了质量隐患,又为下道工序正常施工创造了条件。

2. 为制订和修改标准规范提供依据

我国加入 WTO 后,建设市场按照市场开放、非歧视和公平贸易等原则进一步融入全球经济。目前,我国建筑技术的贡献率约为 36%,与世界发达国家的 70%~80% 的水平差距很大。为了提高国内施工企业的竞争能力,有赖于建筑科技水平的提高。新的建筑科学技术的运用,有一个进一步完善和成熟的过程,在施工方面,通过质量事故的分析,并结合这方面的经验教训,就为制订和修改标准规范提供了极有价值的参考依据。

工程质量事故分析的过程,是总结经验、提高判断能力、增长专业才干、提高工程质量的过程。

第五节　事故分析的方法与基本原则

一、分析的方法

1. 采用 4MIE 分析法

施工阶段,是业主及工程设计意图最终实现并形成工程实物的阶段。物质形态的转换在施工过程中完成,无不受 4MIE 的影响。即以下几方面。

(1)人。主要指管理者、操作者素质。

(2)材料。主要指原材料、半成品、构配件质量,建筑设备、器材的质量。

(3)机械设备。主要指生产设备、施工机械设备质量。

(4)方法。主要指施工组织设计或施工方案、工艺技术等。

(5)环境。主要指现场施工环境(施工场地、空间、交通、照明、水、电等),自然环境(地质、水文、气象等),工程技术环境(图纸资料、技术交底、图纸会审等)以及项目管理环境(质量体系、质量组织、质量保证活动等)。

从 4MIE 所包含的因子,可以加深理解影响施工质量方方面面的因素。掌握质量事故分析的方法,首先要把握住分析的对象,做到有所选择,有所侧重。

2. 数理统计

质量事故分析,应遵循"一切用数据证明的原则",数据就是质量信息。对数据进行统计分析,找出其中的规律,发现质量存在的问题,就可以进一步分析影响质量的原因,对质量波动及变异,及时采取相应的对策。

统计分析的主要方法有:

(1)分层法。将收集到的数据按不同情况、不同条件分组,每一组称一层。数据分层法是分析质量问题的关键手段之一。

(2)调查表法。将收集到的数据制成统计表,利用统计表对数据进行整理,分析质量事故的原因。

(3)排列图法。将众多影响质量的因素进行排列,按照各因素出现频率的多少,分析影响质量事故的主要原因。

(4)因果图法。把影响质量的原因进行分类排列,全面地找出影响质量的各种原因。

二、分析过程、性质和基本原则

建筑结构质量事故发生后必须认真地进行分析,找出产生事故的真正原因,吸取经验教训,提出今后防治措施,杜绝类似事故再次发生。

质量事故分析全过程大体要经历以下几个基本阶段。

1. 观察记录事故现场的全部实况

(1)保持现场原状,留下实况照片,尽力找出事故原发因素。

(2)针对可能是发生事故的地段,对倒塌后的构件残骸进行描述、测绘、取样;其他地段也应作相应描述、取样,以示对比。

(3)对现场地基土层或岩层进行补充钻探或用其他办法进行补充勘察,了解实际基础持力层和下卧层及地下水情况。

(4)开挖了解实际的基础做法。

(5)量测原建筑物的有关实际资料(如房屋主要尺寸,各种结构件的位置、尺寸、构造做法、存在缺陷等)。

(6)现场结构所用材料取样(混凝土、钢筋、钢材、焊缝和焊接点试件、砌体的块材和砂浆等)。

(7)向施工现场的管理人员、质监人员、工人、设计代表、抢救指挥人员和幸存者进行详尽的询问和访谈。

(8)对施工时提供建筑材料、建筑构配件的厂家进行实地调查,取样检测。

2. 收集调查与事故有关的全部设计和施工文件

(1)各种报建文件、招标发包文件和委托监理文件。

(2)建设单位的委托设计任务书;要求更改设计的文件。

(3)设计、勘察单位的勘察报告,全部设计图纸,设计说明书,结构计算书,以及作为设计、勘察依据的本地区专门规定。

(4)施工记录、质量文件、质量计划、手册、记录等,隐蔽工程验收文件、设计变更文件等。

(5)材料合格证明、混凝土试块记录和试验报告、桩基试桩或检测报告等。

(6)经监理工程师签字的质量合格证明。

(7)竣工验收报告等。

3. 找出可能产生事故的所有因素

如：设计方案，结构计算，构造做法；材料、半成品构配件的质量；施工技术方案，施工中各工种的实施质量；地质条件，气候条件；建设单位在设计或施工过程中的不合理干预，不正常的使用，使用环境的改变等。

4. 分析原因

要从全部因素中分析导致原发破坏的主导因素，以及引起连锁破坏的其他原因——这里指的是初步分析判断，它对下一步工作(指第 5 步)会产生影响。最后要等待下一步工作做完后才能确定。

5. 检测、分析、论证

通过现场取样的实际检测、理论分析或结构构件的模拟试验，对破坏现象、倒塌原因加以论证。理论分析指根据设计和实际荷载、实际支承和约束条件，实际跨度、高度和截面尺寸，实际材料强度，用结构力学的方法进行分析，或者根据实用材料、实用配合比、实际介质环境用化学的方法进行分析。模拟试验宜采用足尺模型或缩尺比例的模型，可以做构件模型，也可以做节点模型，可以做原材料模型，也可以做其他材料如光弹性材料的模型。

6. 听取多方面阐述

解释发生质量事故的全过程，要听取设计、施工、建设单位的分析报告，作为参考。

7. 仲裁、吸取教训

提出质量事故的分析结论和应该吸取的教训，对事故责任进行仲裁。

上述几个基本阶段可用框图表示，如图 1-1 所示。

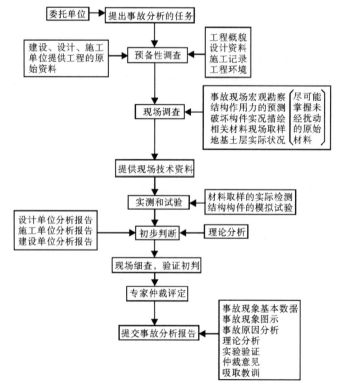

图 1-1 破坏或倒塌事故分析过程框图

由此可见,质量事故分析具有对事故进行判别、诊断和仲裁的性质,它与一般认识事物有所不同。如果说"认识"指人脑对一些明确的事物所属客观属性和联系的反映,它体现的是具体事物的规律和尺寸,是客观性的认识过程和结果,那么"事故分析"则是对一堆模糊不清的事物和现象所属客观属性联系的反映,它的准确性和参与分析者的学识、经验和认真态度有极大关系,它的结果不单是简单的信息描述而且必须包括分析者对应吸取教训和怎样防治的推论,所以,"事故分析"是一种主体性的认识过程和结果。

一项高质量的质量事故分析必然要遵循以下六点基本原则。

1. 信息的客观性

指正确的分析来自大量的客观信息,这些信息包括上述基本阶段 1、2 的内容。设计图纸、施工记录、现场实况、责任单位分析报告是信息来源的重要组成部分。收集信息时必须持客观态度,切忌有主观猜测和推断的成分。

2. 原因的综合性

指准确的分析来自多种因素的综合判断,这些因素包括上述基本阶段 3、4 的内容。综合分析时必须用辩证思维,对具体事物作具体分析,把握住全部因素,找出占主导地位的现象,看到事物主要矛盾可能的转化。

3. 方法的科学性

指可信的分析来自严密的科学方法,这些方法包括上述基本阶段 5 的内容。现场实测、材料检测、构件或结构模拟试验和理论分析是科学方法的四个重要组成部分,都要用各自相应的手段认真地进行,才能得出可信的结果。

4. 过程的回顾性

指完整的分析来自全面的回顾,达到上述基本阶段 6 中解释所发生事故全过程的目的。全面回顾是分析倒塌事故的最大特色,难度很大,主观判断的成分多,它必然要在掌握大量客观信息,用科学方法进行综合分析的基础上才能做到。

5. 判断的准确性

指有价值的分析来自准确的判断,这是上述基本阶段 7 的需要。质量事故分析的重要目的,是有一个既准确又有价值的结论,以便于"分清是非""明确责任""引起警觉""教育后人",这四点正是质量事故分析的价值所在。

6. 结论的教育性

指分析的结果要起到教育警醒的作用。一次事故的损失必然是惨重的,从一次事故中可总结出的经验教训也必然是很多的。吃一堑长一智,要认真总结经验教训,才能避免建筑工程质量事故的发生。

第六节　建筑工程质量事故处理的一般步骤

一、建筑工程质量事故处理的意义

建筑工程质量事故在建筑工程设计施工中经常发生,一旦出现就会造成人民群众生命安全和企业的经济、声誉的巨大损失。我国制定了一系列有关法律、法规规范建筑设计施工,建立起了一整套建筑工程质量事故处理的管理程序,对于发生的建筑施工质量安全事故的责任单位和责任人进行严肃处理、追究、惩罚,以便吸取教训,保证对建筑行业行为规范的约束和管理。

二、建筑工程事故处理的程序和步骤

(一)事故情况上报

《生产安全事故报告和处理条例》规定:在事故发生后,事故现场有关人员应当立即向本单位负责人报告,单位负责人接到报告后,应当于一小时之内向事故发生地县级以上人民政府安全生产监督管理部门和负有安全生产监督管理职责的有关部门报告。

情况紧急时,事故现场有关人员可以直接向事故发生地、县级以上人民政府安全生产监督管理部门报告。安全生产监督管理部门和负有安全生产监督管理职责的有关部门接到事故报告后,应当依照规定向上一级部门上报事故情况,并通知公安机关、劳动保障行政部门、工会和人民检察院。

上报内容包括:

(1)事故发生的时间、地点、事故现场、伤亡人数基本情况及所采取的应急措施。

(2)与事故有关的工程情况、施工单位情况、事故责任人情况。

(3)事故发生的时间、地点、事故现场、伤亡人数情况及所采取的应急措施。

(4)事故原因初步推断。

(二)事故上报级别

(1)特别重大事故、重大事故逐级上报至国务院安全生产监督管理部门和负有安全生产监督管理职责的有关部门。

(2)较大事故逐级上报至省、自治区、直辖市人民政府安全生产监督管理部门和负有安全生产监督管理职责的有关部门。

(3)一般事故上报至地区的市级人民政府安全生产监督管理部门和负有安全生产监督管理职责的有关部门。

安全生产监督管理部门和负有安全生产监督管理职责的有关部门,逐级上报事故情况,也可以越级上报事故情况,每级上报的时间不得延误超过两小时。

(三)组织抢救及妥善处理现场

事故发生单位负责人接到事故报告后,应当立即启动事故相应应急预案或者采取有效措施组织抢救,防止事故扩大,减少人员伤亡和财产损失,应做出书面记录,妥善保护现场的重要痕迹物证。

安全生产监督管理部门和负有安全生产监督管理职责的有关部门应当建立值班制度,并向社会公布值班电话,受理事故报告和举报。

(四)对事故进行调查

事故调查是事故处理的基础和依据。事故发生后,应尽快成立调查组对事故原因进行调查。

1. 事故调查级别

特别重大事故由国务院或国务院授权有关部门组织事故调查组进行调查。重大事故、较大事故、一般事故分别由事故发生地省级人民政府、设区的市级人民政府、县级人民政府负责调查。省级人民政府、设区的市级人民政府、县级人民政府可以直接组织事故调查组进行调查,也可以授权或者委托有关部门组织事故调查组进行调查。未造成人员伤亡的一般事故,县级人民政府也可以委托事故发生单位组织事故调查组进行调查。特别重大事故以下等级事故,事故发生地与事故发生单位不在同一个县级以上行政区域的,由事故发生地人民政府负责调查,事故发生单位所在地人民政府应当派人参加事故调查。

2. 调查组人员组成

调查组的组成,应该根据事故的具体情况,由有关人民政府、安全生产监督管理部门、负有安全生产监督管理职责的有关部门监察机关、公安机关及工会派人组成,并应当邀请人民检察院派人参加。

调查组可以聘请有关专家参与调查,成员应当具有事故调查所需要的知识和专长,并与所调查的事故没有直接利害关系。事故调查组组长由负责事故调查的人民政府指定事故调查组组长主持事故调查组的工作。

事故发生后要进行调查和处理,尤其是重大事故,事故处理涉及多方面因素,因此要排除各种因素的干扰,以事实为依据,秉承公正、公开和公平的原则进行。

3. 调查人员职责

(1)查明事故发生的经过、原因、人员伤亡情况及直接经济损失。

(2)认定事故的性质和事故责任。

(3)提出对事故责任者的处理意见。

(4)总结事故教训,提出防范和整改措施。

(5)提交事故调查报告。

事故调查组有权向有关单位和个人了解与事故有关的情况,并要求其提供相关文件资料。事故发生单位的负责人和有关人员在事故调查期间不得擅离职守,并应当随时接受事故调查组的询问,如实提供有关情况。事故调查中发现涉嫌犯罪的,事故调查组应当及时将有关材料或者其复印件移交司法机关处理。

事故调查中需要进行技术鉴定的,事故调查组应当委托具有国家规定资质的单位进行技术鉴定。事故调查组也可以直接组织专家进行技术鉴定。技术鉴定所需要的时间不计入事故调查期限。

　　事故调查组应当自事故发生之日起 60 天内提交事故调查报告。特殊情况下,经负责事故调查的人民政府批准,提交事故调查报告的期限可以适当延长,但延长的期限最长不得超过 60 天。

　　事故调查报告应当附有相关证据材料。事故调查组成员应当在事故调查报告上签名。

　　事故调查报告送负责事故调查的人民政府后,事故调查工作即告结束。事故调查的有关资料应当归档保存。

　　4. 事故调查内容

　　(1)基本情况调查。初步分析事故发生的原因,确定进一步调查和测试的项目基本情况。调查包括对建筑物勘测、设计和施工资料的收集。对事故现场的调查及对相关人员的访问,为了避免发生调查问题的遗漏,提高调查工作的效率,在调查前要列好调查计划和提纲等,做好调查工作的前期准备。

　　(2)结构及材料检测。在初步调查的基础上进行深入调查和测试工作,甚至需要做模拟实验。它包括以下几个方面的内容。

　　①地基基础补充勘测。对不能确定的地层剖面和地基应进行补充勘测。例如,装机要进行检测,查看是否有断桩、孔洞等不良缺陷。

　　②材料检测。建筑物中所用材料,如水泥、钢材、焊条、砌块等可抽样复查,对混凝土可采用回弹法、声波法、取芯法等,测定构件中的混凝土实际强度。对钢筋的检验,可取少量样品进行化学成分分析和强度试验。

　　③建筑物表面缺陷观测。对结构表面的裂缝,测量其宽度、长度和深度,并绘制裂缝分布图。

　　④结构内部缺陷检查。可采用锤击法、超声、探伤仪、声波发射仪器等检查,构建内部的孔洞、裂纹等缺陷,可用钢筋探测仪测定钢筋的位置、直径和数量,对砌体结构应检查砂浆饱满度、切体、搭接错缝情况等。

　　⑤模型试验或现场加载试验,通过试验检查结构或构建的实际承载力。

　　(3)复合分析。在一般调查及实际测试的基础上,选择有代表性的或初步判断有问题的构件进行复核计算。按构件的实际强度、断面实际尺寸、结构、实际所受荷载和外加作用等,根据工程实际情况选取合理的计算简图,按照相关规定和规范进行复核计算。

　　(4)专家会商。在调查测试和分析的基础上,可召开专家会议进行会商,对事故发生原因进行认真分析、讨论,然后得出结论。在会商过程中,专家应听取与事故有关单位人员的申诉和答辩,综合各方面意见后给出最后的结论。

　　(5)事故调查报告。调查报告是处理事故的依据,必须客观、真实,以规范、规程为准绳,以科学分析为基础,报告要准确可靠,重点突出,抓住要害。

　　内容包括:

　　①事故发生单位概况。

　　②事故发生的时间、地点及事故现场情况。

　　③事故的简要经过。

　　④事故已经造成或者可能造成的伤亡人数,包括下落不明的人数和初步估计的直接经济损失。

⑤已经采取的措施。

⑥其他应当报告的情况。事故报告后出现新的情况的,应当及时补报。自事故发生之日起 30 天内,事故造成的伤亡人数发生变化的,应当及时补报。道路交通事故、火灾事故自发生之日起七天内,事故造成的伤亡人数发生变化的,应当及时补报。

三、事故处理与法律责任

有关机关应当按照人民政府的批复,按照法律、行政法规规定的权限和程序,对事故发生单位和有关人员进行行政处罚,对负有事故责任的国家工作人员进行处分。事故发生单位应当按照负责事故调查的人民政府的批复,对本单位负有事故责任的人员进行处理,负有事故责任的人员涉嫌犯罪的,依法追究刑事责任。

(一)事故处理与法律责任

对重大事故、较大事故、一般事故,负责事故调查的人民政府应当自收到事故调查报告之日起 15 天内做出批复。对特别重大事故负责事故调查的人民政府应当自收到事故调查报告之日起 30 天内做出批复。特殊情况下,批复时间可以适当延长,但延长的时间最长不不超过 30 天。

有关机关应当按照人民政府的批复,按照法律、行政法规规定的权限和程序,对事故发生单位和有关人员进行行政处罚,对负有事故责任的国家工作人员进行处分。事故发生单位应当按照负责事故调查的人民政府的批复,对本单位负有事故责任的人员进行处理,负有事故责任的人员涉嫌犯罪的,依法追究刑事责任。

事故发生单位的主要负责人有下列行为之一的,处上一年年收入 40%～80%的罚款,属于国家工作人员的,并依法给予处分,构成犯罪的,依法追究刑事责任。

(1)不立即组织事故抢救的。

(2)迟报或者漏报事故的。

(3)在事故调查处理期间擅离职守的。

事故发生单位及其有关人员有下列行为之一的,对事故发生单位处 100 万元以上 500 万元以下的罚款;对主要负责人、直接负责的主管人员和其他直接负责人员处一年收入60%～100%的罚款;属于国家工作人员的,并依法给予处分,构成违反治安管理行为的,由公安机关依法给予治安管理处罚;构成犯罪的,依法追究刑事责任。

(1)谎报或者瞒报事故的。

(2)伪造或者故意破坏事故现场的。

(3)转移、隐匿资金、财产或者销毁有关证据资料的。

(4)拒绝接受调查或者拒绝提供有关情况和资料的。

(5)在事故调查中作伪证,或者指使他人作伪证的。

(6)事故发生后逃匿的。

事故发生单位对事故发生负有责任的,通常是依照事故轻重程度对单位处以下规定的罚款。

(1)发生一般事故的,处 10 万元以上 20 万元以下的罚款。

(2)发生较大事故的,处 20 万元以上 50 万元以下的罚款。

(3)发生重大事故的,处 50 万元以上 200 万元以下的罚款。

(4)发生特别重大事故的,处 200 万元以上 500 万元以下的罚款。

事故发生单位主要负责人未依法履行安全生产管理职责,导致事故发生的,依照事故轻重程度对单位主要负责人处以下列规定的罚款;属于国家工作人员的,并依法给予处分,构成犯罪的,依法追究刑事责任。

(1)发生一般事故的,处上一年年收入的 30％罚款。

(2)发生较大事故的,处上一年年收入 40％的罚款。

(3)发生重大事故的,处上一年年收入 60％的罚款。

(4)发生特别重大事故的,处上一年年收入 80％的罚款。

有关地方人民政府、安全生产监督管理部门和负有安全生产监督管理职责的有关部门有下列行为之一的,对直接负责的主管人员和其他直接负责人员依法给予处分,构成犯罪的,依法追究刑事责任。

(1)不立即组织事故抢救的。

(2)迟报、漏报、谎报或者瞒报事故的。

(3)阻碍、干涉事故调查工作的。

(4)在事故调查中作伪证或者指使他人作伪证的。

事故发生单位对事故发生负有责任的,由有关部门依法暂扣或者吊销其有关证照,对事故发生单位负有事故责任的有关人员,依法暂停或者撤销其与安全生产有关的职业资格、岗位证书,事故发生单位主要负责人受到刑事处罚或者撤职处分的,其刑罚执行完毕或者受处分之日起 5 年内不得担任任何生产经营单位的主要负责人。

为发生事故的单位提供虚假证明的中介机构,由有关部门依法暂扣或者吊销有关证照及其相关人员的执业资格,构成犯罪的,依法追究刑事责任。

参与事故调查的人员,在事故调查中有下列行为之一的,依法给予处分,构成犯罪的,依法追究刑事责任。

(1)对事故调查工作不负责任,致使事故调查工作有重大疏漏的。

(2)包庇、袒护负有事故责任的人员或者借机打击报复的。

有关地方人民政府或者有关部门故意拖延或者拒绝落实经批复的对事故负责人的处理意见的,由监察机关对有关负责人员依法给予处分。罚款的行政处罚,由安全生产监督部门、安全生产监督管理部门决定。

思考题

1. 什么叫质量？应如何理解工程项目质量和质量保证的内涵？

2. 产生质量事故有哪些主要原因？建筑工程的事故分为哪些级别？

3. 工程质量事故按事故的严重程度分为哪几类？

4. 工程质量事故按事故产生的原因分为哪几类？

5. 工程质量事故有哪些特点？

6. 质量事故分析的主要依据有哪些？

7. 质量事故分析为什么要一切用数据证明？

8. 质量事故分析方法有哪些？你经常采用的是哪几种？比较方法的异同点。

9. 现场调查在质量事故分析中为什么非常重要？

第二章　土方工程

　　土方的开挖关键是如何保证边坡的稳定,否则不但会使地基扰动,影响其承载能力,而且还会出现塌方等重大安全事故。

　　土方回填往往与建筑物基础施工并行或稍拖后,其质量的重要性也往往被人们所忽视。而各类回填土会从各种方面影响基础、底层地面稳固,甚至影响整个建筑物的工程质量和使用寿命。

　　降低地下水位和排水是土方工程施工中十分重要的辅助工作。降低地下水位在南方地区尤为常见。做好降水工作避免事故出现,对后续土方开挖和基础施工都十分重要。

　　分析深基坑工程支护施工中容易出现的质量事故是本章学习的重点。

　　土方工程施工中造成的质量事故,其危害性往往十分严重,如引起建筑物沉陷、开裂、位移、倾斜,甚至倒塌。

第一节　平整场地

　　在建筑平整场地过程中或平整完成后,如场地范围内出现局部或大面积积水,不仅影响场地平整的正常施工,而且给场地平整后的工程施工及其工程质量带来较大的影响。

　　造成场地积水的主要原因:

　　(1)场地平整填土面积较大或较深时,未分层回填压(夯)实,土的密实度很差,遇水产生不均匀下沉。

　　(2)场地排水措施不当。如场地四周未做排水沟,或排水沟设置不合理等。

　　(3)填土土质不符合要求加速了场地的积水。如填土采用了冻土、膨胀土等,遇水产生不均匀沉陷,从而引起积水。积水的后果又加速了沉陷,甚至引起塌方。

　　案例 2.1

　　1. 工程事故概况

　　某市开发区内某工厂为单层轻钢结构厂房,占地面积为 128 m×24 m。围护砖墙

MU10 黏土空心砖及 M2.5 砂浆砌筑。屋面为折线形轻质彩钢坡屋面。

该工厂区原是一片农田,且地势低洼,与附近的高速公路有 6～7 m 的高差。根据总体规划的需要,要求将工厂区填高至附近高速公路标高 −0.50 m 处。这样该区需回填约 6.5 m 深的土,才能满足总体规划的要求。

现场平面图如图 2-1 所示。房屋的南北两侧均为交通干道,在房屋的西侧是一条宽约 3 m 的河流。

土方施工中对填土提出了技术要求,主要有以下几点。

(1)填土前铲除表面耕植土,清除有机杂物,深度不低于 1 m。

(2)回填用的土不允许有树皮、草根等有机杂物。

(3)回填要求分层夯填,分层压实,采用 10 t 的压路机械。

(4)压填过程中要控制填土的含水量。

(5)压实过程中,施工单位和监理单位必须做试验,保证压实系数 $\lambda_c \geqslant 0.9$。

该工程主体结构施工完成后,没有出现明显的沉降。但在围护砖墙及门窗工程和部分设备基础施工后,便出现了明显的不均匀沉降。为便于分析原因,设了 6 个沉降观测点。后发现各观测点沉降差异很大。1#、2# 房角点最大下沉分别达 405 mm、375 mm,3#、6# 点最大下沉分别达 234 mm 和 272 mm,4#、5# 点下沉较小,分别为 164 mm、181 mm。相应部位的基础发生了断裂现象。

多处门窗过梁开裂,大部分围护墙体也存在不同程度的开裂,南北两侧墙体开裂,最宽裂缝达 24 mm。设备基础下沉、错位,致使设备无法安装。屋面变形漏水。

各沉降观察点的沉降观察数据如图 2-2 所示。

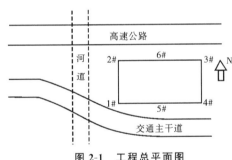

图 2-1　工程总平面图

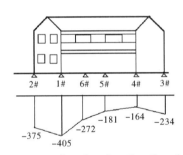

图 2-2　1#、2#、3#、4#、5#、6#
观察点沉降情况

2. 原因分析

(1)设计技术要求中的填土压实系数 λ_c 为 0.90 偏低。规范规定:填土地基在主要受力区内,填土压实系数 λ_c 应不小于 0.95。

(2)施工和监理不按技术要求操作。施工方案中要求采用 10 t 的压路机械,实际使用的为 5 t 压路机;并且实际施工中压实遍数达不到规定的要求,土的含水量控制不严。监理单位压实系数的检查,采用传统的"环刀法",检查中,误差较大,没有快速的检测设备,有时凭经验检查压实系数,致使大面积填土压实度严重不够,导致上部结构在荷载作用下普遍下沉。

(3)该工程施工正值南方雨季。施工中所采取的排水措施严重不当,如泄水坡度不够,测量工作随意,测量点个数较少,泄水坡度放坡标高凭经验确定,造成场内高洼不平,导致雨天积水。积水加速了不密实填土的下沉,不均匀下沉又导致积水加深。

第二节 土方开挖与回填

一、土方开挖

基槽或基坑的土方开挖,为了保证土方开挖的顺利进行和基础的正常施工,通常首先选择放坡。边坡的稳定与工程的各种因素有关,如果土方开挖过程中或土方开挖后处理不当,就会引起边坡土方局部或大面积塌陷或滑塌,使地基土受到扰动,承载力降低,严重的会影响到建筑物的安全和稳定。

引起土方开挖塌方或滑坡的主要原因:

(1)基坑(槽)开挖较深,放坡坡度不够;或开挖不同土层时,没有根据土的特性分别放成不同的坡度,致使边坡失去稳定造成塌方。

(2)在有地表水(雨水、生产、生活用水)、地下水作用的情况下,未采取有效的降水、排水措施,致使土体自重增加,土的内聚力降低,抗滑力下降,在重力作用下失去稳定而引起边坡塌方。

(3)边坡坡顶堆载过大或离坡顶过近。如边坡坡顶不适当的堆置弃土或建筑材料、在坡顶附近修建建筑物、施工机械离坡顶过近或过重等,都可能引起下滑力的增加,从而引起边坡失稳。

案例 2.2

1. 工程事故概况

北京某饭店,其平面布置呈 S 形,地面以上 26 层,中间塔楼部分为 29 层,总高度 103 m,总建筑面积 8.4 万 m²。地下 2 层,基坑长 190 m,宽 79 m,深 11.5 m,总开挖土方量 12 万 m³。该场地土为可塑状黏土,重力密度 1.9 g/cm³,含水量为 18.9%,不排水剪切强度 $c=30$kPa,$\varphi=23°$。

基坑除局部采用钢板桩护坡外,绝大部分采用 1:0.5 放坡。在基坑北侧铺设钢轨,安装大型塔吊。2 月初基坑开挖,7 月 1 日,零时 10 分,基坑北坡突然发生滑坡。滑坡体沿基坑长达 10 m,最大进深 3.5 m,滑坡体总高 7 m,滑坡顶面临近塔吊轨道,离塔吊枕木仅 0.6 m,危及塔吊安全,被迫停工。在滑坡体东侧出现一道长 16 m,宽10 cm 的大裂缝,裂缝与边坡平行,距坡顶边缘 0.5 m(见图 2-3)。

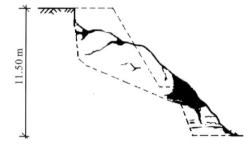

图 2-3 基坑北坡滑坡现场

2. 原因分析

(1)基坑挖深 11.5 m,采用 1:0.5 放坡,缺

乏理论依据,这是发生事故的主要原因。

(2)该工程为高层建筑,工程量大,工期长,只做斜坡抹面,不做坡顶抹面,对边坡保护不力,施工期间雨水渗入土中,对边坡稳定产生不利影响。

(3)为在基坑底进行静载压桩试验,提前开挖北侧边坡,长期未做护面。后来在滑坡体西侧打 18 m 长的钢板桩局部护坡时,使相邻的天然土体受打桩振动发生松动。

(4)为排除基坑上层滞水,采用水泵抽水,因排水管线长,在坡顶设置中转排水井,离坡边 2.5 m。中转井未做防渗措施,井中水长期外渗,使周围和下部土体含水量增大,抗剪强度降低,这也是基坑滑坡的一个重要原因。

(5)在地表面以下 5 m 处,有一层黏土隔水层。由于中转排水井下渗的水聚积在此黏土层以上,形成坡体滑动面,造成深达 4 m 的滑坡土体。

(6)滑坡发生前两天,已发现地面有一道通长裂缝与基坑边缘平行,裂宽 1.5 cm。滑坡前一天,裂缝发生到 10 cm。对此预兆未采取措施,是造成事故的关键原因。

二、土方回填

在建筑工程中,对低凹的地基、室内地面、已开挖的基坑、基槽都需要进行土方回填。

在基槽(坑)土方回填施工中,因施工不当而造成基槽(坑)填土局部或大片出现沉陷,从而造成室外道路、散水等空鼓下沉、开裂,建筑物基础积水,有的甚至引起建筑结构的不均匀沉降和开裂;在房心土回填时,引起房心回填土局部或大片下沉,造成建筑物底层地面空鼓、开裂甚至塌陷破坏。

造成上述事故的主要原因有:

(1)回填土质不符合要求。如回填土干土块较多,受水浸泡易产生沉陷;回填土中含有大量的有机杂质、碎块草皮;大量采用淤泥和淤泥质土等含水量较大的土质作回填土。

(2)回填土未按规定的厚度分层回填、夯实;或者底部松填,仅表面夯实,密实度不够。

(3)回填时,对基坑(槽)中的积水、淤泥杂物未清除就回填;对室内回填处局部有软弱土层的,施工时未经处理或未发现,使用后,负荷增加,造成局部塌陷。

(4)回填土时,采用人工夯实,或采用水泡法沉实,致使密实度未达到要求。

案例 2.3

1. 工程事故概况

某市东园 1 号商品房系一幢 3 单元 6 层商品住宅楼,砖砌体结构,长 41.04 m,宽 9.78 m,高 18.00 m,建筑面积 2259.56 m²。该工程在竣工验收后,住户陆陆续续搬入,但在使用三四个月后,住在一楼的住户发现地面大面积出现了下沉、开裂。而且有些住户在装修中大量破坏原水泥地面,更改厨房、卫生间的下水管道,随意敲凿混凝土,破坏硬性地面。另外,在室外的道路处,同时出现了多处下陷、路面开裂,散水多处脱空、断裂。

2. 原因分析

造成室内一楼住户地面下沉事故和室外道路、散水下陷、开裂、脱空的主要原因是由于土方回填不当引起的,据当时参与施工的施工人员、现场监理、开发商的反映:

(1)填方土质差。回填的土方内以强风化砂质土为主,并掺入大量的原稻田的有机质土、杂填土等,根本不符合填土的土质要求。

（2）填方质量差。在基槽回填土和室内房心回填土采用挖土机回填，没有做到分层夯实，回填一步到位，后靠土体自重压实，密实度远远达不到规范的要求。

（3）回填时，没有认真控制好土的含水率。

第三节　排水与降水

人工降低地下水位是土方工程、地基与基础工程施工中的一项重要技术措施，能保证对处于地下水位以下基坑（槽）的施工，稳定边坡、清除流沙，提供正常的施工条件，保证工程质量和施工安全。如果降水排水的施工不能满足工程的需要，或是降水施工质量不佳，造成降水失效或达不到预定的要求，都会影响土方工程、地基与基础工程的正常施工，甚至危及邻近建筑物、构筑物或市政设施的安全和使用功能。

目前常用的人工降水方法有集水坑降水、井点降水、集水坑与井点相结合的降水方法。井点降水根据其设备不同又可为轻型井点、喷射井点、电渗井点、管井井点和深井井点等。

一、地下水位降低深度不足

在人工降低地下水位时，如果地下水位降深没有达到施工组织设计的要求，水就会不断渗入坑内；基坑内土的含水量较大，基坑边坡极易失稳，还有可能造成坑内流沙现象出现。分析其原因主要有：

（1）水文地质资料有误，影响了降水方案的选择和设计。

（2）降水方案选择有误，井管的平面布置、滤管的埋置深度、设计的降水深度不合理。

（3）降水设备选用或加工、运输不当，造成降水困难或达不到所需的要求。

（4）施工质量有问题，如井孔的垂直度、深度与直径，井管的沉放，砂滤料的规格与粒径，滤层的厚度，管线的安装等质量不符合要求。

（5）井管和降水设备系统安装完毕后，没有及时试抽和洗井，滤管和滤层被淤塞。

二、地面沉陷过大

在人工降水过程中，在基坑外侧的降低地下水位影响范围内，地基土产生不均匀沉降，导致受其影响的邻近建筑物或构筑物或市政设施发生不同程度的倾斜、裂缝，甚至断裂、坍塌。发生的主要原因有：

（1）由于人工降水漏斗曲线范围内的土体压缩、固结，造成地基土沉陷，这一沉陷是随降水深度的增加而增加，沉陷的范围随降水范围的扩大而扩大。

（2）如果人工降水采用真空降水的方法，不仅使井管内的地下水抽吸到地面，而且在滤管附近和土层深处产生较高的真空度，即形成负压区；各井管共同的作用，在基坑内外形成一个范围较大的负压地带，使土体内的细颗粒向负压区移动。当地基土的孔隙被压缩、变形后，也形成了地基土的沉陷。真空度愈大，负压值和负压区范围也愈大，产生沉陷的范围和沉降量也愈大。

（3）由于井管和滤管的原因，使土中的细颗粒不断随水抽出，由于地基土中的泥沙不断流失,引起地面沉陷。

(4)降水的深度过大,时间过长,扩大了降水的影响范围,加剧了土体的压缩和泥沙的流失,引起地面沉陷增大。

三、轻型井点降水时真空度失常

在降水过程中,可能会出现真空度很小,真空表指针剧烈抖动,抽出水量很少;或者真空度异常大,但抽不出水;甚至可能地下水位降不下去,基坑边坡失稳,有流沙现象。

分析其原因主要有:

(1)井点设备安装不严密,管路系统大量漏气。

(2)抽水机组零部件磨损或发生故障。

(3)井点滤网、滤管、集水井管和滤清器被泥沙淤塞,或沙滤层含泥量过大等,以致抽水机组上的真空表指针读数异常大,但抽不出地下水。

(4)土的渗透系数太小,井点类别选择不当,或井点滤管埋设的位置和标高不当,处于渗透系数较小的土层中。

因此,井点管路的安装必须严密;抽水机组安装前必须全面保养,空运转时的真空度应大于93kPa;轻型井点的全部管路应认真检查、保养,并按照合理的程序施工。

案例 2.4

1. 工程事故概况

北京某大厦,基坑底标高−16.8 m,室外地坪−0.90 m,基坑净深 15.90 m。基坑支护采用−3.0 m 以上为组合挡土墙,以下为 ϕ800@1600 钢筋混凝土护坡桩,设置三层锚杆,位置分别是−3.90 m,−8.40 m,−13.70 m。

该工程地质由上而下分别为人工填土、粉砂、粉质黏土、细砂、粉质黏土。地下有三层含水层,第一层含水层为潜水含水层,水位埋藏较浅,位于地面下−(1.60∼2.40) m,含水层厚度为 3∼4.5 m,渗透系数为 $2.6×10^{-3}$ cm/s;第二含水层位于地面下−(16.5∼19) m,厚度 1∼3.2 m;第三含水层为承压含水层,含水层顶面埋深−(22.03∼28.01) m。

本工程从 3 月初开始降水,但在 4 月份基坑开挖过程中,仍有地下水涌出,并伴有流沙现象。经补充勘察。发现在第三层粉砂、粉质黏土的下面有一层严密的灰色黏土隔水层,使地下水无法完全降低。在以后的基坑开挖过程中,发现相邻的三幢住宅楼(整体刚度较好)出现不同程度的开裂现象。这些裂缝一些是平行于基坑方向的,贯通墙体与楼板。7 月,在 3 幢宿舍前面邻基坑一侧隐约可见一条平行于基坑贯通的微裂缝,8 月初一场大雨后突然变成一条大裂缝,外表最大宽度达 20 mm,在 1 号楼和 2 号楼之间也出现一条裂纹,工地围墙旁的车棚已同墙体脱开约 20 mm。房屋内的开裂和门前的大裂缝以靠近东侧的 1 号和 2 号楼的东侧较为严重,根据现场监测房屋的下沉量,在 7 月中旬达到最大值 16 mm,在基坑开挖过程中出现流沙现象,以靠近东侧较为严重。

2. 原因分析

(1)住宅楼开裂和基础下沉属于整体性问题,相邻基坑降水不当是造成该事故的主要原因。

(2)施工中出现的流沙现象。施工中地下水降低不完全,砂层又较厚,造成了流沙现象并加剧了相邻建筑的变形和沉降。

（3）在拆除原建筑过程中，汽锤锤击引起的强烈振动使相邻建筑基础下的原本就比较敏感的砂性土受到扰动，当地居民反映此时房屋内已出现微细裂缝。

（4）原建筑的拆除和基坑的开挖造成的卸载引起基坑回弹，对相邻建筑也有一定影响。

（5）靠近基坑东侧的相邻建筑开裂较严重的原因：

①东侧砂层较厚，所以流沙现象较严重。

②靠近基坑东侧的相邻建筑原来地基较差。

案例 2.5

1. 工程事故概况

浙江省某高校教学楼建于 1997 年，建筑面积约 5000 m²，平面呈 L 形，门厅部分为 5 层，两翼 3～4 层，混合结构，基础采用条形基础。地基土为堆积砾质土，胶结良好，设计地基承载力为 200 kPa。建成后，经过三年多使用，未出现质量问题。2001 年由于在该楼附近开挖深基坑，采用人工降低地下水，导致该楼墙体开裂，最大开裂处缝宽 5～7 cm，东侧墙身倾斜，危及大楼的安全。

2. 原因分析

为了解沉降原因，于 2001 年 8～10 月在室外钻 38 个勘探孔。钻探表明，在建筑物中部，在 5～8 m 砾质土下埋藏有老池塘软黏土沉积体，软土体底部与石灰岩泉口相通，在平面上呈椭圆形，东西向长轴 32 m，南北向短轴 23 m。该楼建成后，由于原来有承压水浮托作用，上覆 5～8 m 的砾质土又形成硬壳层，能承担一定的上部荷载，所以，该楼能安全使用多年。但 2001 年 3 月在该楼东侧有一排深井井点降水井，每昼夜抽水约 3000 m³。深井水位从原来高出地表 0.2 m 下降到距地表 20.00 m。因降水深度较深，地下水位急剧下降，土中有效应力增加引起池塘黏性土沉积体的固结，另外由于承压水对上覆硬壳层的浮托力的消失，引起池塘沉积区范围内土体的变形。由于上述原因，导致地基不均匀沉降，造成建筑物开裂。

第四节　深基坑支护工程

随着高层建筑的不断增加、市政建设的大力发展和地下空间的开发利用，产生了大量的深基坑支护设计与施工问题，并使之成为当前基础工程的热点和难点。在深基坑工程的设计和施工中，常见的质量事故主要有基坑开挖和基坑支护两方面的问题，基坑开挖的常见质量事故和原因分析已在前面作了介绍，下面主要分析深基坑支护施工中常见的质量问题。

深基坑工程中，基坑支护常见的事故有：

（1）支护结构整体失稳。常见的现象主要有：一是支护结构顶部发生较大位移，严重的向基坑内滑动或倾覆；二是支护桩底发生较大的位移，桩身后仰，支护结构倒塌。

（2）支护结构断裂破坏。

（3）基坑周围产生过大的地面沉降，影响周围建筑物、地下管线、道路的使用和安全。

（4）基坑底部隆起变形。其后果一是破坏了基坑底土体的稳定性，使坑底的土体承载力降低；二是造成基坑周围地面沉降；三是当基坑内设有内支撑时，坑底隆起造成支撑体系中立柱的上抬，使支撑体系破坏。

（5）产生流沙。流沙可以发生在坑底，也可能出现在支护桩的桩体之间。产生上述质量事故的主要原因归纳起来有：

①支护结构的强度不足，结构构件发生破坏。

②支护桩埋深不足。不仅造成支护结构倾覆或出现超常变形，而且会在坑底产生隆起，有时还出现流沙。

（6）基底土失稳。基坑开挖使支护结构内外土重量的平衡关系被打破，桩后土重超过坑底内基底土的承载力时，产生坑底隆起现象。支护采用的板桩强度不足，板桩的入土部分破坏，坑底土也会隆起。此外，当基坑底下有薄的不透水层时，而且在其下面有承压水时，基坑会出现由于土重不足以平衡下部承压水向上的顶力而引起隆起。当坑底为挤密的群桩时，孔隙水压力不能排出，待基坑开挖后，也会出现坑底隆起。

支护用的灌注桩质量不符合要求；桩的垂直度偏差过大，或相邻桩出现相反方向的倾斜，造成桩体之间出现漏洞；钢支撑的节点连接不牢，支撑构件错位严重；基坑周围乱堆材料设备，任意加大坡顶荷载；挖土方案不合理，不分层进行，一次挖至基坑底标高，导致土的自重应力释放过快，加大了桩体变形。

不重视现场监测，影响基坑支护结构的安全因素非常复杂，有些因素是设计中无法估计到的，必须重视现场监测，随时掌握支护结构的变形和内力情况，发现问题，及时采取必要的措施。

（7）降水措施不当。采用人工降低地下水位时，没有采用回灌措施保护邻近建筑物。

（8）基坑暴露时间过长。大量实际工程数据表明，基坑暴露时间愈长，支护结构的变形就愈大，这种变形直到基坑被回填才会停止。所以，在基坑开挖至设计标高后，应快速组织施工，减少基坑暴露时间。

深基坑支护工程发生事故的因素是多方面的，是各种原因的综合造成的。

案例 2.6

1. 工程事故概况

某大厦主楼地面以上 20 层，裙楼 6 层，设有 2 层地下室，基坑开挖深度 10 m。该大楼东侧刚盖好两年多的 20 层的 A 大厦，西侧邻近 6 层砖砌体结构住宅楼群，南侧为年代久远的居民住房，北邻长江路。工程地质状况较为复杂，基坑周围土质差，上部 2～3 m 为杂填土、素填土，基坑开挖深度范围内为粉土、淤泥质土，地下水位仅在地表下 0.5～1.20 m。

深基坑支护结构采用钻孔灌注桩和钢支撑支护方案。钻孔灌注桩采用 1800 mm，有效桩长 18 m，钢支撑采用 ϕ609 mm×10 mm 钢管。南北向单层水平垂直支撑，南侧三道二层角支撑，东西向单层水平垂直支撑。采用密排深层搅拌桩作为阻水帷幕，桩径 ϕ700 mm，搭接长度 200 mm，有效桩长 18 m，桩接头施工缝处压密注浆处理，以增加阻水效果。

根据施工组织设计，基坑开挖先南后北，基坑正南部开挖至地表下 9.75 m，安全监测数据显示，居民平房的沉降量达到 25 mm，已超过报警指标（20 mm），而且基坑南侧土体 6.0 m 深度处的累计水平位移达到 52 mm，超过 40 mm 的报警指标，同时在基坑南侧土体 11.0 m 深度土层相对位移最大值达到 3.33 mm，形成滑动层。数日后，居民住房沉降量最大值为 61 mm，地面裂缝在居民住宅区域迅速发展，地面裂缝主要范围距基坑 11 m 左右，缝宽达到 20～30 mm，墙体也出现裂缝和倾斜。

2. 原因分析

经综合分析，造成基坑支护结构变形和基坑涌水的主要原因有以下 4 个方面：

(1)设计方案考虑不周,忽略了由于基坑开挖速度快,卸荷较快较大,基坑回弹的影响,支护变形还在发展,整个支护结构还存在不安全的因素。在基坑南侧支护桩和深层搅拌桩施工时,由于地下障碍物较多,采取了局部开挖方式,在桩施工完毕后,回填了黏土,并且在基坑外压密注浆固结土层。设计者认为考虑到土层被处理过了,将支护桩长减少了 2 m,而忽视了上述不利因素。

(2)虽然在基坑与 A 大厦之间是道路和花坛,没有建筑物(距离约 18 m),但是调查发现 A 大厦 200 t 的生活水箱埋在基坑边,距离基坑约 10 m,而且生活水箱与管道接头由于变形已拉裂,出现漏水现象。因而,现场安全监测数据显示,在基坑东西向挖至地坪下 8.5 m 处,基坑外的 A 大厦附近土体水平位移速率由 0.275 mm/d 突变至 3.38 mm/d,累计水平位移最大值达 42 mm,在 15 m 深处土层相对位移最大值 4.46 mm,在距基坑边约 15 m 处发现与基坑边平行的水平裂缝,裂缝宽 3 mm 左右。现场在基坑东西向增加了两道水平支撑,有效地处理了土体整体滑移的事故。

(3)施工单位忽视了基坑四周地面实际能承受的附加荷载,乱堆钢材,搭建临时设施。在施工中未严格按照先撑后挖的原则。

(4)施工单位在密排深层搅拌桩施工时,桩接头施工缝处没做压密注浆处理,以增加阻水效果。基坑东侧桩接头施工缝未做处理,形成基坑开挖时通道涌水。

案例 2.7

1. 工程事故概况

某中心大厦,地上 29 层,地下 3 层,基坑面积 2600 m²,周边长 260 m。基坑开挖深度为自然地面下 12.35 m。基坑支护采用地下连续墙加钢筋混凝土和钢管组合支撑,即 60 cm 厚、24 m 深的地下连续墙,设置四道支撑:第一道为钢筋混凝土支撑,第二、三、四道支撑为 ϕ609 mm、厚度为 12 mm 的钢管支撑。基坑底部 5.0 m×5.0 m 范围采用注浆加固方案。支护结构剖面见图 2-4。

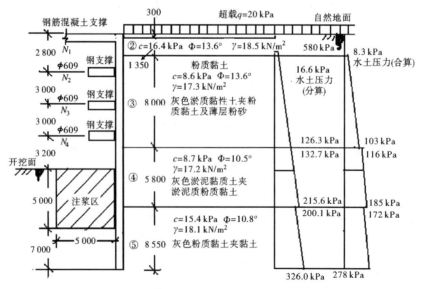

图 2-4 支护结构剖面图及水土压力分布图

支护结构的位移和内力计算采用了按竖向弹性地基梁法的杆系有限元法,地下连续墙外侧采用朗金土压力理论计算主动土压力,水土压力按分算考虑,水压力按静水压力计算。计算时,分为七个工况:

(1)开挖至 -2.8 m,制作第一道钢筋混凝土支撑。

(2)开挖至 -5.8 m,制作第二道支撑。

(3)开挖至 -8.8 m,制作第三道支撑。

(4)开挖至 -12.0 m,制作第四道支撑。

(5)浇筑底板,待底板混凝土达到强度后,拆除第四道支撑。

(6)浇地下室中楼板一,待混凝土达到强度后,拆除第三道支撑。

(7)浇地下室中楼板二,待混凝土达到强度后,拆除第一、二道支撑,然后,浇注地下室顶板,地下室结构封顶。

场地工程地质情况及各土层的土的物理力学性质见表2-1。

最终的计算结果可知:

地下连续墙最大位移: $\delta = 32.14\text{ mm}$(开挖面处);

地下连续墙开挖侧最大弯矩: $M = 668.0\text{ kN}\cdot\text{m/m}$;

地下连续墙后最大弯矩: $M = 337.7\text{ kN}\cdot\text{m/m}$(开挖时 $244.9\text{ kN}\cdot\text{m/m}$)。

支撑最大轴力(负值表示压力):

表 2-1　土的物理力学性质指标表

土层编号	土层名称	厚度/m	γ(密度) /kN·m³	C(黏聚力) /kPa	φ(内摩擦角) /-°
①	填土	0.3			
②	粉质黏土	1.85	18.5	14.6	13.6
③	灰色淤质黏性土夹粉质黏土及薄层粉砂	8.00	17.3	8.6	13.6
④	灰色淤泥质土夹淤泥质粉质黏土	5.80	17.2	8.7	10.5
⑤	灰色粉质黏土夹黏土	8.55	18.1	15.4	10.8

$N_1 = -52\text{ kN/m}$

$N_2 = -294\text{ kN/m}$(开挖时: -159 kN/m)

$N_3 = -471\text{ kN/m}$(开挖时: -343 kN/m)

$N_4 = -519\text{ kN/m}$

基坑支护结构破坏前,已经出现种种迹象,但未引起有关人员的重视。

地面下沉:1994 年 8 月 18 日,临近局部破坏的马路地面下沉速率达到 15 cm/d,从沉降—时间曲线可知,这是基坑支护结构破坏前的预兆。

出现危险征兆:基坑挖土人员发现有涌土现象,表明地下连续墙背后有土正在向坑内流动。8 月 31 日晚 11 时,听到坑内钢支撑发出吱吱声音,未及时采取措施。

年 9 月 1 日上午 7 时许,该大厦某马路一侧约 40 m 长的基坑支护结构,地下连续墙突然倒塌,支撑结构破坏,马路路面塌陷,最深处达 6～7 m,面积约 500 m²。

2. 原因分析

(1)未按施工图施工,如在基坑开挖面以下沿地下连续墙四周的坑底深 5 m、宽 5 m 范围内,要进行注浆加固,但未实施。没有执行先撑后挖的挖土方案,应设置的主要斜撑的缺撑率高达 62.3%,且均在受力较大的部位。

(2)监测也存在一些问题,例如出现监测数据错误,尤其是位移速率加快时,未能向有关方面报警。

案例 2.8

1. 工程事故概况

某综合楼主楼 20 层,高 75 m,设 2 层地下室,基坑开挖深度为 10 m。基坑开挖范围内均为杂填土、素填土、淤泥质土、淤泥质粉土,地下水位仅在地面以下 0.91~1.80 m,该综合楼基坑支护结构采用钻孔灌注桩和钢支撑作受力结构。钻孔灌注桩直径采用 $\phi800$ mm,有效桩长 19 m。钢支撑采用 $\phi609$ mm×10 mm 钢管,在基坑东西向设置两层各 3 根水平支撑,同时,在四角各设置两层角支撑。采用密排深层搅拌桩作为阻水帷幕,该桩为 $\phi700$ mm,搭接 200 mm,有效桩长为 18 m。按照施工组织设计,基坑开挖先南后北。在基坑南部开挖至坑底 −9.00 m 时,安全监测测得土体向基坑内侧的最大水平位移达到 67 mm,超过警报值(40 mm)。一天后,基坑南侧支护桩半数出现横向裂缝,钢支撑与支护桩连系梁连接件扭曲,支护桩连系梁断裂,支护桩外侧地面出现多条裂缝,地面裂缝最宽达到 25 mm,土层松动,局部塌陷,整个基坑南侧出现倒塌。

2. 原因分析

(1)基坑支护设计方案欠妥,设计者对基坑周围实际环境调查分析不够,支护结构实际承受主动土压力大于设计值,设计支护结构地面附加荷载考虑不全面,基坑南侧邻近有土建施工临时设施房屋两排、钢材堆场和加工区。

(2)施工单位基坑开挖时违反了先撑后挖,分层开挖,支护桩附近留内压土台的施工原则,出现超挖、未撑就挖的现象,造成基坑卸载较快,基底回弹,支护变形过大。

(3)钢支撑施工时,施工单位未在支护桩预埋铁件,用气锤敲碎桩混凝土,使其主筋外露,焊接围檩支架,损伤了支护桩的混凝土,使支护变形增大,支护桩的裂缝均出现在受损的混凝土断面附近。

(4)钢角支撑施工时,必须反复预加荷载,第一道和第二道钢角支撑内力会重分布。而施工单位加了第二道角支撑时,第一道角支撑卸载,未即时补荷载,使支护变形,造成支护结构主要压力集中作用在第二道钢角支撑上,第一道钢角支撑未起作用,第二道钢角支撑与支护桩连系梁连接件发生扭曲破坏。

案例 2.9

1. 工程事故概况

某市曙光化工厂综合楼为 6 层底框架砖混结构,东西长 39.9 m,南北宽 8.8 m,建筑面积 2250 m²;采用十字交叉条形基础,其上纵向布置三条底层框架(图 2-5)。基础以下设 0.1 m 厚的混凝土垫层,混凝土垫层下面采用 1.7 m 厚砂垫层。砂垫层外缘离基础底面外缘 0.55~0.75 m,由挡砂墙维护。该楼未设构造柱,3~5 层楼面设钢筋砖圈梁,其余各层设钢筋混凝土圈梁(该地

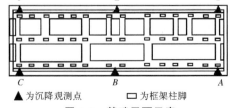

▲为沉降观测点　□为框架柱脚

图 2-5　基础平面示意

区为 6°抗震设防地区）。

该楼于 1986 年 6 月竣工,竣工不久就发现向北倾斜,随即进行沉降观测。最大沉降在西北角,即图 3-5 中 F 点,1986 年 9 月 6 日沉降为 27.0 cm,1987 年 3 月 7 日为 31.1 cm,至 1988 年 4 月 11 日为 36.2 cm,1987 年年初,三层以上墙体普遍开裂,临近大楼的平房墙体向大楼方向倾斜,距大楼 20~30 m 范围内的平房地坪与墙体普遍开裂,裂缝长度及宽度逐渐加大。

该楼于 1986 年 10 月~1987 年 4 月进行了质量检测及事故原因分析,沉降观测及分析至 1988 年 6 月结束。检测与分析均根据《工业与民用建筑地基基础设计规范》TJ7—74、《工业与民用建筑工程地质勘察规范》TJ21—77 及《地基与基础工程施工及验收规范》GBJ202—20 等规范进行,上述规范未明确规定的部分则参考有关地方规范或有关文献。检测之前参考勘察设计和施工单位对事故原因的意见。

2. 事故原因

(1)软弱地基土层压缩变形过大。

(2)地基稳定性丧失。

(3)砂垫层变形或稳定性丧失。

针对这 3 种可能布置了勘察和试验工作:设原状取土孔 4 个,地质鉴别孔 3 个,静力触探孔 7 个,取原状土样 33 个,进行了土工试验,并进行现场裂缝观测和沉降观测。在勘察试验与观测资料的基础上进行了分析计算,明确了事故原因。

勘察试验及现场观测:

(1)探明地基压缩深度内土层分布情况及其工程性质。反映了砂垫层以下土层的分布及其主要性质(图 2-6)。

①淤泥质黏土与淤泥质粉质黏土,埋深 3.1~5.6 m,厚 2.2~2.9 m,灰色,软~流塑状态,局部夹少量螺壳,比贯入阻力平均值 $P_{Es}=0.74$ MPa;含水量 w、孔隙比 e 和压缩模量 E_s 如图 2-6 所示,压缩系数 $a_{1-2}=0.408~0.795$ MPa^{-1};快剪 $c=31.9~35.3$ kPa,$\varphi=6.7°~7.0°$。

②泥炭土层,平均厚 1.2 m,黑色,软塑,呈松散状,含大量腐烂的植物纤维;$P_{Es}=0.69$ MPa;相对密度为 1.99~2.54,w、e、E_s 见图 2-6,$a_{1-2}=1.22~3.57$ MPa^{-1};有机质含量 33.3%~33.9%,烧失量 36.5%~37.5%;次压缩系数 $c_{Es}=0.01~0.075$,$C=23.5$ kPa,$\varphi=4.6°$。

③淤泥质黏土及淤泥质粉质黏土,局部含薄层粉土。该层位于泥炭土层之下,建筑物东南部位厚度约 5 m,向西北逐渐增至 9 m 左右,灰色,呈软~流塑状态,$P_{Es}=0.48$ MPa;w、e、E_s 如图 2-6,$a_{1-2}=0.306~0.561$ MPa^{-1}。

④粉质黏土,黄色,呈可~软塑状态,东南埋深浅,约 12.2 m,向西北增加到 15.8 m,w、

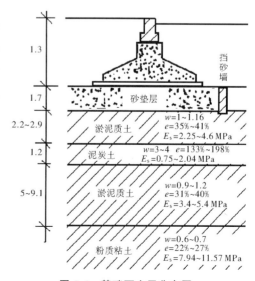

图 2-6 基础下土层分布图

e、E_s见图 2-6,$a_{1-2}=0.314\sim0.214$ MPa^{-1}。该层可作为下卧硬土层,仅西北角钻孔 S_1 钻到 19.4 m 时土层又变软;本层层面自东南向西北倾斜,东西方向平均倾斜坡度为 6.18%。南北方向为 7.1%。所以高压缩性软土层厚度由东南向西北逐渐增加。

(2)砂垫层密实度、厚度与下沉值的检测。由于受场地条件及地下水条件(砂垫层位于地下水位以下)等方面的限制,难以取原状砂样或采用标贯试验直接测定砂垫层施工质量。因此,选用了静力触探判定各部位砂垫层的厚度、下沉值及其密实度。静探孔布置见图 2-7,其中孔 S_{10} 位于建筑物内部,其余 6 个静探孔均在建筑物四周。而 S_{12}、S_{13} 在挡砂墙之外,用以检测挡砂墙外侧原土层和回填土的质量。

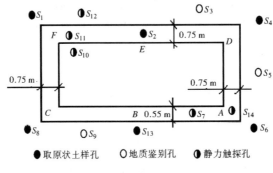

图 2-7 钻孔布置图

①砂垫层密实度的确定。通过静探获得砂垫层的比贯入阻力平均值 P_{Es},查表 2-2 可以确定砂垫层的密实度。根据有关规定,砂垫层达到中密状态方算合格,然而从表 2-2 中可以看出只有 S_{10} 和 S_7 两孔的砂垫层合格,其余 3 孔均不合格,墙内砂垫层密实度远大于墙外。

②砂垫层厚度及下沉值。根据 S_7、S_{10} 两孔的砂垫层实测厚度及下沉值推算,它反映出砂垫层部位与其上下人工填土及淤泥质土层迥然不同。利用这一特点以及测得的静探孔孔口高程就可推出砂垫层顶面与底面之高程。进而得出层厚;再与施工时顶面与底面高程比较可得出下沉值。各孔砂垫层厚度及下沉值推算如表 2-3,该表是依据砂垫层施工时底面高程与设计高程一致推算的,因为基坑底面高程控制比基底以外砂垫层表面高程控制认真;由于静探孔均不在基底下方,该部位砂垫层压缩量较小,忽略这种压缩量影响便有:

顶面施工高程=底面设计高程(等于底面施工高程)+砂垫层实测高程;

顶面下沉量=顶面施工高程-顶面实测高程;

底面下沉量=底面设计高程-底面实测高程。

表 2-2 砂垫层密实度

孔号	S_{10}	S_{11}	S_2	S_{14}	S_7
Pa(MPa)	9.77	3.29	4.28	4.05	6.12
密实度	中密	稍密	稍密	稍密	中密

表 2-3　砂垫层实测厚度及下沉值推算

孔　　号		S_{10}	S_{11}	S_2	S_7	S_{14}
实测高程(m)	顶面	10.92	11.09	10.93	10.95	10.95
	底面	9.12	9.19	9.23	9.15	9.25
设计高程(m)	顶面	11.14	11.14	11.14	11.14	11.14
	底面	9.44	9.44	9.44	9.44	9.44
实测层厚(m)		1.80	1.90	1.70	1.80	1.70
顶面施工高程(m)		11.24	11.34	11.14	11.24	11.14
顶面下沉量(m)		0.32	0.25	0.21	0.29	0.19
底面下沉量(m)		0.32	0.25	0.21	0.29	0.19

从表 2-3 可见,砂垫层厚度均等于或略大于原设计厚度,而下沉量与沉降观测结果基本一致。如西北角 F 点实测沉降量最大,而 F 点附近 S_{10}、S_{11} 两孔处砂垫层下沉量也较大;其中尤以 S_{10} 处的砂垫层下沉量最大,因该孔既位于 F 点附近又处于建筑物内部。东南角 A 点实侧沉降量最小,附近 S_{14} 孔砂垫层下沉量也最小。当然,施工时砂垫层底面高程与设计高程相比会有误差,但即使误差为 5～10cm 也不会改变上述下沉的趋势。因此,砂垫层的变形不大,稳定性未丧失。

③裂缝观测。检测期间,4～6 层东西纵向墙体产生斜向裂缝,6 层裂缝最多,向下逐渐减少;东西两侧较多,向中间逐渐减少,而南纵墙又多于北纵墙。斜向缝一般为东西对称的"八"字形,不少缝长达数米,宽一般小于 1mm。1988 年以后裂缝向二、三层扩展,到 1991 年 5 月,6 层缝宽已超过 5 mm,并仍在发展。

大楼附近 10 m 以内原有平房地坪与墙壁普遍开裂严重,远离大楼 30 m 的平房也发现少量裂缝。总之,距大楼愈近的平房开裂愈严重,不少缝宽超过 2 mm;紧靠大楼的墙壁明显向大楼方向倾斜。住户反映,裂缝是从大楼施工后陆续发生发展的。

④沉降观测。在建筑四角及南、北纵墙中点设置沉降观测点(图 2-5)。自 1985 年 10 月至 1988 年 4 月 11 日共计实测 28 组沉降资料(B、E 点少测 6 组)。各测点沉降变化均与双曲线形变化规律相吻合。

通过裂缝观测及沉降观测说明大楼存在沉降,并因此导致裂缝的发生及开展。

(3)地基承载力验算。地基容许承载力验算按有关规范中的两种法推求。

①由物理性质指标确定。29 个淤泥质土样含水量的最大平均值为 39.1%。泥炭土含水量远远大于 39.1%;但考虑泥炭土层的贯入阻力与泥质土接近,室内试验抗剪强度指标过大差别,因而统一用 $w=39.1\%$ 查规范得 $[R]=90.5$ kPa。再按规范进行深、宽修正(考虑 1.7 m 厚的砂垫层作用,B 取 6 m,D 取 3 m)得 $R=104.8$ kPa。

②根据抗剪强度指标计算。根据 5 组试样室内不排水快剪试验指标得最小平均值为 $c=17.46$ kPa,$\varphi=5.47$,查规范得地基承载力 $R=106.7$ kPa。

现取较小值 $R=104.8$ kPa 验算。考虑到砂垫层的作用,验算结果地基实际承受荷载为 99.64 kPa,小于容许承载力,地基稳定性安全。

(4)地基变形分析。由于大楼不符合甲类地基计算的范围,应属乙类,因此尚应进行变形验算。本文用三种方法计算地基变形,并分析了沉降与时间的关系。

①按《工业与民用建筑地基基础设计规范》TJ7—74 中方法计算。沉降计算荷重总值为 34.86 kN,建筑物重心偏北。偏心距 $e_0 = 0.225$ m。交叉条形基础底面净面积为 315.21 m²,基础外包总面积为 418.95 m²,两者相比得面积系数 $W = 0.7524$。由于该比值较大,再考虑砂垫层作用,将建筑物总重分布在基础外包总面积上计算的沉降接近于考虑相邻条形基础荷载作用计算的沉降量。规范指出,只要面积系数 $W > 0.6$ 就可如此简化。于是沉降计算荷载为矩形面积上均匀分布与三角形分布两种。均布荷载为 71.10 kPa;三角形荷载零点在南侧,北侧压力为 24.22 kPa。地基划分 5 层,即砂垫层,上部淤泥质土层,泥炭土层,下部淤泥质土层及粉质黏土层。砂垫层的压缩模量 E_s 是根据 P_s 确定。其余各土层的 E_s 根据取值不同又分两种情况计算。其一是各土层 E_s 取该土层试验指标的平均值,其二是各土层 E_s 取该层土样试验指标的最小平均值,并参考由静探确定的 E_s 值。前者用于检测的需要,后者反映设计取值情况。这样求得基础底面四角及各边中点的稳定沉降表 2-4。由于中心点 O 无钻孔,在其下方将持力层划分为 10 层,各层 E_s 取四周相应高程 E_s 的平均值。对应于 E_s 取最小平均值时,算得 O 点稳定沉降为 37.03 cm;对应于 E_s 平均值时,算得 O 点稳定沉降为 34.00 cm。上述计算没有考虑基础与上部结构刚度作用,因此又进行刚性校正。

②地基基础与上部结构共同作用计算。以上计算均不能正确反映基础与上部结构刚度的影响。所以又进行地基、基础与上部结构共同作用的计算。对于如何用实用方法,考虑墙体刚度做了两种简化情况计算:第一种情况,南、北墙门窗较多,仅计其刚度的 20%,其余无门窗的墙体计其刚度的 80%;第二种情况,考虑墙体裂缝较多,仅计窗台以下墙体刚度,框架刚度均考虑。如此不仅求得各点稳定沉降,而且同时求得基础与框架的内力与变位,见表 2-4。

表 2-4　地基稳定沉降计算汇总表(单位:cm)

项　目		各土层用平均 E_s 计算		各土层用 E_s 的最小平均值计算		地基基础与上部结构共同作用计算		由实测沉降推求的最终沉降
		直接计算值	按绝对刚性校正值	直接计算值	按绝对刚性校正值	第一种情况	第二种情况	
沉降量/cm	O	34.00	25.8	37.03	27.10	30.82	31.58	33.57
	A	7.46	22.2	9.57	25.50	26.00	24.37	25.16
	B	16.64	22.8	18.75	26.00	29.27	30.24	33.52
	C	7.88	23.0	9.78	26.50	32.30	30.00	31.28
	D	10.87	28.2	12.87	31.00	29.19	27.49	32.49
	E	21.92	29.0	26.49	32.50	32.44	33.03	38.18
	F	11.87	30.4	13.21	34.00	35.50	33.79	40.78

③根据实测沉降推求稳定沉降及沉降与时间的关系。将各测点沉降与时间关系用双曲线形式表示,即

$$s_t = s_\infty \cdot t/(\alpha + t)$$

式中 t 为时间(天)。

根据施工日志,1985年10月14日开始施工地面以上部分,1986年2月2日主体工程竣工,历时112天,以1985年10月14日以后56天(即1985年12月19日)作为时间计算起点;s_t 为历时 t 天的沉降量,s_∞ 为稳定沉降量;α 为待求参数。上式可改写为

$$\frac{1}{s_t} = \frac{1}{s_\infty} + \frac{\alpha}{s_\infty} \cdot \frac{1}{t}$$

利用该式及21~28组历时两年的实测沉降资料进行相关分析得到各测点的 s_∞、α,代入上式求得各时间的 t 的沉降 s_t,从而绘出沉降历时曲线。计算结果说明推求的沉降曲线与实测沉降十分吻合,相关系数达0.987~0.997,均方误差仅0.30~0.53 cm。6个测点的 s_∞ 平均值为33.57 cm。

由(表2-4)可知,规范法各层 E_s 取平均值,不经刚性校正时计算 O 点沉降为34.00 cm,与实际沉降推求的各测点稳定沉降平均值33.51 cm最为接近;考虑共同作用,只计1m墙高及框架刚度的各点沉降计算值与实测沉降分析的各点稳定沉降最为接近。

3. 原因分析

通过上述工作可以对事故原因做出判断。

(1)地基稳定性的问题。该楼地基稳定性安全,事故原因不在于地基稳定性丧失,其依据是:①上述分析计算表明地基容许承载力大于地基实际承受的荷载;②如果地基稳定性丧失而产生几十厘米下沉,那么建筑物四周应有隆起现象,而实际现场并无隆起迹象;③地基稳定性丧失引起建筑物下沉的时间应短暂,不可能延续几年后还在下沉。

(2)砂垫层问题。事故原因不在于砂垫层稳定性丧失,砂垫层稳定性(包括边缘不被挤出的稳定性)安全,其依据为:①静探表明,砂垫层承载力远大于地基软土层的承载力,远大于基底压力。因此,砂垫层不可能因承载力不足而丧失稳定;②静探还说明砂垫层边缘密实度低,已松动,松动的主要原因在于砂垫层边缘距离基底外沿过近。按规范的规定计算其距离必须大于1.7 m,而本工程只有0.55~0.75 m。但是这种松动不至于使砂垫层边缘被挤出而丧失稳定,以致产生如此大的沉降。果真如此,那么根据1988年4月31日实测推算,砂垫层至少有116.9 m³被挤出,其厚度必然要减少,建筑物四周地面必然要隆起,然而并非如此。实测砂垫层厚度基本无变化,四周也未隆起;根据实测,附近墙体向大楼方向倾斜,说明大楼四周也在下沉,且远离大楼下沉值变小,从而就否定了砂垫层边缘被挤出是沉降过大的原因;③如果砂垫层稳定性丧失(包括边缘被挤出),引起大楼和附近平房下沉的时间应是短暂的,不可能延续几年后还在下沉。

事故的原因不是因砂垫层变形或填筑质量造成的,其依据为:①1.7 m厚的砂垫层压缩量不可能达到几十厘米;②实测砂垫层厚度基本上无变化;③砂垫层变形时间短暂,不会延续多年;④砂垫层变形不会引起砂垫层以外墙壁倾斜、平房地坪与墙体开裂。

(3)事故的主要原因。事故的主要原因是砂垫层以下存在厚达9.2~12.8 m的高压缩性软土层(包括泥炭土层),在建筑物荷载作用下,该土层的压缩变形使建筑物产生过大沉降与沉降差。这个结论是以下列事实为论据。

①根据历时近两年共 27 组实测沉降的相关分析,该楼沉降与双曲线形沉降规律十分吻合。除了软土层的压缩变形外,其他变形如地基和砂垫层稳定性丧失以及砂垫层的压缩变形均不可能与这种变形规律相吻合。

②考虑地基、基础与框架等上部结构共同作用计算的各点沉降与实测沉降推求的稳定沉降大致相符;根据规范方法计算的中心点沉降与实测沉降推求的各测点稳定沉降平均值基本一致。

③各测点实测沉降大小分布情况与软土层厚度变化情况及荷载偏心方向一致。

④由于基础平面为矩形,纵向荷载无过大差别,因而纵向基础实测与计算沉降均为中心值大于东西两端平均值。这与大楼 3~6 层东西两侧对称分布的"八"字形裂缝情况相符,是由于主拉应力所形成。按共同作用计算与实测沉降推求的纵向基础相对弯曲均为北侧大于南侧,与北侧纵墙裂缝多于南侧相符。

⑤砂垫层厚度基本没变化,其顶面及底面一致下沉说明沉降主要是其下卧软土层的压缩变形结果。

⑥大楼地基软土层压缩变形在离开该楼的地面也引起沉降,随着离大楼距离增加,沉降逐渐减少。大楼附近的建筑物墙壁倾斜及平房墙体裂缝方向均能反映这一特性。

4. 应吸取的教训

工程勘察设计未按有关规范行事。勘察中,未布置原状取土孔,未进行取样试验,未探明地基中存在泥炭土层;设计中,仅考虑了满足承载力要求,未按地基基础设计规范进行必要的、合理的变形验算,从而未能发现该工程地基用 1.7 m 厚的砂垫层进行处理根本不能消除有害沉降。

思考题

1. 平整场地施工中造成场地积水的原因有哪些?
2. 引起土方开挖塌方或滑坡的主要原因?
3. 填方土工程的质量事故有哪些?是如何产生的?
4. 基坑槽开挖时,什么情况下容易出现滑坡、塌方事故?
5. 地面沉陷过大的主要原因有哪些?
6. 深基坑工程施工中常见的质量事故有哪些?说说产生的原因?
7. 结合自己的工程施工实践,谈谈深基坑工程实例的学习体会和认识。

第三章　地基与基础工程

【教学要求】

　　本章主要讲解了在地基处理与加固、灰土基础、多层建筑基础、高层建筑基础施工中避免出现质量事故的基本要求、发生事故的原因与解决方法。分析了对于基础的变形、地基处理不当引起基础(不均匀)沉降的原因；预制桩、灌注桩施工中常见的质量事故和产生的原因，并通过工程实例说明了这些事故对建筑物安全所带来的危害。

【教学提示】

　　高层建筑基础往往采用大体积混凝土施工，如施工处理不当，往往对工程质量带来极其严重的影响。桩基工程中，灌注桩包括钻孔灌注桩、人工挖孔桩、沉管灌注桩等。灌注桩工程的施工及其质量事故分析是本章学习的重点，要通过该章学习和对工程实例的分析，掌握保证工程质量的正确方法。

　　地基与基础工程质量，对建筑物的安全使用和耐久性影响很大。基础或地基的质量事故，常常会引起地面塌陷、梁板结构断裂、墙柱开裂等质量事故。从而影响建筑物的正常使用，甚至危及人们的生命安全。地基与基础工程发生的质量事故虽然产生的原因是多方面的，但施工技术、施工质量不符合设计要求和规范的规定是事故发生的重要原因之一。

第一节　国内外地基基础工程成败实例

一、建筑物倾斜

1. 意大利比萨斜塔

　　这是举世闻名的建筑物倾斜的典型实例。该塔自 1173 年 9 月 8 日动工，至 1178 年建至第 4 层中部，高度约 29 m 时，因塔明显倾斜而停工。94 年后，于 1272 年复工，经 6 年时间，建完第 7 层，高 48 m，再次停工中断 82 年。于 1360 年再复工，至 1370 年竣工。全塔共 8 层，高度为 55 m。

　　塔身呈圆筒形，1~6 层由优质大理石砌成，顶部 7~8 层采用砖和轻石料。塔身每层都有精美的圆柱与花纹图案，是一座宏伟而精致的艺术品。1590 年伽利略曾在此塔做落体实验，创建了物理学上著名的落体定律。斜塔成为世界上最珍贵的历史文物，吸引世界各地无数游客。

　　全塔总荷重约 145 MN，基础底面平均压力约 50 kPa。地基持力层为粉砂，下面为粉土和黏土层。目前塔向南倾斜，南北两端沉降差 1.80 m，塔顶离中心线已达 5.27 m，倾斜

5.5°,成为危险建筑。1990年1月14日被封闭。现除加固塔外,正用压重法和取土法进行地基处理,尚无明显效果。

2. 苏州市虎丘塔

此塔位于苏州市虎丘公园山顶,落成于宋太祖建隆二年(公元961年),距今已有1036年。全塔7层,高47.5 m。塔的平面呈八角形,由外壁、回廊与塔心三部分组成。塔身全部青砖砌筑,外形仿楼阁式木塔,每层都有8个壶门,拐角处的砖特制成圆弧形,建筑精美。1961年3月4日,国务院将此塔列为全国重点文物保护单位。

1980年6月现场调查,塔身已向东北方向严重倾斜,不仅塔顶离中心线已达2.31 m,而且底层塔身发生不少裂缝,成为危险建筑而封闭。仔细观察塔身的裂缝:东北方向为竖直裂缝,西南方向为水平裂缝。后经勘察,了解宝塔倾斜系由于地基覆盖层相差悬殊等原因造成。

在国家文物管理局和苏州市人民政府领导下,召开多次专家会议,采取在塔四周建造一圈桩排式地下连续墙,并对塔周围及塔基进行钻孔注浆,然后用树根桩加固塔基,由上海市特种基础工程研究所承担施工,获得成功。

中国科学院院士、清华大学黄文熙教授在第10届国际土力学与基础工程学术会议上交流了有关虎丘塔的论文,受到世界各国专家的重视。

3. 南昌钢铁厂一烟囱

南昌钢铁厂一轧车间东侧有一座大烟囱,1971年建成,1975年投产,使用正常。1981年发现烟囱开裂与倾斜。1984年9月观察烟囱已发生4条大裂缝,缝长2~5 m,缝宽10~20 mm。经研究分析烟囱的倾斜与开裂是作为加热炉烟道高温烘烤引起的。原拟加大基础,加粗烟囱,处理非针对性。

二、建筑地基严重下沉

1. 上海展览中心馆

上海展览中心馆原称上海工业展览馆,位于上海市区延安中路北侧。展览馆中央大厅为框架结构,箱形基础;展览馆两翼采用条形基础。箱形基础为两层,埋深7.27 m。箱基顶面至中央大厅顶部塔尖,总高96.63 m。地基为高压缩性淤泥质软土。展览馆于1954年5月开工,当年年底实测地基平均沉降量为60 cm。1951年6月,中央大厅四周的沉降量最大达146.55 cm,最小为122.8 cm。

1957年7月,应邀来我国讲学的苏联土力学专家库兹明和清华大学陈梁生教授,赴上海展览中心馆进行调查研究。在仔细观察展览馆内严重的裂缝情况,分析沉降观测资料并研究展览馆勘察报告和设计图纸后,做出展览馆将裂缝修补后可以继续使用的结论。

1979年9月,再次到上海展览中心馆调查。当时展览馆中央大厅累计平均沉降量为160 cm。从1957—1979年共22年的沉降量仅20多厘米,不及1954年下半年沉降量的一半,说明沉降已趋向稳定,展览馆开放使用情况良好。

但由于地基严重下沉,不仅使散水倒坡,而且建筑物室内外连接及内外网之间的水、暖、电管道断裂,都需付出相当的代价。

2. 墨西哥市艺术宫

墨西哥市艺术宫是一座巨型的具有纪念性的早期建筑。此艺术宫于1904年落成,至今已有100余年的历史。该市处于四面环山的盆地中,古代原是一个大湖泊。因周围火山喷发的火山灰沉积和湖水蒸发,经漫长年代,湖水干涸形成目前的盆地。

当地表层为人工填土与砂夹卵石硬壳层,厚度 5 m;其下为超高压缩性淤泥,天然孔隙比高达 7～12,天然含水量高达 150％～600％,为世界罕见的软弱土,层厚达 25 m。因此,这座艺术宫严重下沉,沉降量竟高达 4 m。临近的公路下沉 2 m,公路路面至艺术宫门前高差达 2 m。参观者需步下 9 级台阶,才能从公路进入艺术宫。这是地基沉降最严重的典型实例。下沉量为一般房屋一层楼有余,造成室内外连接困难和交通不便,内外网管道修理工程量增加。

三、建筑物墙体开裂

1. 匈牙利一码头建筑物

匈牙利达纳畔特码头,位于多瑙河旁一座岛上的斜岸上。建筑物包括一个仓库和几个车间,宽约 24 m,高 6 m,为单层框架结构,建于 1952 年。

设计采用圆柱形独立基础,基础上置钢筋混凝土连续梁承受外墙荷重。建筑物内墙采用条形基础。工程建成不久,所有内隔墙都严重开裂。

地基表层为人工填土,厚约 3.8 m;第二层为细砂与有机粉土,厚约 1.7 m(第三层为密实粗砂层。上述建筑物外墙下独立基础埋深 6.5 m,基础底面为粗砂层,沉降量很小。而内墙的条形基础埋深仅 0.8 m,位于人工填土层,沉降量大。显然,一幢建筑物采用两类不同基础,埋深相差悬殊,持力层土质压缩性高低相差悬殊,引起严重的不均匀沉降,导致墙体严重开裂。

2. 天津市人民会堂办公楼

此办公楼东西向 7 个开间,长约 27.0 m,南北向宽约 5.0 m,高约 5.6 m,为两层楼房。工程建成后使用正常。

1984 年 7 月,在办公楼西侧,新建天津市科学会堂学术楼。此学术楼东西向 8 个开间,长约 34.0 m,南北宽约 18.0 m,高约 22.0 m,为 6 层大楼。两楼外墙净距仅 30 cm。当年年底,人民会堂办公楼西侧北墙发现裂缝,此后,裂缝不断加长、展宽。1986 年 7 月现场调查研究,最大的一条裂缝,位于办公楼西北角,上下墙体已断开错位 150 mm。在地面以上高2.3 m 处,开裂宽度超过 100 mm,握拳可在裂缝处自由出入。这条裂缝朝东向下斜向延伸至地面,长度超过 6 m。另一条裂缝,从北墙二层西起第一扇窗中部朝东向下斜向延伸至第二扇窗下部直至圈梁,长度超过 3 m。

分析上述裂缝的原因,由于新建天津市科学会堂学术楼的附加应力扩散至原有人民会堂办公楼西侧软弱地基,引起严重下沉所致。这是相邻荷载影响导致事故的最典型实例。事故处理可用桩基托换法。

四、建筑物基础开裂

1. 南京分析仪器厂职工住宅

该住宅位于南京市西部秦淮河以南太平南路西侧西一新村。住宅楼东西向长 37.64 m,南北向宽 8.94 m,5 层,建筑面积 1721 m²。建筑场地地表为杂填土,较厚,设计采用无埋式筏板基础。1977 年 12 月开工,次年 5 月住宅楼主体工程施工至第 5 层时,于 5 月 13 日发现东起第五开间中部钢筋混凝土筏板基础南北向断裂。5 月 15 日工程停工。

经重新勘察和调查,该场地原为一个大水塘,南北长 70 m,东西宽 40～50 m。附近的饭馆、茶炉、浴室用稻壳作燃料,烧烬的稻壳灰倾倒此塘,经几十年填平。1972 年曾作烧砖窑场,1977 年初整平,同年年底动工修建住宅楼。

第一次勘察,误将稻壳灰鉴别为一般杂填土。由于住宅楼西半部置于古水塘内,东半部坐落岸上,土质突变,造成钢筋混凝土筏板基础拦腰断裂的严重事故。

经有关方面多次研究讨论,比较 4 个方案后,最终采用卸荷处理方案,即拆去一层,后又拆去一层,将原 5 层住宅改为 3 层住宅。

2. 北京大学汽轮机基座

北京大学新建一座自备电厂,由 IC62 型汽轮机和 QF1.5-4 型发电机配套。汽轮机基座设计 C20 混凝土,要求现场浇筑、留出的洞孔与预埋件位置正确。1990 年电厂施工,当年 11 月汽轮机基座完工拆模,发现基座混凝土有裂缝。1991 年 6 月准备安装汽轮机。为保证工程质量,作质量鉴定。经现场调查观测,发现汽轮机基座北起第二排两个预留洞孔混凝土开裂,裂缝长超过 400 mm,缝宽 1 mm 左右,东侧洞孔裂缝贯穿整个孔旁结构,局部有蜂窝。用回弹仪实测上述裂缝周围,混凝土强度等级低于 C8,低于设计要求 C20。尤其汽轮机地脚螺栓预留孔位置偏离 10～40 mm,无法安装汽轮机,而且基座顶板明显凹凸不平,高差超过 20 mm,不满足设计要求施工偏差不超过 $-10～0$ mm 的标准。造成上述事故的原因,承包该工程的是外地施工队,且过去没有工业建筑的经验,加上技术力量薄弱,无工程师,不了解汽轮机基座的重要性,没有质量监督制度,也无专人负责质量工作。

清华大学陈希哲教授应邀负责汽轮机基座事故处理:首先清除混凝土开裂与质量低劣部位;其次在汽轮机预留洞孔外缘增补钢筋,用高强早强混凝土修复凿去部分;最后采用新材料界面剂,使新老混凝土之间牢固联结。处理圆满成功,汽轮机顺利安装并正常运行。

五、建筑物地基滑动

1. 加拿大特朗斯康谷仓

该谷仓平面呈矩形,南北向长 59.44 m,东西向宽 23.41 m,高 31.00 m,容积 36 368 m³。谷仓为圆筒仓,每排 13 个圆筒仓,5 排共计 65 个圆筒仓。谷仓基础为钢筋混凝土筏板基础,厚度 61 cm,埋深 3.66 m。

谷仓于 1911 年动工,1913 年秋完工。谷仓自重 20 000 t,相当于装满谷物后满载总重量的 42.5%。1913 年 9 月装谷物,10 月 17 日当谷仓已装了 91 822 m³ 谷物时,发现 1 小时内竖向沉降达 30.5 cm。结构物向西倾斜,并在 24 h 内谷仓倾倒,倾斜度离垂线达 26°53′,谷仓西端下沉 7.32 m,东端上抬 1.52 m,上部钢筋混凝土筒仓坚如磐石。

谷仓地基土事先未进行调查研究,据邻近结构物基槽开挖试验结果,计算地基承载力为 352 kPa,应用到此谷仓。1952 年经勘察试验与计算,谷仓地基实际承载力为 193.8～276.6 kPa,远小于谷仓破坏时发生的压力 329.4 kPa,因此,谷仓地基因超载发生强度破坏而滑动。

2. 美国纽约某水泥仓库

美国的一座水泥仓库是近代世界上最严重的建筑物破坏之一,这座水泥仓库位于纽约市汉森河旁,水泥仓库呈圆筒形,高约 21 m,仓库直径 13 m。一排圆筒仓库下部的基础为整块筏板基础,埋深 2.8 m。

1940 年水泥仓库装载水泥,使黏土地基超载,引起地基土剪切破坏而滑动。

水泥仓库地基滑动,使水泥筒仓倾倒呈 45°,地基土被挤出地面高达 5.18 m。与此同时,离筒仓净距 23 m 以外的办公楼受地基滑动影响,也发生了倾斜。

六、建筑物地基溶蚀

1. 美国一净水工厂

美国东南部亚拉巴马州净水工厂建在一座小山旁,厂区地基为残积土,下部基岩为石灰岩,裂隙发育。工厂开工一个月后,忽然听到隆隆声,过滤建筑物发生摇动。值班人员发现建筑物发生严重开裂,从屋顶一直裂到底部,同时建筑物一半发生倾斜。沉淀池底部出现宽达 1.5~3.0 m 大洞穴。

施工期间打破自来水总管,将容量 226 m³ 的大水箱放空。大量水渗入地下,把残积土中的细颗粒冲走流失,发生侵蚀破坏。这座净水工厂已完全破坏,无法使用。

2. 徐州市区塌陷

徐州市区东部新生街居民密集区,于 1992 年 4 月 12 日发生一次大塌陷。最大的塌陷长 25 m,宽 19 m,最小的塌陷直径 3 m,共 7 处塌陷,深度普遍为 4 m 左右。整个塌陷范围长达 210 m,宽达 140 m。

塌陷造成灾情严重:位于塌陷内的房屋 78 间全部陷落倒塌。邻近塌陷周围的房屋墙体开裂达数百间。

1992 年 8 月上旬,徐州市发生第二次塌陷。塌陷区位于徐州市区东北部地藏里,大小塌陷 10 余处。

塌陷区地基为古黄河泛滥沉积的粉砂与粉土,厚达 22 m。其底部即为古生代奥陶系灰岩,中间缺失老黏土隔水层,灰岩中存在大量溶洞与裂隙。徐州市过量开采地下水,水位下降对灰岩上的覆盖层粉土与粉砂形成潜蚀与空洞并不断扩大。在当地下大雨后雨水渗入地下,导致大型空洞上方土体失去支承而塌陷。

七、建筑物基槽变位滑动

1. 国外一座厚板结构楼

国外一座 4 层厚板结构楼,当它正浇注二层地板时发生倒塌。其原因是在边柱旁进行深挖方,使边柱侧向变位下沉,新浇筑的混凝土楼板荷重大部分落在第 2 根支柱上,造成超载而破坏,导致脚手架倒塌和混凝土楼板折断破坏。

2. 上海一幢 18 层科研楼

上海市区西南徐家汇地区,某研究所新建一幢 18 层科研楼,地下 1 层,采用箱基加桩基方案。基槽开挖平面 37 m×26 m,深 5.4 m。采用灌注桩护坡,灌注桩 ϕ650 mm,长 10 m,中心距 950 mm。在桩净距 300 mm 中加做 ϕ200 mm 树根桩,长 10 m。护坡桩后设斜拉桩 ϕ180 mm,长 20 m,间距 1.5 m。桩顶设置一道 100 cm×80 cm 钢筋混凝土圈梁,连成整体。1986 年 10 月基槽开挖后不久,发现护坡桩内倾,基槽西侧三幢辅楼内产生 3 道大裂缝,缝宽靠基槽的两道为 30~50 mm,另一道 5~10 mm。墙体严重开裂,最大缝宽 100~150 mm,屋面开裂,严重漏雨,楼房 150 mm 的上水管也被拉断。

当地淤泥质软弱土厚度超过 12 m,护坡桩原设计桩长 15 m,为省钱将桩长改为 10 m。滑动圆弧从桩底通过,使扩坡桩失去作用,基槽边离辅楼太近,仅 2.5~5.0 m。楼房荷重促使土坡滑动,边坡稳定安全系数为 0.32~0.50,必然发生滑动。

八、土坡滑动

1. 南京江南水泥厂

该厂位于南京市东北部,长江南岸栖霞山麓。山坡多次滑动。1975 年夏,滑动土体达数万立方米,危及水泥厂 3 号窑头厂房,工厂停产处理滑坡事故。

栖霞山的山坡原是稳定的。建厂平整场地开挖坡脚,使山坡土体失去平衡。夏季雨量集中,雨水渗入山坡残积土中,使土体含水量增加,抗剪强度降低,导致山坡滑动事故。为防止新的滑坡,在山麓修筑一道钢筋混凝土重力式挡土墙。

2. 香港宝城大厦

香港地区人口稠密,市区建筑密集。新建住宅只好建在山坡上。1972 年 7 月,香港发生一次大滑坡,数万立方米残积土从山坡上下滑,巨大的冲击力正好通过一幢高层住宅——宝城大厦,顷刻之间,宝城大厦被冲毁倒塌。因楼间净距太小,宝城大厦倒塌时,砸毁相邻一幢大楼一角约 5 层住宅。宝城大厦居住着金城银行等银行界人士,因大厦冲毁时为清晨 7 点钟,人们都还在睡梦中,当场死亡 120 人。这起重大的伤亡事故引起西方世界极大的震惊。

九、建筑物地基液化失效

1. 日本新潟市 3 号公寓

新潟市位于日本本州岛中部东京以北,西临日本海,市区存在大范围砂土地基。1964 年 6 月 16 日,当地发生 7.5 级强烈地震,使大面积砂土地基液化,丧失地基承载力。新潟市机场建筑物震沉 915 mm,机场跑道严重破坏,无法使用。当地的卡车和混凝土结构沉入土中。地下一座污水池被浮出地面高达 3 m。高层公寓陷入土中并发生严重倾斜,无法居住。据统计,1964 年新潟市大地震,共毁坏房屋 2890 幢,3 号公寓为其中之一,上部结构完好。

2. 河北省唐山矿冶学院书库

该学院位于唐山市区西部,新华路路南。学院图书馆书库为一幢 4 层大楼,建成多年使用情况良好。1976 年 7 月 28 日凌晨,当地发生 7.8 级强烈地震,唐山市区位于地震震中极震区,地震烈度高达 10°~11°,唐山市区平地的建筑几乎全部遭到毁坏。矿冶学院教学楼、学生宿舍楼与学院办公楼均倒塌,呈现一片废墟。学院图书馆书库也发生了严重破坏。

震害调查时,见到唐山矿冶学院书库的墙体发生了贯穿性大裂缝,长度超过 3 m,裂缝宽度超过 50 mm。大楼整体显著倾斜。原以为书库为 3 层楼,从室外地面进入大楼竟是 2 层楼,震沉整整一层楼,出乎意料之外。

十、冻胀及其他事故

1. 盘锦市房屋

该市位于辽宁省中部,锦州市以东,辽河北岸。当地表层为黏土与粉质黏土,厚度 3.0~

5.0 m,第二层为灰色淤泥质粉砂,很厚。地下水位仅 0.5～2.0 m,属强冻胀土。盘锦市冬季寒冷,标准冻深为 1.1 m。因下卧层软弱,一般房屋基础浅埋为 0.7～0.9 m,小于冻深又无技术措施,造成冻胀而使墙体开裂。不少家属宿舍楼出现墙体冻裂的事故。

2. 大连市金州石棉矿

该矿位于大连市区东北金州区内,西临渤海。石棉矿床赋存于震旦系中绕白云质灰岩中,在地面下 100 m 深度范围内,采用巷柱式采矿法。把巷内矿采空后又回收矿柱,形成大面积采空区且无支撑,导致大面积坍塌。

十一、不良地基处理成功实例

1. 清华大学第四教室楼

该教室楼位于清华大学中心区,南北干道西侧。教室楼东西向长 52.17 m,南北向宽 31.10 m,4 层,局部 5 层,总高 20.0 m,建筑面积 4545 m²。设计采用框架结构,独立基础,单柱荷载达 2000～2500 kN。建筑场地大部分土质良好,地表下 2 m 即为粉土、粉砂和粉质黏土,可以采用天然地基浅基础。场地西侧有一条小河流南北向贯穿而过,小河附近杂填土与淤泥软弱层厚度超过 7 m。清华大学陈希哲教授负责此项工程勘察,提出局部换卵石垫层处理方案,安全而经济。设计单位表示同意,但施工单位声明不会做,他们要求打桩。因大部分地基良好,没有必要打桩,仅教室楼西侧 3 排柱基需打桩。常规在天然地基与桩基之间应设永久沉降缝,因框架结构教室大开间难以设沉降缝,经周密计算分析免去沉降缝。1987 年教室楼建成使用良好,没有发现裂缝等异常现象。1990 年 7 月"首都规划勘察设计十年成就展览会"上,在科技进步专栏以"一幢大楼,两类基础"为题,展出了此成功的经验。

2. 苏州市里河桥新村住宅

该新村位于苏州市城区东南,3 号住宅为 5 层,建筑面积 2800 m²。场地原为菱白田,施工时积水没膝盖,水下为高压缩性饱和淤泥质土。经简单处理:挖除表层淤泥耕植土 45 cm,铺一层块石挤入下层软土,铺中粗砂 20 cm 用压路机压 3 遍,采用 30 cm 厚钢筋混凝土筏板基础和上部结构设 22 cm×12 cm 圈梁等措施。住宅楼于 1979 年 7 月动工,快速施工,于 11 月竣工,情况良好。该方案当时计算比常规桩基方案节省 15 000 元资金。今由苏州市民用建筑设计院院长赵钧高级工程师主持设计的各类多层建筑,采用无埋或浅埋筏板基础已超过 400 幢,质量优良,安全经济,已通过专家鉴定。

第二节　地基和基础工程质量控制要点

一、地基的质量控制

(一)必须有本工程的工程地质详细勘察报告

地质详细勘察报告应包含以下内容。

(1)符合布孔要求的勘探点平面布置图、钻孔柱状图和地质剖面图。

（2）多于 $1/3\sim2/3$ 钻孔数的所取土样的物理力学性能参数。

（3）地下水埋藏情况、侵蚀性、地区土层冰冻深度。

（4）勘察单位对本场地地质情况的综述,关于地基持力层、地基承载力和不良地基处理的建议等。

（二）基槽开挖后由勘察、设计、施工、监理和建设单位技术负责人共同验槽

（1）核对基槽尺寸、位置和槽底标高。

（2）验证详细勘察报告,保证柱基、基槽底的土质符合设计要求,并严禁扰动。

（3）发现与详细勘察报告不符的薄弱土层和异物,并取得对它们处理的第一手资料。

（4）了解地下水实际情况,确定进行基础工程时的技术措施。

（5）确定基础下的地基持力层。

（三）注意建筑工程对地基的基本要求

（1）建筑结构基础底面对地基的压力,应满足地基承载力的要求,保证地基不会产生整体的或局部的剪切破坏,保证各类土坡不会发生稳定破坏。

（2）建筑结构的沉降量、不均匀沉降和倾斜不能超过《建筑地基基础设计规范》(GB 50007—2002)的允许值。

（3）不至因渗流引起的水量流失,加大地基土的附加压力;也不至因渗流渗透力作用所产生的流土、管涌现象,导致地基土体局部或整体破坏。

（4）使建筑结构基础埋设在当地土的冰冻线以下。

二、土方工程中几点主要的质量控制

（一）土方开挖标高控制

土方开挖要求从上至下分层分段进行,且根据土质和开挖深度随时做成一定斜坡,便于泄水和保证边坡稳定。若用机械开挖,深度在 5 m 以内可一次开挖,但在接近坑底标高或边坡边界时要预留 $20\sim30$ cm 厚土层,以便人工挖至设计标高或修坡。如有超挖,不允许用松土回填,应用级配砂石、灰土或低强度混凝土填至设计标高。

（二）土方开挖边坡值

为保证土方边坡稳定、施工安全和减少土方开挖量,土方的边坡值应根据土的内摩擦角 φ、内聚力 c、质量密度、湿度和开挖深度等按土坡稳定计算加以确定,也可参照规范确定。

（三）土方开挖时的排水

为保证土方开挖后基底不受水浸泡,应做好排水工作,包括:

（1）基坑排水。适用于浅基础或水量不大的基坑。在基坑底部做成一定的排水坡度,并在基坑边一侧及二侧、四侧设置排水沟,在四周或每 $30\sim40$ m 设一个直径为 $0.7\sim0.8$ m 的集水井。排水沟和集水井应设在基坑轮廓线以外,排水沟的边缘应离开坡脚不小于 30 cm,排水沟的底宽不小于 30 cm,沟底坡度为 $0.1\%\sim0.5\%$,排水沟应比挖土面低 $0.3\sim0.5$ m。集水井底比排水沟低 $0.5\sim1.0$ m。

（2）地面截水。它是利用挖出之水沿基坑四周或迎水面筑高 $0.5\sim0.8$ m 的土堤截水,同时亦将地面水通过场地排水沟排泄。

(3)井点降水。本方法适用于地下水位较高的施工区域。采用这种方法可在无水干燥状态下进行挖土,同时亦可以防止流沙现象和增加边坡稳定。但这种方法施工会影响邻近建筑物的沉降和安全,因此应采取一切措施,对邻近建筑物或构筑物加以保护。井点降水法的质量控制见有关《建筑施工技术》教科书。

(四)填方和柱基、基坑、基槽、管沟回填土质量要求

(1)填方和回填的土料必须符合设计要求。

(2)填方和回填必须根据填土的性质和压实机具分层夯实。要取样测定压实后的土的最佳含水量和最大干密度;其合格率不应小于90%,不合格干土质量密度的最低值与设计值的差不应大于 0.08 g/cm³,且不应集中。

(3)填土施工应按设计要求预留一定沉降量,一般不超过填方高度的3%。铺土的平整度可用小皮数杆控制,要求每 10~20 m 或 100~200 m² 设置一杆。

三、基础工程的质量控制

(1)钢筋混凝土基础及砖基础质量控制,可分别参见有关各节。

(2)打桩工程的质量控制。

①桩位准确度控制。桩基和板桩的轴线偏差控制在 20 mm 以内(单排桩则控制在 10 mm以内)。打桩过程中应及时对每根桩位复验,以防打完桩后发现过大位移。待桩打至地平面时,须对每根桩轴线验收后方可送桩到位。

②打桩顺序控制。按标高先深后浅;按规格先大后小、先长后短;按密集程度宜自中间向两个方向(或四周)对称进行。

③桩的垂直度控制。要求场地平整并能保证打桩机稳定垂直;桩插入时垂直度偏差0.5%以内;用两台经纬仪在构成90°的两面控制。

④标高和贯入度控制。桩尖必须达到设计标高,桩顶偏差-50~+100 mm;贯入度已达到规定但桩尖未达设计标高时,应连击三阵,每阵 10 击的平均贯入度不大于规定值;遇到下列情况暂停:a.贯入度巨变;b.桩身倾斜、移位、下沉或严重回弹;c.桩顶或桩身严重开裂破碎。

⑤接桩。钢材和螺栓宜用低碳钢,焊缝饱满,控制焊缝变形,焊死螺帽。

⑥施工后的允许偏差符合要求。

(3)灌注桩工程质量控制(以干成孔和沉管灌注桩为例)。

①干成孔灌注桩。孔径 200~300 mm、孔深 3~4 m,可用人工摇钻成孔,否则用螺旋钻机成孔;0.5~1.0m 为一施工段;成孔深度必须符合设计要求;钻至预定深度后需清孔并加覆盖保护;浇混凝土前应对孔内虚土厚度进行检查,要求沉渣厚度不超过 100~300 mm;钢筋定位后 4h 内必须浇筑完混凝土,混凝土坍落度 80~100 mm,分层浇捣密实,每层厚 500~600 mm,强度必须符合设计要求,同一配比每班留不少于 1 组试块;实际浇筑混凝土量严禁小于计算体积;浇筑后桩顶标高必须符合设计要求。

②沉管灌注桩。预制桩靴就位后安置钢套管,连接处垫以麻草绳防止地下水渗入;套管垂直度偏差≤0.5%,套管任一段平均直径与设计直径之比严禁小于1;套管必须深入至设计标高;拔管前套管内混凝土应保持≥2 m 的高度,混凝土强度必须符合设计要求;拔管速度:锤击沉管为≤0.8~1.2 m/min,振动沉管为≤2.5 m/min,每次拔管高度为 500~1000 mm;拔管时

注意管内混凝土略高于地面,一直到全管拔出为止,浇筑后桩顶标高必须符合设计要求;每班留不得少于1组试块;实际浇筑混凝土量严禁小于计算体积。灌注桩施工后的允许偏差符合要求。

第三节 地基处理与加固

随着我国基本建设的发展,建设用地日趋紧张,许多工程不得不建造在过去被认为不宜利用的建设场地上;加之目前工程建设中大型、重型、高层建筑和有特殊要求的建筑物逐渐增多,对地基的要求越来越高,需要进行地基处理的工程不但量很大,而且技术难度很大;同时用于地基处理的费用在工程建设投资中占有很大的比重。因而,在地基处理和加固的施工中,必须严格按照设计要求和规范施工,做到技术先进、经济合理、安全适用、确保质量。

一、地基的局部处理

在地基基础的施工过程中,如发现地基土质过硬或过软不符合设计要求,或发现空洞、墓穴、枯井、暗沟等存在,为了减少地基的不均匀沉降,必须对地基进行局部的处理。

地基不但要有足够的承载能力,同时,还要有足够的稳定性,并且不能发生过量的变形。地基的局部处理,是限制地基的变形、防止基础不均匀沉降的有效措施。

1. 局部松软土地基的处理

在地基基础施工时,当遇到填土、墓穴、淤泥等局部松软土时,如果坑的范围较小,可按图 3-1(a)所示处理。

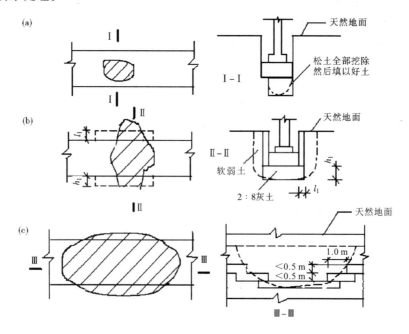

图 3-1 松土坑的处理

（1）将坑中松软虚土挖除，使坑底及四壁均见到天然土。

（2）采用与坑边的天然土层压缩性相近的材料回填。如天然土为较密实的黏土，可用3∶7灰土分层回填夯实；如为中密的可塑的黏土或新近沉积黏土，则可用1∶9或2∶8灰土分层回填夯实。

当坑的范围较大或因其他条件限制，基槽不能开挖太宽，槽壁挖不到天然土层时，则应将该范围内的基槽适当加宽，加宽的宽度 l_1 应按下述条件决定：

①当采用砂土或砂石回填时，基槽每边均应按 $l_1∶h_1=1∶1$ 坡度放宽。

②当采用1∶9或2∶8灰土回填时，按 $l_1∶h_1=0.5∶1$ 坡度放宽，如图3-1(b)所示。

③当采用3∶7灰土回填时，如坑的长度≤2 m，且为具有较大刚度的条形基础时，基槽可不放宽。

如果坑在槽内所占的范围较大（长度在5 m以上），且坑底土质与槽底土质相同，也可将基础落深，做1∶2踏步与两端相接，如图3-1(c)，踏步多少根据坑深而定，但每步高不大于0.5 m，长不小于1.0 m。

在独立基础下，如松土坑的深度较浅时，可将松土坑内松土全部挖除，将柱基落深；如松土坑较深时，可将一定深度范围内的松土挖除，然后用与坑边天然土压缩性相近的材料换填。

对于较深的松土坑（如坑深大于槽宽或大于1.5 m时），槽底处理后，还应考虑是否需要加强上部结构的强度，以抵抗由于可能发生的不均匀沉降而引起的内力。常用的处理方法是：在灰土基础上1～2皮砖处（或混凝土基础内）、防潮层下1～2皮砖处及首层顶板处配置3～4根 $\phi8～\phi12$ 的钢筋，如图3-2所示。

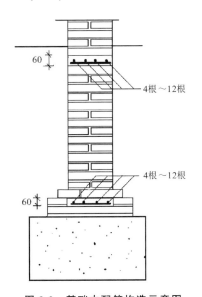

图3-2　基础内配筋构造示意图

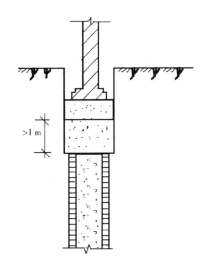

图3-3　基槽下枯井处理方法

2. 枯井的处理

当枯井在基槽中间，井内填土已较密实，则先将井壁（或砖圈）挖去，至基槽底下1 m（或更多些）。在此拆除范围内用2∶8或3∶7灰土分层夯实至槽底，如图3-3所示。

当枯井的直径大于1.5 m时，则应适当考虑加强上部结构的强度，如在墙内配筋或做地基梁跨越枯井。

若井在基础的转角处,除采用上述拆除回填的方法处理外,还应对基础加强处理。如采取从基础中挑梁的办法来解决;或者将基础延伸再在基础墙内配筋或钢筋混凝土梁来加强。

3. 橡皮土的处理

当地基为黏土,且含水量很大趋于饱和时,夯拍后会使地基土变成踩上去有一种颤动感觉的"橡皮土"。因此,如发现地基土含水量很大趋于饱和时,要避免直接夯拍,这时,可采用晾槽或掺石灰粉的办法来降低土的含水量。如已出现橡皮土,可铺填一层碎砖或碎石将土挤紧,或将颤动部分的土挖除,填以砂土或级配砂石。

案例 3.1

1. 工程事故概况

某住宅小区共建有 6 幢 4 层砖混结构住宅,设计时没有钻探资料,仅是依据过去建瓷厂的一部分不全的地质资料。据调查,该小区原为瓷厂车间,有一口水井。在做建筑规划时,避开了该口水井。在基槽开挖后,还是发现了一口枯井,由于枯井位于基槽中间,按前面介绍的方法做了局部处理。建成使用后,一边的 3 幢住宅在同一直线的部位上,前后墙均出现了裂缝,如图 3-4 所示。

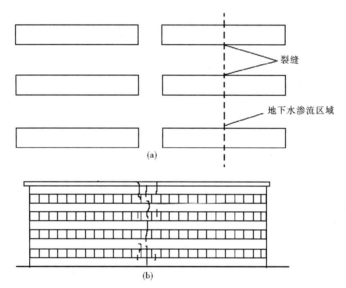

图 3-4 某住宅小区平面、立面图

经调查分析,该住宅小区东、西、北三侧过去均为小山,东西二侧的小山已削平并建有道路和房屋,但北面的小山仍保留下来。在修建瓷厂时对该山沟进行了回填。但在回填土下形成了一定宽度的地下水渗流带没有发现。裂缝出现的部位正是在该地下水渗流区域。

2. 原因分析

该区域土质含砂量较大,由于地下水的常年渗流,较细的砂粒被带走,造成地基土颗粒流失形成空洞,致使该房屋基础出现不均匀的沉降,使上部墙体产生了裂缝。

二、深层水泥土搅拌法加固

深层搅拌法是加固深厚层软黏土地基的施工技术。以水泥、石灰等材料作为固定剂,通过特制的深层搅拌机械,在地基深部就地将软黏土和固化剂强制拌和,使软黏土硬结成具有整体性和水稳定性的柱状、壁状和块状等不同形式的加固体,提高地基强度。

深层搅拌适用于加固软黏土特别是超软土,加固效果显著,适应快速施工的要求。

深层搅拌桩地基加固中常见的质量事故,如承载力不足、搅拌体质量不均匀、施工中抱钻、冒浆等。究其原因,主要是:

(1)深层搅拌桩施工中固化剂、外掺剂选择不当,掺量不足,桩身无侧限抗压强度。

(2)深层搅拌桩平面布置不当,桩深不足,成桩垂直偏差大。

(3)施工工艺不合理。如不同加固土层没有选择不同的施工方法。

(4)搅拌机械、注浆机械等发生故障或工艺参数不当。如施工中堵塞;搅拌机械提升速度不当等。

三、碎石(砂)挤密桩

碎石挤密桩是用振动沉桩机将钢套管沉入土中再灌入碎石而成,一般称为"碎石桩",适用于松砂、软弱土、杂填土、黏土等土层的地基加固。此法所形成的碎石桩体,与原地基土共同组成复合地基,共同承受上部结构的荷载。如果施工不当,就会造成桩身缩颈、灌量不足、成桩偏斜、达不到设计深度、密实度差等质量事故。主要原因如下:

(1)在原状土含饱和水或流动状态的淤泥质土或在地下水与其上土层结合处,易产生缩颈。

(2)桩间距过小,成桩顺序不是间隔进行。

(3)填料质量差,数量不足,如碎石不规格,石料间摩阻较大,造成出料困难。

(4)成桩时,遇到地下物如大孤石、干硬黏土、硬夹层、软硬地基交接处等,都易造成桩偏斜、深度不足等。

(5)成桩参数选用不当。包括电机的工作电流、锤击的能量、拔管速度、挤压次数和时间等。

案例 3.2

1. 工程事故概况

某市城区的一片住宅小区共有 6 层的砖混结构住宅 20 幢,建筑总面积 4.2 万 m²。小区住宅采用水泥深层搅拌桩地基,深 12～13 m,上做片筏基础。小区住宅工程 1994 年 4 月初开工,1995 年 3 月全部竣工,并进行工程验收。

验收时工程整体质量较好,虽已发现了不同程度的不均匀沉降,但都在允许范围内。随着时间的推移沉降继续增加,其中有 5 幢房屋出现了较大的不均匀沉降,1995 年 10 月测得的数据是最大沉降量为 250 mm,房屋最大倾斜量达 180 mm,因为房屋的整体刚度较好,未出现开裂现象。但由于房屋倾斜较明显,已影响住户的正常使用。

2. 原因分析

(1)建筑场地地质条件较复杂。工程地点原为柑橘田和稻田,场地内河、沟、塘星罗棋布。场地表面约 0.7 m 为黏土硬壳层,其下为高压缩性淤泥。这种复杂的而且较差的地质条件,极容易产生地基沉降,而且沉降量大、沉降差也可能较大。

(2)设计考虑不周。这些住宅的上部荷载偏心较大,而设计的桩和基础都是均匀设置的,加上软弱下卧层变形验算不准确等因素,导致房屋出现了较大的不均匀沉降。

(3)施工工艺及措施不当。房屋主体工程完成后,在紧靠房屋的一侧挖了 3 m 多深的沟坑,建造化粪池和安装管道,既无适当的支撑措施,又未及时回填,致使基底淤泥产生滑动,而造成房屋不均匀沉降。同时,在施工过程中,水泥掺量偏低,成桩垂直度有偏差,影响了成桩的质量。

案例 3.3

1. 工程事故概况

某市住宅小区有 12 幢 6 层的混合结构住宅楼,地基属河漫滩,地表下 40～50 m 深度内均为流塑状态的高压缩土,设计采用深层水泥搅拌桩(施工中有 5 幢改为粉喷桩)处理软土地基。1995 年 7 月开始复合地基处理,9 月开始施工主体工程,大约 3 个月时间完成主体工程。1996 年 6 月检查地基变形的结果为:12 幢住宅中 5 幢采用粉喷桩的房屋产生了较严重的不均匀沉降,最大沉降量为 590 mm,最小沉降量为 173 mm,其中一幢最大倾斜率达16.55‰。由于房屋的不均匀沉降严重,其倾斜率已超过规范规定的 4‰,而且地基变形有继续发展的趋势。

2. 原因分析

(1)地质原因。建筑场地是长江近代沉积而成的软弱土层,土层厚,压缩性高。

(2)施工质量问题。对粉喷桩选取 6 根作抽芯检查,有 4 根桩的长度达不到设计要求的12 m,其中最短的仅 6.7 m;桩体的水泥掺量普遍不足,搅拌不均匀,水泥呈结块状。发现有4 根桩从桩顶开始就很松散。

(3)场地条件。在房屋东边有一水井,井深约 50 m,该小区的施工用水均取于此井,抽水量 150～240 m³/d。此外房屋南边 4 m 左右有一条小河与长江相通。

第四节　灰土地基

灰土地基,由于受其特点的影响,在南方多雨地区较少使用,但在我国北方地区,却常常大量使用。所谓灰土地基是指由石灰和土按一定比例拌合而成的地基。常用的灰土配合比有 2:8、1:9 和 3:7,俗称二八、幺九和三七。灰土地基成本低、施工简单,加上北方地区地下水位较低,有利于施工和保证灰土地基的工程质量。但是,灰土地基在施工过程中,如果处理不当,也会造成工程质量事故。

灰土地基常见的质量事故有:灰土地基质量差和灰土地基的承载力降低。

1. 灰土地基质量差

造成灰土地基本身质量差的主要原因是:

(1)原材料没选用好。灰土地基主要由土和石灰组成,也可用水泥替代灰土中的石灰。灰土地基中的土一般采用黏性土,但黏性土如果黏性太大,难以破碎和夯实,也可选用粉质黏土,其对形成较高密实度也是有利的。《建筑地基基础工程施工质量验收标准》(GB 50202—2018)规定:土颗粒的粒径必须≤5 mm,土中有机物含量不能超过 5%。

灰土地基中的石灰应采用生石灰,石灰的粒径应不超过 5 mm,暴露在大气中的堆放时间不宜过久。

（2）灰土的配合比确定不准确。灰土地基的配合比，一般采用体积比。常用的配合比有1∶9、2∶8和3∶7。灰比的配合比对灰土地基的强度有直接的影响。实验表明，如28天和90天龄期的无侧限抗压强度，3∶7灰土为4.52×10^5 Pa和9.69×10^5 Pa，而4∶6灰土为3.87×10^5 Pa和6.96×10^5 Pa，可以看出，4∶6灰土的强度仅为3∶7灰土强度的86％和72％。因此，要保证好灰土的质量，要准确掌握好灰土的配合比。

（3）灰土拌合不均匀。

（4）不合理的含水量。灰土的压实系数与灰土的含水量有很大的关系，太干不易夯实，太湿不容易走夯。规范规定：灰土的含水量与要求的最佳含水量相比不能超过±2％。

（5）没有根据不同的压实机械确定合理的铺土厚度，或在施工中，没有严格控制好每层厚度。规范规定：每层的厚度与设计要求相比误差不超过±50 mm。

（6）施工中没有控制好压实系数。灰土的密实程度除了与铺灰厚度、含水量有关以外，还与夯击次数有直接的关系。施工中，没有根据设计要求的压实系数，不断检查灰土的压实系数，使灰土地基的承载力达不到设计的要求。

2. 灰土地基承载力低

灰土地基承载力低包括灰土地基整体承载力低和局部承载力低两种。在灰土地基施工中，在施工分层时，由于上下层的搭接长度、搭接部分的压实或施工缝位置留设不当而引起局部承载力过低。施工缝处的处理要求见图3-5所示。

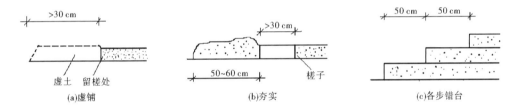

图 3-5　接缝处理

案例3.4

1. 工程事故概况

南京某教学楼为一座5层框架结构，建筑面积为1284 m^2。

片筏基础，基底压力为90 kPa。地基土质情况：表层有0.8 m左右的杂填土，稍密，软塑，含有生活垃圾、螺壳等；以下为淤泥质黏土，钻探至10.5 m深度未钻穿。淤泥质黏土地基的承载力为60～70 kPa。由于地基的强度和变形不满足要求，需要进行地基处理。经方案比较，最后选用生石灰桩加固地基。桩长由变形控制，定为10 m。后因施工困难，将桩长改为8 m。桩径为φ300 mm（南京和杭州地区常用）。根据计算采用桩距为1.2 m，按三角形排列，在片筏基础下满堂布桩，并在基础四周布置3排同样规格的石灰桩作为护桩，共计打桩1635根。

工程竣工后，该教学楼出现较大的沉降量和沉降差，致使结构有多处裂缝。

2. 原因分析

（1）原设计桩长为10 m，后因施工单位无法达到此深度而改为7～8 m。实际上，桩长远未达到 7 m。根据建设单位抽查的 4 根石灰桩,用螺旋钻取样检查发现,桩长不足 2.5～4.5 m。由于桩长不够,沉降量必然加大。

(2)生石灰质量未按设计要求进料,其中有两个厂生产的生石灰质量尤为差。块灰中含有大量炉渣、烧结石和杂质(粒径达 20 cm 以上)等。当时设计与建设单位均指出应立即停用,但事后施工单位还是使用了这批劣质石灰,降低了生石灰膨胀对周围软土的加固作用。

(3)1—2 月份,雨雪天较多,对堆放的生石灰未加防护措施,生石灰遇水后变成了熟石灰,打设后,有冒水现象,故加固效果就更差了。

(4)打设后的石灰桩未做封顶,尤其是过早地开挖基坑底的保护层,以致基底出现大面积隆起(30～40 cm)和混凝土垫层开裂,在总沉降量内还包括了由于基底隆起的再压缩而引起的非正常沉降量,而且不均匀。

(5)施工进度快,未考虑“先重后轻”的顺序,将门厅(1 层)与主楼(5 层)同时施工。设计时在主楼与门厅之间未设置沉降缝,在出现较大沉降和不均匀沉降后,使门厅个别立柱及墙面发生裂缝。

案例 3.5

1. 工程事故概况

某市一幢 5 层砖混结构宿舍和一幢 8 层钢筋混凝土框架结构的办公楼,地基均用灰土桩加固。场地土质情况和灰土桩设计施工情况如下:

场地土质情况:表层为耕土层,局部有杂填土,以下为湿陷性褐黄色黏土。地质报告建议地基承载力取 80 kPa。设计采用 2∶8 灰土桩加固地基,桩 $\phi350$ mm,桩长 5 m,要求加固后地基承载力达到 150 kPa。桩孔采用洛阳铲成孔,灰土夯实采用自制 4.5 kN 桩锤,每层灰土的虚填厚度为 350～400 mm,要求灰土夯实后干密度为 15～16 kN,检查干密度抽样率为 2%。

宿舍楼为条形基础,共打灰土桩 809 根;办公楼采用片筏基础,共打灰土桩 1399 根。

灰土桩施工结束后开挖基槽、基坑,组织验收时发现以下问题:

宿舍楼部分桩内有松散的灰土,809 根桩中有 27 根桩顶标高低于设计标高 20～57 cm,有 18 根桩放线漏放,有一根桩已成孔,但未夯填灰土,另一根桩全为松散土,未夯实,有的桩上部松散,下挖 1.1 m 后才见灰土层,有的桩虚填土较厚,达 60～80 cm,有的灰土未搅拌均匀。检查中,将 30 根灰土桩挖至上部 2 m 范围,在 2 m 范围内全部密实的只有 6 根,其余均不符合要求。

办公楼灰土桩检查验收时,先在办公楼边部开挖了 1、2、3 号坑,检查了 12 根灰土桩,没有发现问题。以后又挖 4 号坑,从挖出的 12 根灰土桩的情况看,灰土有的较密实,有的不够密实。为彻底查清质量情况,按数理统计抽样检查 5% 的桩,再挖 5、6、7 号坑,共挖出 42 根桩进行检查,并对每个坑挖出的 4 根桩按每挖下 800 mm 取样,做干密度试验,共取 53 个试验点。

根据数理统计确定,$\rho_d=15～16.5$ kN/m³ 定为合格,$\rho_d=14～14.9$ kN/m³ 定为较密实的,$\rho_d=11.5～13.9$ kN/m³ 定为不够密实的。虽然办公楼灰土桩从施工到检查时,已超过半年,干密度增加,强度增大,但仍有 12.1% 的桩未达到设计干密度(15～16.5 kN/m³)的要求。

2. 原因分析

(1)据了解工地上没有一个技术人员自始至终进行技术把关,缺乏细致认真的技术交底和质量检查。

(2)严重违反操作规程。根据试验制定的操作规程,施工中并未贯彻执行,出现了诸如灰土不认真计量,搅拌不均匀,灌灰土时不分层,虚填厚度每层达 800 mm,因此夯不实,造成上密下松、夹层和松散层。

(3)抽样检查做法不当。在试验检查干密度时,2%的抽样检查是在桩打完后进行,取样只取桩顶下 500 mm 左右处,而不是检查桩全长的干密度。直至基槽、基坑开挖验收时,才发现灰土桩的密实程度很不均匀,达不到设计要求。

第五节　多层建筑基础工程

多层建筑大多采用浅基础。常见的基础形式有条形基础、片筏基础、独立基础等。按材料分有砖砌基础和钢筋混凝土基础。选用何种形式的基础,受到地质条件、上部荷载的大小、主体结构形式等因素的影响。基础工程发生质量事故,都有可能对建筑物的功能、安全等造成极大的影响。基础工程常见的工程质量事故有:基础轴线偏差、基础标高错误、预理洞和预埋件的标高和位置错误等,还包括基础变形、沉降等基础工程质量事故。

一、基础错位

基础错位事故主要包括:基础轴线偏差、基础标高错误、预留洞和预埋件的标高和位置的错误等。造成基础错位事故的主要原因:

1. 勘测失误

如勘测不准确造成的滑坡而引起基础错位,甚至引起过量下沉和变形等。

2. 设计的错误

(1)制图错误,审图时又未及时发现纠正。

(2)设计措施不当。如对软弱地基未做适当处理,选用的建筑结构方案不合理等。

(3)土建、水、电、设备施工图不一致。

3. 施工问题

(1)测量放线错误。如读图错误、测量错误、测量标志移位、施工放线误差大及误差积累等。

(2)施工工艺方面。如场地平整及填方区碾压密实度差;基础工程完成后进行土方的单侧回填造成的基础移位或倾斜,甚至导致基础破裂;模板刚度不足或支撑不良;预埋件由于固定不牢而造成水平位移、标高偏差或倾斜过大等;混凝土浇筑工艺和振捣方法不当等。

(3)地基处理不当。如地基暴露时间过长,或浸水,或扰动后未做处理;施工中发现的局部不良地基未经处理或处理不当,造成基础错位或变形。

(4)相邻建筑影响或地面堆载大而引起的基础错位。

二、基础变形

基础变形事故是建筑工程较严重的质量事故,它可能对建筑物的上部结构产生较大的影响。常见的基础变形事故有基础下沉量偏大、基础不均匀沉降、基础倾斜。

基础变形事故的原因是多方面的,因此,分析必须从地质勘测、地基处理、设计、施工及使用等多方面综合分析。造成基础变形事故的常见原因主要有:

1. 地质勘测

(1)未经勘测即设计、施工。

(2)勘测资料不足、不准或勘测深度不够,勘测资料错误。

(3)勘测提供的地基承载力太大,导致地基剪切破坏形成斜坡。

2. 地下水位的变化

(1)施工中采用不合理的人工降低地下水位的施工方法,导致地基不均匀下沉。

(2)地基浸泡水,包括地面水渗入地基后引起附加沉降,基坑长期泡水后承载力降低而产生的不均匀下沉,形成倾斜。

(3)建筑物动用后,大量抽取地下水,造成建筑物下沉。

3. 设计方面

(1)建造在软弱地基或湿陷性黄土地基上,设计没有采用必要的措施或采用的措施不当,造成基础产生过大的沉降或不均匀沉降等。

(2)地基土质不均匀,其物理力学性能相差较大,或地基土层厚薄不均,压缩变形差异大。

(3)建筑物的上部结构荷载差异大,建筑体形复杂,导致不均匀沉降。

(4)建筑上部结构荷载重心与基础形心的偏心距过大,加剧了偏心荷载的影响,增大了不均匀沉降。

(5)建筑整体刚度差,对地基不均匀沉降较敏感。

(6)整板基础的建筑物,当原地面标高差很大时,基础室外两侧回填土厚度相差过大,会增加底板的附加偏心荷载。

(7)地基处理不当,如挤密桩长度差异大,导致同一建筑物下的地基加固效果不均匀。

4. 施工方面

(1)施工程序及方法不当,例如建筑物各部分施工先后顺序错误,在已有建筑物或基础底板基坑附近,大量堆放被置换的土方或建筑材料,造成建筑物下沉或倾斜。

(2)人工降低地下水位。

(3)施工时扰动或破坏了地基持力层的地质结构,使其抗剪强度降低。

(4)施工中各种外力,尤其是水平力的作用,导致基础倾斜。

(5)室内地面大量堆载,造成基础倾斜等。

案例 3.6

1. 工程事故概况

某市房地产开发公司开发的某商住楼,建筑物长 64.24 m,宽 11.94 m,层数为 6 层,局部七层。房屋总高度 22 m,底层为商店,二层以上为住宅,共四个单元,总建筑面积 4395

m²。主体为砖混结构,底层局部设置框架。基础形式根据荷载不同分为钢筋混凝土独立基础和刚性条形基础,刚性条形基础处设地圈梁。基础埋深 3.8 m。该工程 1997 年 12 月动工,1998 年 12 月竣工并验收。

该工程验收时发现第三单元楼梯外墙有一条垂直的细小裂缝,有关部门要求对该裂缝加强观察。半年中裂缝未出现明显的扩展,1999 年 7 月,裂缝有了新的进展,相继扩展到地圈梁、墙体、楼面、屋顶、女儿墙等多个部位。经各部门现场查看,进行技术鉴定。

该楼的裂缝和沉降为:

(1)地圈梁和底层联系梁多处裂缝,裂缝形式以垂直裂缝为主,部分区段有斜裂缝。地圈梁裂缝宽度在 0.5~10 mm 间。大部分贯穿地梁截面。联系梁裂缝宽在 0.15~10 mm 间,多数已延伸到梁高的 2/3 以上。

(2)内外墙裂缝较为普遍,呈倒"八"字形,垂直、斜向裂缝均有,宽度在 0.5~10 mm 间。楼面面层起壳、楼板缝间开裂现象普遍。

(3)因该楼室外回填土厚达 3 m 多,同时楼房竣工后解放南路改造,沉降观察点多次重新设置,观测数据为阶段性的非系统数据,监测数据仅供参考。对不同阶段的监测数据进行汇总分析,房屋两边的沉降量较大,最大沉降量为 240 mm,中间沉降量小,南端沉降量较大点与中间沉降量较小点之间沉降量差值达 200 mm 左右。

2. 原因分析

经有关专家的多次鉴定论证,该事故造成的主要原因有以下几个方面:

(1)勘察方面。该楼地基平面上分布有三个溶洞,洞中软黏土分布不均,最厚达 20 m。灰岩地区(岩溶地区)的工程地质勘察工作,必须查明溶洞的深度、分布范围,并查清洞内土质的物理化学指标和地下水情况,而在该楼房的地基压缩层内,上述勘察要求没有达到。在已有的资料中表明,较稳定的②~④层地基上覆盖层仅 2.5~4.8 m,下卧层为高压缩性软黏土,厚度不均,且局部缺失,勘察未明确溶洞准确边界线以及软黏土的各项物理力学指标,给设计取值造成了一定的困难,而厚薄不匀的软黏土的压缩沉降是该建筑物产生不均匀沉降的主要原因。

(2)设计方面。设计中对勘察资料分析不足,对建筑物地基下存在的软弱下卧层变形验算不够精确。建筑物结构选型不够合理。上部结构刚度差,构造柱等设置数量少,部分位置不合理,使建筑物对不均匀沉降敏感。建筑物长为 62.24 m,采用素混凝土基础及钢筋混凝土基础,建筑物纵向刚度差,同时在地基不均匀的情况下未充分考虑解决不均匀沉降问题。

(3)施工方案。在砖墙砌筑中,墙体的质量没有严格按照工艺和验收规范的要求施工,特别是构造柱与墙体的连接不符合构造要求,影响了墙体的整体性和刚度。在基础开挖中,由于遇到较长时间的降雨,使地基浸泡在水中一段时间,施工中扰动、破坏了地基的土壤结构,使其抗剪强度降低。在基础回填土中,从一侧回填,增加了基础的施工水平力,导致基础倾斜和变形。

(4)环境影响。在该工程竣工半年后在其南侧改造开挖了一条截面 5.5 m×7 m 的小河,该河床底标高低于基础底标高 1.5 m 左右,河水位低于基础地下水位。平时有浑水从小河的砌石护坡上的排水管中流出,出现地基中细小颗粒被水带走现象,加速了地基的变形,致使该楼在河道改建后,不均匀沉降现象迅速加剧。另外,在半年后的修路过程中,在房屋四周回填了约 3 m 高的回填土,增加了基础的附加应力,也加速了地基的变形。

2000年3月该工程经有关专家小组论证采取地基加固、主体加固补强的方案。目前沉降已基本稳定。

案例3.7

1. 工程事故概况

天津市某公司生活区,未经勘察,于1994年3月初破土动工兴建4幢4层住宅楼,1994年10月份开始住人时,就发现楼房有超沉降和明显的倾斜。

病害楼101~104号,均为4层楼房,长60 m,宽8.9 m,高10.5 m,每栋楼分5个单元,砖混结构,楼内设有抗震柱,每层加圈梁,基坑开挖深度1.2~1.4 m,片筏基础,厚250 mm,宽10.9 m,基础下有100 mm厚的砂垫层,设计荷载80 kPa。楼为东西走向,从平面图上看,楼的南半部房间大,而厨房厕所楼梯都在北半部。南半部内外边墙距离4.9 m,北半部墙距离为4 m,且隔墙多。如图3-6所示。

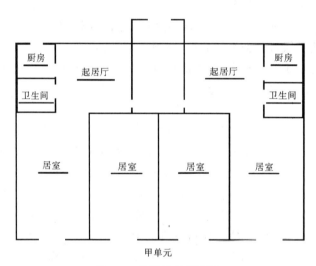

图3-6 首层单元平面图

楼房住人前虽发现有倾斜现象,但不严重。住人后楼房明显倾斜,内墙出现裂纹;室内地坪也出现向北倾斜;底层后院围墙因楼基下沉而严重开裂;一层楼楼梯踏步沉没一阶半;楼北面的暖气管道已明显向南倾斜;室外路面已高出单元门经垫高整修过的地面,并形成倒坡现象。

楼房沉降观测是从当楼房建至两层时开始的,至竣工共观测了3次;时隔20个月后,一年之内观测了3次。4栋楼房累计沉降量为277~499 mm。楼南侧沉降量为277~332 mm,北侧为389~499 mm,南北沉降差为100~167 mm。据观测,4栋楼房均向北倾斜,相对倾斜率为13‰~17‰。与后来观测结果比较,在8个月内又下沉了22~27 mm,沉降虽趋向缓慢,但还未达到稳定。

根据对病害楼区地基进行详细补充勘察,得知该地段浅层土主要为第四系全新统陆相、滨海相新近沉积的松软堆积土层。在0.8~1.0 m的杂填土下,依次为:

(1)黏土。黄褐色,软塑,高压缩性,厚0.5~1.8 m。

(2)淤泥。蓝灰色,流塑,超高压缩性,厚1.1~1.9 m。

(3)黏土。灰色,稍密,饱和,具中等压缩性,厚 0.4～0.8 m。

(4)淤泥质黏土。深灰色,流塑,高压缩性,厚 3.7～4.4 m。

(5)黏土。褐灰色,饱和,稍密,中等压缩性,厚 1.7～2.6 m。

(6)淤泥质黏土。深灰色,流塑,具高压缩性,厚 5.8～6.6 m。

岩性柱状剖面如图 3-7 所示。

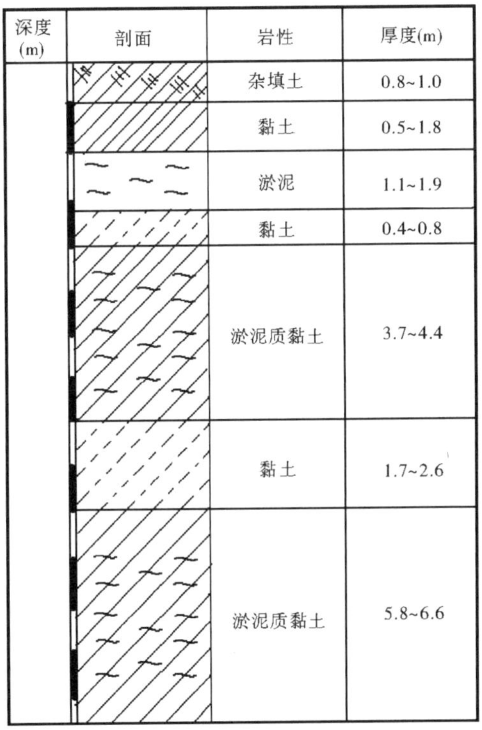

深度(m)	剖面	岩性	厚度(m)
		杂填土	0.8～1.0
		黏土	0.5～1.8
		淤泥	1.1～1.9
		黏土	0.4～0.8
		淤泥质黏土	3.7～4.4
		黏土	1.7～2.6
		淤泥质黏土	5.8～6.6

图 3-7 岩性柱状剖面图

楼区地基土层在竖向上呈多层交互,成层较稳定,虽厚薄有变化,但普遍有分布;在横向上以发育有透镜体微薄夹层为特点;从粒度成分上看,以微细颗粒为主的黏性土为特征。而持力压缩层和下卧层主要以海相层为主。从物理力学性质上看,主要土层的天然含水量一般都大于液限,天然重度一般都小于 18.5 kN/m³,孔隙比一般都大于 1.0。

地基浅层土都富含有机质,在孔深 18 m 以下仍见有未烂尽的植物残屑,有些还能辨认。说明沉积年代短,固结作用差,土的强度低。由于软土的重度小,孔隙比大,含水量高,透水性差,而孔隙水又很难排出来。所以软土的沉降量大,固结稳定需要的时间很长,为其软土的主要特性。

地基各土层的物理力学性质指标见表 3-1。

从表 3-1 可以看出,基础内外地基土的物理力学性质指标稍有差异;地基在荷载作用下都有所压密,鉴于楼房北侧荷重较南侧为大,故北侧地基土的有些力学性指标值较南侧稍大;基础底面下 8 m 以内,地基土的容许承载力仅达 60～70 kPa,低于原设计荷载(80 kPa)。

该地段地下水位埋深为 0.8～1.1 m,年变化幅度约 0.6 m。地下水为壤中水,仅第三及第五两层黏土为相对弱含水层。

表 3-1　地基土物理力学性指标

层序	类型	方法	天然含水量 w/%	天然容重 γ/(kN/m³)	饱和度 Sr/%	天然孔隙比 e/%	液限 wL/%	塑性指数 IP/%	液性指数 IL/%	灼热损失 Q/%	无侧限抗压强度 qu/kPa	灵敏度 St	压缩系数 a1-2/MPa⁻¹	压缩模量 Es/MPa	静探指标 ps/kPa	静探指标 fs/kPa	容许承载力 [R]/kPa
①	基础外	平均值	47.7	17.2	96	1.372	40.2	22.6	0.90		22	2.7	0.92	1.8	238		
	基础南	平均值	44.7	17.8	98	1.269	49.3	21.1	0.70		49	2.0	0.78	2.7	640		
	基础北	平均值	43.3	18.1	99	1.209	52.2	24.2	0.63		78	2.7	0.50	4.6	670		
②	基础外	平均值	53.7	16.9	97	1.523	48.7	21.8	1.22		23	3.7	9.80	2.2	159		
	基础南	平均值	50.4	17.3	99	1.429	49.5	22.4	1.05		33	0.14	0.98	2.2	390		
	基础北	平均值	49.2	17.3	98	1.101	47.6	28.7	1.05		63	2.4	1.05	2.2	400		
④	基础外	平均值	43.7	17.7	98	1.235	37.9	16.9	1.36	6.9	8	2.7	0.74	2.5	133		
	基础南	平均值	42.2	17.9	98	1.186	35.9	15.4	1.40	7.1	24	3.2	0.98	2.8	500		
	基础北	平均值	40.0	18.2	98	1.089	35.9	16.3	1.23	7.9			0.68	2.7	510		
⑤	基础南	平均值	32.7	18.5	93	0.966	28.2	9.9	1.44		39	6.9	0.39	6.9	238	36	120
	基础北	平均值	30.2	19.5	97	0.842	28.0	8.5	1.25		26	1.4	0.20	9.2	3 500		
	基础外	平均值	28.0	19.7	99	0.770	27.0	6.8	1.18				0.21	8.3	3 540		
⑥	基础外	平均值	39.5	17.9	95	1.139	34.1	15.0	1.32		44	2.9	0.68	2.7	454	5	80
	基础南	平均值	38.9	18.2	97	1.093	34.3	14.1	1.36		34	3.4	0.64	2.8	600		
	基础北	平均值	39.5	18.1	97	1.116	34.1	15.8	1.29		49	3.8	0.61	2.9	610		

注：第③层地基土物理力学性能指标与第①层基本相同。

2. 原因分析

该楼区是在没有进行勘察,对基础下地基持力层和下卧层的结构、分布、物理力学性指标不了解的情况下着手设计和动工兴建的。所以设计施工不够合理,导致楼房普遍下沉量大,都向北倾斜。沉降差高达 100~167 mm。经详细勘察和调查,掌握地基土的特征和沉降观测资料,从应力应变及建筑物的沉降变形分析后认为,造成楼房超沉降及向北倾斜的原因如下:

(1)实际荷载与设计荷载比较(表 3-1)

按设计图纸,对住宅楼甲单元的荷载进行了估算,以内隔墙为界,分南北两部计算,见表3-2。

经估算,楼南侧单位荷重为 114.71 kN,北侧为 119.5 kN,均大于设计荷载(80 kN)。而且楼北侧比南侧单位荷重大 4.8 kN。故楼房有超载和偏载的问题存在。则导致楼房发生超沉降和向北倾斜的现象。

表 3-2 楼房甲单元南北两侧荷重统计

项目\位置	内外墙/kN	R·C板/kN	屋面/kN	筏片填层/kN	室内填土/kN	粉刷其他/kN	标准活荷载/kN	总计/kN	单位荷载/(kN/m²)
南侧	1907	2016	113	576	1452	1280	230	7574	114.7
北侧	2895	936	98	515	1294	1195	94	7027	119.5

(2)实际沉降观测值与计算值比较。沉降观测点位置编号(图 3-8),各楼观测点实测累计沉降量统计见表 3-3,按不同荷载试算沉降的计算结果见表 3-4。

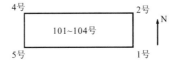

图 3-8 沉降观测点位置及编号

表 3-3 各测点实测累计沉降量

楼号	北侧测点 4号	北侧测点 2号	南侧测点 5号	南侧测点 1号	北侧测点与南侧沉降差 4~5号	北侧测点与南侧沉降差 2~1号
101 号	404	389	304	284	100	105
102 号	392	407	283	297	109	110
103 号	444	390	307	277	137	113
104 号	499	430	332	318	167	112

表 3-4　按不同荷载计算的沉降量

设计荷载 P(kPa)	计算的地基变形值 S'(mm)	基础的最终沉降量 $S=m_s S'$(mm)
80	207.1	269.2
85	226.7	294.0
115	333.6	433.7
120	354.1	460.3

注:沉降计算经验系数 m_s 采用 1.3。

从表 3-3、表 3-4 可以看出,按 115 kPa 和 120 kPa 荷载计算的沉降量比较接近实际沉降量观测值,说明楼房实际荷载是远大于设计荷载的。

(3)在缺乏基础设计资料的情况下进行设计和施工。该楼群的设计是在缺乏地基土勘察资料的情况下进行的。通过补充勘察得知基底下的持力层为厚为 0.4~0.9 m 的黏土,且分布又不均匀;基础下卧层主要为高孔隙和高压缩至超高压缩性淤泥及淤泥质软土。楼房发生超沉降和偏斜,这主要是设计依据不当所造成的。

从查阅到的施工记录和施工观测记录说明,在施工阶段,也就是砌完第二层、第三层楼房后就产生不均匀差异沉降。这是由于施工时北侧局部堆载,挖沟排水,地基土侧向挤出,以及挖基坑时对地基土的扰动,使土层的结构强度降低所致。这是施工方法不当所造成的局部沉降和差异沉降。

基于以上所述,经初步分析认为,导致地基产生超量变形和楼房倾斜的最主要原因,应归结于地基土的承载力低、土质均匀性较差,以及楼房的实际荷载较大等。南北侧荷载分布相差约 5kPa,把偏载作为楼房倾斜的原因之一,也是值得考虑的。

第六节　高层建筑基础工程

从 20 世纪 70 年代中期以来,尤其是近年来通过大量的工程实践,我国的高层建筑施工技术得到快速的发展。在基础工程方面,高层建筑多采用桩基础、筏式基础、箱形基础或桩基与箱形基础的复合基础,涉及深基坑支护、桩基施工、大体积混凝土浇筑、深层降水等施工问题。有关工程质量事故有些在前面的章节中有所分析,本节重点分析在基础工程中大体积混凝土施工中常见的质量事故。

大体积混凝土具有结构厚、钢筋密、混凝土数量大、工程条件复杂和施工技术要求高等特点。大体积混凝土结构的截面尺寸较大,由外荷载引起裂缝的可能性很小,但水泥在水化反应过程中释放的水化热所产生的温度变化和混凝土收缩的共同作用,会产生较大的温度应力和收缩应力,是大体积混凝土结构出现裂缝的主要原因。

在大体积混凝土施工中,施工不当引起的温度裂缝主要有表面裂缝和贯穿裂缝两种。大体积混凝土施工阶段产生的温度裂缝,是其内部矛盾发展的结果。一方面是混凝土由于内外温差产生应力和应变,另一方面是结构物的外约束和混凝土各质点的约束阻止了这种应变,一旦温度应力超过混凝土能承受的极限抗拉强度,就会产生不同程度的裂缝。

产生裂缝的主要原因有如下几种。

(1)没有选用矿渣硅酸盐水泥和低热水泥,水泥用量过大,没有充分利用掺加粉煤灰等掺合料来减少水泥的用量。

(2)没有注意好原材料的选择。如骨料级配差、含泥量大、水灰比偏大等。

(3)混凝土振捣不密实,影响了混凝土的抗裂性能。

(4)没有严格加强混凝土的养护,加强温度监测。

(5)发现混凝土温度变化异常,没有及时采取有效的技术措施。

(6)没有有效地减少边界约束作用。

(7)没有选择合理的混凝土浇筑方案。

(8)原大体积基础拆模后,没有及时回填土,以保温保湿,使混凝土长期暴露。

(9)混凝土掺用 UEA 等外加剂时,品种、用量的使用不合理,没有达到预期效果。

案例 3.8

1. 工程事故概况

某商贸城位于繁华的商业街中心位置。该工程为地下两层,地上 26 层的高层建筑,其中地下室建筑面积 8800 m²,长 112 m,宽 72 m,混凝土墙、梁、板设计标号为 C35,柱 C40,底板厚 150 cm,顶板厚 30 cm 或 80 cm。因该建筑工程超长超宽,地下室底板采用设置三条膨胀带以克服混凝土的温差应力和收缩变形,地下室顶板(±0.00 层)采用超长大钢筋混凝土无缝结构设计方案,在混凝土内掺入 0.7% 的 HEA 高效复合剂。混凝土由该市建工集团混凝土搅拌公司提供,HEA 计量由厂家到混凝土搅拌站进行人工计量。

在完成±0.00 层施工后,该层板、梁及地下室竖壁陆续出现大量裂缝,裂缝宽度均超过允许值。经停工检查,发现混凝土中出现的裂缝分布规律主要是:

(1)裂缝均较长,大部分与板钢筋成 45°。

(2)在已拆模及未拆模处均发现上述裂缝。

(3)经观察裂缝宽度随温度变化而变化,上午气温低时,缝变宽,中午气温高时,缝变窄。

(4)梁板裂缝形状为上宽下窄。且板中大部分为贯穿裂缝。

(5)目前随混凝土龄期增长裂缝数量还在增加。

2. 原因分析

根据现场勘查和专家论证分析,地下室顶板及侧壁出现混凝土开裂的主要原因是:

(1)本工程±0.00 层混凝土在未上荷载的情况下,即产生裂缝,明显是由于混凝土的温度和收缩变形引起的。

(2)设计单位对本工程±0.00 层超长大结构采用无缝设计新技术,但设计文件中没有做出详细的设计内容和要求。

(3)±0.00 层板中 HEA 用量,业主擅自作主,将其用量定为 0.7%,又不要求设置膨胀加强带。

(4)HEA 用量明显偏低,达不到补偿收缩的作用。

(5)施工单位没有认识到大体积混凝土施工的特殊性,对该工程仍采用常规混凝土施工的方法,是混凝土开裂的一个重要原因。

案例3.9

1. 工程事故概况

某工程有两块厚2.5 m,平面尺寸分别为27.2 m×34.5 m 和29.2 m×34.5 m 的板;两块厚2 m,平面尺寸分别为30 m×10 m 和20 m×10 m 的板。

设计中规定把上述大块板分成小块,间歇施工。其中2.5m 厚板每大块分成6小块,2 m 厚板分成10 m×10 m 小块。

混凝土所用材料为:P42.5 抗硫酸盐水泥,中砂,花岗岩碎石,其最大粒径100 mm,人工级配5～20 mm、20～50 mm、50～100 mm 共三级。

混凝土强度等级:厚2.5m 板为C20,抗渗标号B=4,抗冻标号M=150,其配合比为:水泥:砂:石=1:2.48:5.04。水灰比为0.51,单方水泥用量为262 kg/m³,三级级配石子的比例是大:中:小=0.56:0.21:0.23;厚2 m 板为C20 混凝土,B=6,M=300,配合比为:水泥:砂:石=1:2.02:4.71,水灰比为0.46,水泥用量为294 kg/m³,石子级配大:中:小=0.55:0.23:0.22。

混凝土中掺入0.006%～0.01%的松香热聚物加气剂,含气量控制在3%～5%(用含气量测定仪控制)。

配筋情况:在距离板的上、下表面50 mm 处配置,双向螺纹钢筋φ28～36@300。

地基情况:钢筋混凝土板直接浇筑在微风化的软质岩石地基上。浇筑混凝土前用钢丝刷及高压水冲刷干净。

大块板分成小块时,其临时施工缝采用键槽形施工缝(图3-9)。缝面用人工凿毛,并设插筋φ16@500。块体内配置的螺纹钢筋网在接缝处拉通。

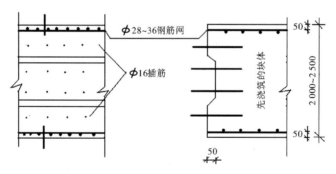

图3-9 施工缝详图

为了进行温度观测,在混凝土板中埋设了28个电阻温度计和87个测温管,进行了4个多月的温度观测。裂缝观测时用5倍的放大镜寻找裂缝,用20倍带刻度的放大镜测读裂缝宽度。

裂缝情况:表面裂缝。在大部分板的表面都发现程度不同的裂缝,裂缝宽度为0.1～0.25 m,长度短的仅几厘米,长的达160 cm。裂缝出现时间是拆模后的1～2天。

临时施工缝(即小块板接缝处)裂开。在一小块板浇筑后的第6～17天,再浇筑相邻的另一块板。当后浇的一块板在23～42天期间,两块板之间的临时施工缝全部裂开,裂缝宽度为0.1～0.35 mm。

裂缝的开展。裂缝是逐渐开展的。如一块板的第一条裂缝出现在拆模后的第一天,裂缝长 15 cm,最大宽度 0.15 mm。隔一天裂缝发展为长 40 cm,宽 0.2 mm。临时施工缝也是由局部的、分段的表面裂缝逐步发展成为通长的表面裂缝,随着时间的推移,裂缝向深处发展,以致全部裂开。

2. 原因分析

(1)温差引起裂缝。由于该工程属于大体积混凝土,因此水泥水化热大量积聚,而散发很慢,造成混凝土内部温度高,表面温度低,形成内外温差;在拆模前后或受寒潮袭击,使表面温度降低很快,造成了温度陡降(骤冷);混凝土内达到最高温度后,热量逐渐散发而达到使用温度或最低温度,它们与最高温度的差值就是内部温差。这三种温差都可能导致混凝土裂缝。

①内外温差、温度陡降引起的表面裂缝。图 3-10 所示为 2.5 m 厚板混凝土浇筑后 6 天的板内温度分布曲线。这条温度曲线是用埋入混凝土内的电阻温度计(共 5 只)测得的。测温时的气温为 6℃。从图中可见,内部温度与表面温度差值为 23℃左右,内部温度与气温差达 26℃左右。混凝土内部温度高,体积膨胀大,表面温度低,体积膨胀较小,它约束了内部膨胀,在表面产生了拉应力,内部产生压应力。当拉应力超过混凝土的抗拉强度时,就产生了裂缝。

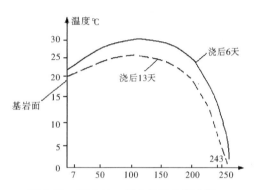

图 3-10　厚 2.5 m 板内温度分布曲线

在有裂缝的板中,多数受到 8～10℃的温度骤降作用。因此,表面温度陡降是引起表面裂缝的重要原因。温度骤降通常出现在拆模前后或寒潮袭击时,由这种温差所造成的温度应力形成较快,徐变影响较小,产生表面裂缝的危险性更大。

②内部温差引起的裂缝。本例中的板浇灌在岩石地基上,水泥水化热使内部温度升高,在基岩的约束下产生压应力,然后经过恒温阶段后,开始降温(如图 3-11 所示),混凝土收缩(除了降温收缩外,还有干缩)在基岩的约束下产生拉应力。由于升温较快,此时混凝土的弹性模量较低,徐变影响又较大,因此压应力较小。但经过恒温阶段到降温时,混凝土的弹性模量较高,降温收缩产生的拉应力较大,除了抵消升温时产生的压应力外,在板内形成了较高的拉应力,导致混凝土裂缝。这种拉应力靠近基岩面最大,裂缝靠近基岩处较宽(如图 3-12 所示)。当板厚较小,基岩约束较大时,拉应力分布较均匀,产生贯穿全断面的裂缝。

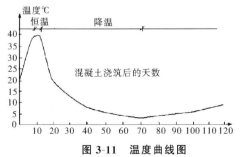

图 3-11　温度曲线图

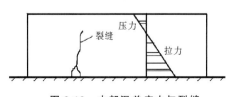

图 3-12　内部温差应力与裂缝

从图 3-10 中可见板内部温差值为 37℃。从施工记录中可见,施工缝全部裂开时的内部温差仅 12～19℃(两块大的板温差 12℃左右,一块小的板温差 19℃),实际温差都大大超出裂开时的温差。值得指出的是,尺寸小的板,约束相对减小,其裂缝的温差相应就增大。

(2)干缩裂缝。混凝土表面干缩快,内部干缩慢,表面的干缩受到内部混凝土的约束,因而在表面产生了拉应力,是造成表面裂缝的重要原因之一。

内外温差、温度陡降与干缩引起的拉应力可能同时产生,几种应力叠加后,造成裂缝的危险性更大。当表面裂缝与内部裂缝的位置接近时,可能导致贯穿裂缝,将影响结构安全和建筑物正常使用。

案例 3.10

1. 工程事故概况

某市二、三小区五号厂房(仓库)局部倒塌事故。

二、三小区五号厂房(仓库)建筑面积 1200 m²,是一栋砖混结构单层厂房。毛石基础,横墙承重,大型屋面板结构跨度 14 m,层高 4 m。施工时设计变更,将(3)～(5)轴原横承重墙取消,改为 14 m 跨中间毛石独立基础、砖柱 490 mm×490 mm、梁、板结构。设计要求:红砖 MU7.5,砌筑砂浆 M5.0,结构混凝土 C20。由二道河子开发公司设计,二道河子区建筑工程公司施工。工程于 1988 年 11 月开工,12 月主体封闭。1989 年 4 月 15 日晚 6 时,屋面防水施工期间,由于(3)轴(5)轴砖柱突然下沉,导致屋面塌落,以致室内人员压死 2 人、重伤 1 人,造成重大的倒塌事故。

2. 倒塌原因

(1)设计方面。这个工程的设计,是没有资质的设计单位和人员设计的,在没有地质资料的情况下进行结构设计,将三个砖柱基础置于陈旧杂填土上。施工中发现地基不好,没有认真处理,只是在柱基下增加一层钢筋混凝土底板,基座尺寸也由原 1.6 m×1.6 m,改为2.0 m×2.0 m。在底板上砌底部尺寸 1.2 m×1.2 m 的毛石基础,高度 1.1 m。

(2)施工方面。

①毛石独立基础砌筑质量低劣,经检查有干插和外侧砌筑中间填心现象,多处块石间隙大而无灰浆。所用石材厚度小于 150 mm 的比例较大,并有部分片状材料砌成不规则梯形状。砌筑砂浆明显受冻,强度远不能满足设计使用要求(实际砂浆强度 0～M10)并且砂浆和毛石没有很好地结合。造成基础砌体强度太低,无法承受上部的荷载,导致砖柱将毛石基础压坏,甚至嵌入基础内((3)轴柱下陷倾斜),以致砖柱急骤下沉,这是建筑物倒塌的直接原因。

②实际施工中,将原设计屋面结构找坡变更为建筑找坡,每平方米增加 140 mm 厚找坡炉渣荷载,施工中将 20 mm 厚的找平层抹成 50～60 mm(屋顶实际剖面如图 3-13)。从而使柱基荷载有了大幅度的增加,也是造成柱下沉的重要原因。

③毛石基础砌筑偏移轴线,现场实测(3)轴基础轴线南偏 335 mm,东偏 300 mm,造成基础偏心受压,是基础不均匀沉降和破坏的一个因素。

3. 结论

某市二、三小区厂房(仓库)局部倒塌后,市建委立即成立了倒塌事故调查组。经认真地检查现场和设计图纸,这个工程从设计到施工都没有按照基本建设程序办事。从倒塌原因分析看,倒塌的直接原因是毛石独立基础质量低劣和施工中将结构找坡变更为建筑找坡及

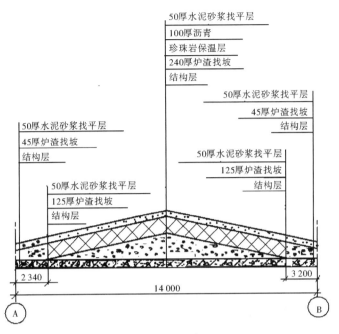

图 3-13 屋顶剖面

找平层严重超厚而造成的。没有地质资料就进行结构设计是设计部门的错误。事故发生后,有关责任者已经分别受到行政及法律的处分。

案例 3.11

1. 工程事故概况

某市须江镇房地产开发公司 9201 号商住楼于 1993 年 12 月竣工交付使用。在交付使用半年后,出现了较大的基础不均匀沉降现象,最大沉降量达 200 mm,致使从基础到屋面产生多处裂缝,造成重大质量事故。1996 年 3 月经有关专家小组论证采取地基加固,主体加固补强的方案。目前沉降已基本稳定。

9201 号商住楼由某市须江镇房地产开发公司开发,核工业部 268 工程勘察公司进行工程地质勘察,某市建筑设计所设计,某市第二建筑工程公司施工。该楼位于市区解放南路,建筑物长 64.24 m,宽 11.94 m,层数为 6 层局部 7 层。房屋总高度 22 m,底层为商店,二层以上为住宅,共 4 个单元,总建筑面积 4395 m²。基础形式根据荷载不同分为钢筋混凝土独立基础和刚性条形基础,刚性条形基础处设地圈梁。基础埋深 3.8 m。主体为砖混结构,底层局部设置框架,楼盖和屋盖均为 120 mm 厚多孔板。该楼于 1992 年 12 月动工,1993 年 12 月竣工并验收。

该工程验收时发现第三单元楼梯外墙有一条垂直的细小裂缝,有关部门要求对该裂缝加强观察,质监部门暂缓核定该工程质量等级。其后在半年内该裂缝未出现明显扩展现象,用户陆续搬进使用。1994 年 7 月裂缝有了新的发展,裂缝部位也逐渐增多,一年后裂缝部位相继扩展到地圈梁、墙体、楼面、屋顶、女儿墙等多个部位。其间有关部门多次进行观测,并根据不同时期的观测情况,分别于 1994 年 7 月、1995 年 8 月对裂缝问题进行技术分析,制定处理意见。因局限于技术条件,仅提出了加密沉降观测和进行结构裂缝修补的意见。

鉴于工程裂缝继续加快加剧的情况,1995年11月由建设局及有关单位技术人员组成了裂缝事故处理小组,要求用户迅速搬离。同时,邀请市、省两级质监部门对该楼进行技术鉴定。1995年12月省建筑工程质量监督检验站技术人员赴现场查看了该楼现状,其裂缝和沉降为:①地圈梁和底层联系梁多处裂缝,裂缝形式以垂直裂缝为主,部分区段有斜裂缝。地圈梁裂缝宽度在0.1~10 mm间,大部分贯穿地梁截面。联系梁裂缝宽在0.15~10 mm间,多数已伸到梁高的2/3以上。②内外墙裂缝较为普遍,倒"八"字、垂直、斜向裂缝均有,宽度在0.5~10 mm间。楼面面层起壳、楼板缝间开裂现象普遍。③因该楼室外回填土厚度达3 m多,同时楼房竣工后解放南路进行改造,因此沉降观察点进行了多次重新设置,沉降观测数据为阶段性的非系统数据,监测成果仅能供参考。经对不同阶段的监测成果进行分析汇总,其房屋两边沉降量较大,中间沉降量较小,南端沉降量较大点与中间沉降量较小点之间的沉降量差值达200 mm左右。

2. 原因分析

经有关方面专家的多次鉴定论证,该事故造成的主要原因有以下几方面:

(1)勘察方面。该楼地基平面上分布有三个溶洞,洞中软黏土分布不均,最厚达20 m。灰岩地区(岩溶地区)的工程地质勘察工作,必须查明溶洞的深度、分布范围,并查清洞内土质的物理化学指标和地下水情况,而在该楼房的地基压缩层内,上述勘察要求没有达到。在已有的资料中表明,较稳定的②~④层地基上覆层仅2.5~4.8 m,下卧层为高压缩性软黏土,厚度不均,且局部缺失,勘察未明确溶洞准确边界线以及软黏土的各项物理力学指标,给设计取值上造成一定的困难,而厚薄不匀的软黏土的压缩沉降是该建筑物产生不均匀沉降的主要原因。

(2)设计方面。设计中对勘察资料分析不足,对建筑物地基下存在的软弱下卧层变形验算不够精确。建筑物结构选型不够合理。建筑物长为64.24 m,采用素混凝土基础及钢筋混凝土基础,建筑物纵向刚度不理想,同时在地基不均匀的情况下,未充分考虑解决不均匀沉降问题。

(3)环境影响。在楼房竣工半年后距楼房南侧6 m处因封门溪改造,开挖了一条截面5.5m×6 m的小河,该河床底标高低于基础底标高1.5 m左右,河水位低于基础地下水位。平时有浑水从溪的砌石护坡上的排水管中流出,出现地基中细小颗粒被水带走的现象,这加速了地基的变形,致使该楼在河道改建后短期内不均匀沉降现象迅速加剧。另外,在建筑物完成半年后,解放南路开始修建,其当时在房屋四周回填了约3 m高的填土,这增加了基础的附加应力,也加速了地基的变形。

3. 结论

该工程不均匀沉降的主要原因是由于地质条件复杂、结构选形欠合理,以及周边环境因素的影响所造成的。

案例3.12

1. 工程事故概况

某市东园1号商品房坐落在本市定海区城东小矸村,建成7年后,因地基严重不均匀沉降,造成房屋严重裂缝和倾斜,住户不能安全使用,于1996年予以拆除重建。

东园1号楼系一幢3单元6层商品住宅楼,砖混结构,长41.04 m,宽9.78 m,高18.00 m,

建筑面积 2259.56 m²,住有 36 户居民。该建筑由定海设计室设计,定海区第六建筑公司施工,1989 年初开工,1989 年 12 月竣工。设计方案原为 5 层,后因建设单位为解决本公司职工的住宿问题,要求设计成 6 层,设计人曾提出采用桩基的建议,但建设单位考虑投资问题,要求仍做浅基础,对此,设计人后来采用了石渣垫层上做片筏基础的设计方案,上部结构采用横墙承重体系,结构体系均布构造柱 22 个,并每层设置圈梁一道。设计时曾提出应对地基进行钻探,但考虑资金问题,当时仅做了 N_{10} 轻便触探。

该工程施工至 4 层结顶时,在西单元楼梯间纵墙上发现有较细的斜裂缝,当时建设单位曾召集设计和质监人员与施工单位共同研究,决定将每层做一次沉降观测改为每十天测一次,并将屋顶水箱位置做了调整,到竣工验收时,未发现裂缝有明显展开。

该楼交付使用后,由于不均匀沉降的继续发展,使内外纵墙上的斜裂缝逐步增大,对此住户有所反映。1991 年,设计人曾二次邀请本省房屋纠偏专家,会同建设单位赴现场察看,当时认为可以纠偏,但需一定费用,建设单位考虑到房屋已经出售,产权已归住户,纠偏费用无处落实,故未实施房屋纠偏。

随着使用年份的增长,不均匀沉降继续发展,经 1996 年 4 月复测,最大沉降差为 210 mm,在东、西、中三个单元房屋中,以中单元沉降量最大,从而在东西二单元的内外纵墙上,产生了不同程度的"八"字形裂缝,其中以西单元南纵墙最为严重,最大宽度达 25 mm;西单元预应力圆孔板在靠近内外纵墙部位处发生裂缝;少数窗间墙出现竖向裂缝;数处圈梁开裂;并出现建筑物整体向北倾斜等等不安全现象。

2. 原因分析

(1)设计前未进行详细的地质勘探,仅采用 N_{10} 轻便触探,而深度有限的轻便触探资料不能反映地基的详细情况,设计人员仅按当时的一般技术措施,即垫层法设计基础,而未对软弱下卧层的变形进行计算。1996 年 4 月对该建筑的地质重新勘察证实,该楼西单元下部软黏土厚度仅 4.20 m,而东侧墙下的软黏土厚达 16.80 m,软弱下卧层厚度变化过大是该楼不均匀沉降的根本原因。

(2)建筑物基础设计时,东西二端片筏基础翼板外挑过宽,加大了东、西单元与中单元的沉降差,对建筑物产生了不利影响。

(3)建筑物的重心偏向后方,而满堂基础未做相应调整,又是造成该建筑物向后倾斜的一个原因。

3. 结论

该建筑物建造在土质不均匀的地基上,地基下的软土层厚度变化复杂,设计阶段未进行详细的地质勘探,地质不明的情况下仅按当时的一般技术标准设计基础,导致建筑物产生较大的不均匀沉降,造成建筑物的开裂、倾斜,以致发展为危房。建设单位在商品房建造时,只考虑投资经济问题,对建造在软土地基上的建筑物未采取有力的技术措施。设计单位及设计人员对软土地基建筑物技术处理经验不足,没有坚持采取必要的技术措施。对此建设单位和设计人员都有责任。

案例 3.13

1. 工程事故概况

某市派出所招待楼,因筏式基础不均匀沉降,导致整幢建筑物拆除重建。经济损失 70

余万元。

建筑物为6层框架结构,筏式基础,筏板厚300 mm,混凝土垫层厚100 mm,砂垫层厚300 mm,地梁高500 mm,见基础断面示意图3-14。建筑面积1399 m²,建筑高度17.2 m,内外墙均为240 mm实心砖墙,MU7.5红砖,M5混合砂浆砌筑。地质剖面见图3-15,建筑平面图见图3-16,框架图见图3-17。

工程设计单位为县建筑设计室。由县建筑总公司施工。工程于1995年11月开工。1996年2月结构施工完毕。1996年2月开始发现房屋整体倾斜,至4月,经测量房屋已向东倾斜350 mm,房屋倾斜见图3-18。前后轴线沉降差为135 mm,倾斜率已远远超过地基规范的规定及《危房鉴定标准》(CIS-86)的规定。房屋属于危房。经研究分析,该建筑已没有校正加固的必要,于1996年5月整幢建筑物全部拆除重建。

2. 工程地质情况

经勘察该工程地质情况如下:自然地面下0.7~2.0 m为杂填土,内有瓦片、淤泥、碎砖、块石等,不具备房屋承载能力。杂填土下是泥炭土,厚度2.15~5.4 m,褐色、褐灰色,含有黑泥及腐烂植物等。含水量高,高压缩性,在荷载下,变形很大,其下沉量可达试件的50%,$f_k = 40$ kPa,$E_s = 0.8$ MPa。泥炭土下为红黏土,黏性大,饱和,软塑状态,厚度2.3~6.25 m,$f_k = 60$ kPa,$E_s = 2.0$ MPa。黏土下为石灰岩,灰色,细结晶结构,节理发育,坚硬,埋深在15~16 m,$f_k = 3000$ kPa,见地质剖面图(图3-15)。

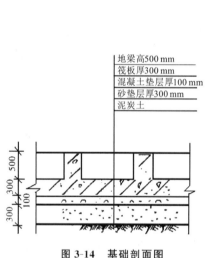

图3-14 基础剖面图

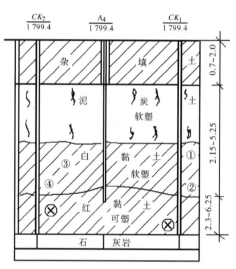

图3-15 地质剖面图

3. 分析原因

(1)该建筑基础筏板以泥炭层为持力层,按地质勘察报告,该地基土承载能力40 kPa,但按计算,筏板底面平均压力$p = 65$ kPa,筏板底面压力超过该地基土承载能力,这种土层,又是高含水,高压缩性土,在荷载作用下,下沉很快。

(2)筏板形心与建筑物重心不重合,该建筑二层以上后墙有挑阳台,增加了D轴的重量,同时两跨框架为不等距,3.6 m及4.2 m;卫生间及楼梯间布置在一侧,因而产生重大偏移形心,在施工中,由于背面D轴外边有一下水道,没有采取措施改道,反而缩短了筏板外挑长度400 mm,造成筏板形心向前移,加大了形心与重心的距离,从而造成筏板不均匀沉

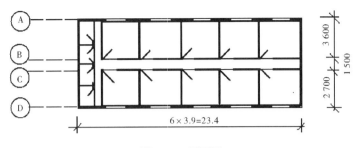

图 3-16 平面图

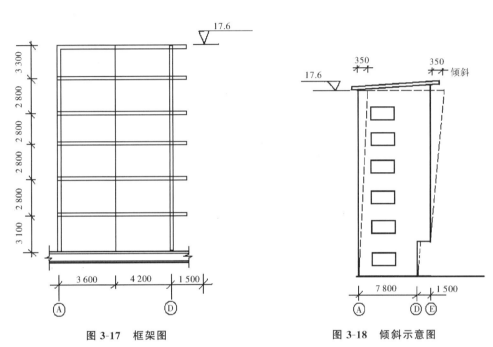

图 3-17 框架图   图 3-18 倾斜示意图

降,整幢建筑发生倾斜。经查阅施工记录,结构施工速度快,平均每月上两层,没有纠编不均匀沉降的施工顺序,因此,工程结构刚施工完,基础迅速不均匀沉降,房屋倾斜。

4. 事故结论

由于持力层强度不足,土质为高压缩性土,在重力偏心的作用下,施工中又没有采取措施,筏板产生不均匀沉降,房屋倾斜是必然的。

5. 经验教训

(1)招待所楼设计单位没有按设计程序办事。在没有地质勘察资料的情况下,仅参考周围原建筑的地质勘察报告,设计假定地基承载力值为 100 kPa,大于持力层土 $f_k=40$ kPa 的承载能力,造成地基承载能力不足。设计中又没有考虑筏板形心与建筑物重心不重合的问题,也未做房屋沉降的计算,草率地出了施工图,设计单位应按程序设计,特别是先地质勘察后设计,不能凭参考、观察、想象假定地质条件。

(2)建设单位在没有勘察资料的情况下,要设计单位参考周围建筑地质资料进行设计,是极不负责的,也是违背基本建设程序的。

(3)为了抢速度,不搞大开挖,在原表层土上做筏式基础。结构设计人员,必须认真分析地层持力层情况,要分别计算前后左右轴线的沉降量,不均匀沉降必须控制在规范规定以内。同时要充分认识地表、地下水的影响及周围建筑物的影响。

(4)施工单位对筏式基础的施工,要编制特定的施工组织设计方案,重点考虑筏板基础均匀受力,避免由于施工顺序和施工荷载,产生筏板不均匀沉降。

(5)招待所楼基础施工,是在质监部门监督下进行的,质监人员在基坑开挖及基础竣工图上,都签了字。质检人员没有认真履行监督职责,对违背建设程序的行为没有制止。质监站把关不严也是教训之一。

案例 3.14

1. 工程事故概况

上海莲花河畔景苑 7 号楼位于基地北侧,临淀浦河,平面尺寸为长 46.4 m,宽 13.2 m,建筑总面积为 6451 m²,建筑总高度为 43.9 m,上部主体结构高度为 38.2 m,共计 13 层,层高 2.9 m,基础埋深 2.1 m,室内外高差 0.5 m,采用钢筋混凝土剪力墙结构体系,无地下室。基础采用桩+条形承台桩,桩型为 PHC-AB400(80)-33 预应力高强混凝土桩,桩径 400 mm,壁厚 80 mm,桩长 33 m,桩端持力层为 7_{1-2} 层,双向条形承台的截面为 600 mm×700 mm。该楼于 2008 年年底结构封顶。同时期开始进行 12 号楼的地下室开挖。根据甲方的要求,土方单位将挖出的土堆在 5、6、7 号楼与防汛墙之间,距防汛墙约 10 m,距离 7 号楼约 20 m,堆土高 3~4 m。2009 年 6 月 1 日,5、6、7 号楼前的零号车库土方开挖,表层 1.5 m 深度范围内的土方外运,6 月 20 日开挖 1.5 m 以下土方,根据甲方要求,继续堆在 5、6、7 号楼和防汛墙之间,主要堆在第一次土方和 6、7 号楼之间 20 m 的空地上。堆土高 8~9 m,此时尚有部分土方在此,因无法堆放即堆在 11 号楼和防汛墙之间。6 月 25 日,11 号楼楼后防汛墙发生险情,水务部门对防汛墙位置进行抢险,也卸掉部分防汛墙位置上的堆土。6 月 27 日早上 05:30 左右,7 号楼发生倾倒事故,造成一名工人身亡。事发时楼里有 6 名工人,其他 5 人躲闪及时,没有受伤,直接经济损失 1900 余万元。13 层楼房采用装十字条形基础,十字条形基础深埋 1.9 m。管桩共 118 根,型号为 AB 400 80 33,管桩的入土深度是 33 m,桩尖持力层是 7_{1-2} 层。连在十字条形基础下的管桩的断桩长度是北面的断桩长度长,南面的断桩长度短。

2. 原因分析

7 号楼北侧在短期内(7 天)快速堆土,(第二次)最高达 10 m,平均堆土高度为 7 m。假设堆土容重 $\gamma=18$ kN/m²。按堆土的平均高度 7 m 计算。相应荷载 $P=\gamma h=126$ kPa,相当于地基土承载力值增值的 2 倍以上,这样大的荷载使得土体处于极限状态,从而造成土体很大的侧向流变。

同时,10 m 高的堆土是快速堆上的,这部分堆土是松散的,在雨水的作用下,堆土自身要滑动,滑动的动力水平作用在房屋的基础上,不但使该楼水平位移,更严重的是这个力与深层的土体滑移力引成一对力偶,加速桩基继续倾斜。高层建筑上部结构的重力对基础底面积形成新的力矩,随着倾斜的不断扩大而增加,施工单位未根据《建筑桩基技术规范》(JGJ94—2008)第 3.1.3 条第四款"对位于坡地、岸边的桩基应进行整体稳定性验算",最后使得高层建筑上部结构向南迅速倒塌,如图 3-19。

3. 总结

楼房北侧在短期内堆土高达 10 m,南侧正在开挖 4.6 m 深的地下车库基坑,两侧压力差导致过大的水平力超过了桩基的抗侧能力。深坑堆土河道构成了由北向南的致命三点一线,直接改变了地基的受压结构。发生不均匀沉降和土体水平滑移这三点一线的合力,终于

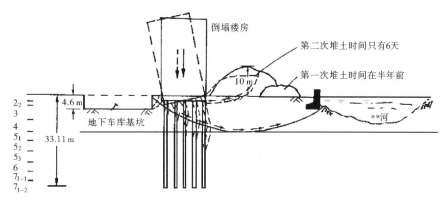

图 3-19　7 号楼土体丧失稳定倒塌的原因分析图

扯断了大楼赖以稳定的桩基,土方堆放不当、开挖基坑违反相关规定、监理不到位、管理不到位、安全措施不到位、维护桩施工不达规范等,这 6 条是 7 号楼倒塌的间接原因。

案例 3.15

11 月 24 日,上海浦东新区华夏二路 1500 弄的新园西园小区 17 号、18 号并排的两栋房子,其中 17 号房屋发生倾斜,楼顶的房角和 18 号碰到一起,并发生了开裂,17 号与 18 号之间原本有 11 cm 的间隙。现在两栋楼的顶层已经紧靠在一起,像在"接吻"。这两栋楼 2012 年交付入住,建设单位为上海心圆房地产开发有限公司,每栋楼有 60 户人家。当天上午,川沙镇镇政府、房屋开发商和监理已经到场进行了勘查。浦东新区房屋检测等相关部门已经先行对两房屋进行检测,然后根据检测结果要求设计单位、开发商做整改方案,解除隐患。负责小区开发的上海心圆房地产有限公司总经理陈彤认为,最终导致两栋房屋顶部碰蹭的原因,初步判断应是地面沉降所致。17、18 号楼建成并完成装修后,最窄处的夹角相距 12 cm。当初设计时,顶楼女儿墙的装饰线条各挑出 6 cm,在最窄的地方,檐口原本就是紧紧依靠的。陈彤解释,由于地面的自然沉降,两栋楼的装饰面发生了碰撞和挤压,导致了目前所看到的"接吻"现象。

第七节　桩基础工程

桩基础是一种能适应各种地质条件,各种建构筑物荷载和沉降要求的深基础,具有承载力高,稳定性好,变形量小,沉降收敛快等特性。近年来,随着设计理论的进步,建筑施工技术水平的提高、对桩的承载力、地基变形、桩基施工质量提出了更高的要求。

桩基础工程的施工是一项技术性十分强的施工技术,又是属于隐蔽工程,在施工过程中,如处理不当就会发生工程质量事故。当场地土质很差,不能作为天然地基,或上部荷载太大,无法采用天然地基,或要严格控制建筑不同部位的沉降,时常用桩基础解决这些问题。若考虑桩穿越软弱土层时,能加固天然地基,则桩构成人工地基(如灰土砂石等挤土桩);若考虑通过桩将上部结构和重量传给坚硬土层,则桩成为深基础。

桩按照承载性质分为摩擦型桩和端承型桩;按所用材料分混凝土桩、钢桩和组合材料(闭口钢管儿内填素混凝土)桩;按成桩方法分集土桩(如打入预制桩)、非集土桩(如灌注桩)、部分集土桩(如打入式敞口桩);按受力条件分竖向抗压桩、竖向抗拔桩、横向受荷桩组合受荷桩。本节主要讨论预制混凝土桩和灌注混凝土桩。

一、预制混凝土桩和灌注混凝土桩问题

1. 使用注意事项

(1)不能不问地基具体情况盲目采用。使用时必须有详细的勘察资料说明其必要性。

(2)不能主观确定装机方案,要按土层分布和地下水情况、上部结构荷载和沉降量要求施工,机械设备和现场条件(如上海已将沉桩作业对环境的影响,作为深基的四大难题之一)以及资金等条件,经分析比较后确定。

(3)不能单凭理论计算和勘察资料确定单桩承载力,需要通过现场静载试验加以确定。

(4)由于桩机在使用中的重要性及桩基在施工中可能遇到的较多的质量问题,需要在竣工后进行桩身质量检验,可用开挖法、钻孔取芯法、整体加压法、射线散射、声测、激振等技术。

2. 在预制混凝土桩基中常见的质量问题

(1)打入深度不够(导致承载力不足)。

(2)最后贯入度太大(说明持力层尚未满足要求)。

(3)贯入度剧变(可能桩已折断,或遇到与预计不一致的土层或暗埋物)。

(4)桩身上拥(往往因软土中桩距过小,打桩时周围土层受到急剧挤压扰动所致)。

(5)已就位桩身移位,原因同上。

(6)桩身倾斜(桩尖遇到倾斜基岩基层或桩与桩纵轴线不一造成偏心)。

(7)锤击时回弹,桩打不下去(桩位处可能有地下构筑物)。

(8)桩顶被击碎(锤击时有严重偏心或桩顶抗锤击力不足)。

(9)桩身折断(桩身承载力不足,或接桩处连接质量差,如焊缝不足、连接角钢脱落、接头有空隙等)。

(10)桩位及垂直度偏移过多(单排桩偏移 10～15 cm 以上,群桩偏移桩直径以上,垂直度偏移 $H/100$ 以上)。

3. 各种灌注混凝土桩基中常见的质量问题

(1)塌孔(地下水位以下存在粉土、粉细砂或淤泥时常发生)。

(2)缩颈(桩身四侧遇有压缩性很高的土层,或拔管过快,或冲钻孔时产生较大孔隙水压力时发生)。

(3)断桩(缩颈的极端部分,塌孔的后果,或者由于混凝土不能连续灌注,或由于混凝土发生离析现象导致四周土挤入而发生)。

(4)桩底沉渣超厚(以磨擦力为主的桩,以端承力为主的桩沉渣厚度分别为 30 cm、10 cm 以上者为超厚)。

(5)桩身混凝土低劣(加泥量高,混凝土强度低,蜂窝、孔洞、露筋处众多,桩身破碎,桩底脱空等)。

(6)桩身钢筋笼低劣(缺筋、直径过小、间距过大、钢筋锈蚀、长度不足等),或钢筋笼上浮、混凝土品质差、孔口固定不牢、施工操作程序不当等原因引起。

（7）桩深埋深不足。

（8）桩顶未达设计标高或浮浆未做处理。

（9）桩位及垂直度偏移过多（与预制桩类似）。

二、预制打入桩施工问题

钢筋混凝土预制桩一般采用锤击打入或压桩施工，常见的质量事故有断桩桩顶碎裂、桩倾斜过大、桩顶位移过大、单桩承载力低于设计要求等。

（一）桩身倾斜过大

桩身垂直偏差过大的主要原因是：

（1）预制桩质量差，其中桩顶面倾斜和桩间位置不正或变形，容易造成桩倾斜。

（2）桩锤、桩帽、桩身的中心线不重合，产生锤击偏心。

（3）桩端遇孤石或坚硬障碍物。

（4）桩基倾斜。

（5）桩过密，打桩顺序不当，产生较强烈的挤压效应。

（二）断桩

桩在沉入过程中，桩身突然倾斜错位，如图 3-20 所示。当桩尖处土质条件没有特殊变化，而贯入度逐渐增加或突然增大，同时当桩锤跳起后，桩身随即出现回弹现象。产生桩身断裂的主要原因有：

（1）桩堆放、起吊、运输的支点吊点不当或制作质量差。

（2）沉桩过程中桩身弯曲过大而断裂，如桩身制作质量差造成的弯曲，或桩身到较硬的土层时因锤击产生过大的弯曲，当桩身不能承受抗弯强度时，即产生断裂。

（3）桩身倾斜过大，在锤击荷载作用下，桩身反复受到拉压应力，当拉应力超过混凝土的抗拉强度时，桩身某处即产生横向裂缝，表面混凝土剥落，如拉硬力过大，钢筋超过极限，桩即断裂。

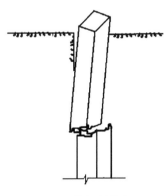

图 3-20　桩倾斜错位

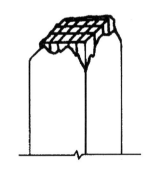

图 3-21　桩顶碎裂

（三）桩顶碎裂

在沉桩施工中，在锤击作用下，桩顶出现混凝土吊脚碎裂、坍塌，甚至桩顶钢筋全部外露等现象，如图 3-21 所示。

产生桩顶碎裂的主要原因是：

（1）桩顶强度不足。如混凝土养护时间不够或养护措施不当、桩顶混凝土配合比不当、振捣不密实等，混凝土标号的桩顶加密钢筋位置、数量不正确等，均会引起桩顶强度不足。

（2）桩顶凸凹不平。桩顶平面与桩轴线不垂直，桩顶保护层厚。

（3）桩锤选择不合理。桩锤过大，冲击能量大，桩顶混凝土承受不了过大的冲击能量而碎裂；桩锤过小要使桩沉入到设计标高，桩顶受打击次数过多，桩顶混凝土同样会因疲劳破坏被打碎。

（4）桩顶与桩帽接触面不平。桩沉入土中不垂直，使桩顶面倾斜，造成桩顶局部受集中力作用而破碎。

（四）桩顶位移偏差

桩身产生水平位移或桩身上升的主要原因是：

（1）测量放线误差。

（2）桩位放的不准，偏差过大，施工中定桩标志丢失或者挤压偏高，造成错位。

（3）桩数过多，桩间距过小，在沉桩时，土被挤到极限密实度而隆起，相邻桩一起被涌起。

（4）在软土地基中较密的群桩，由于沉桩引起的空隙压力，把相邻的桩推向一侧或涌起。

（五）单桩承载力低于设计要求

（1）桩沉入深度不足。

（2）桩端未进入规定的持力层，但桩身已达到设计值。

（3）最终贯入度太大。

（4）桩倾斜过大、断裂等原因引起的承载力降低。

案例 3.16

1. 工程事故概况

某热电车间，包括主厂房、主控楼、排渣泵房、柴油贮运和栈桥中转站，共 15905.73 m²，其中主厂房建筑面积 11415.39 m²，平面布置如图 3-22 所示。

该厂位于渤海湾附近，地势低，一般海拔高度在 1.6～2.8 m 之间，由平坦的苇泊和由苇沟分割的稻田组成，场地地震烈度 8 度，场地土为Ⅱ类土。

汽机房安装机组 $1.2×10^4$ kW 和 $6×10^3$ kW 机组各一台。锅炉房安装了自重为 1300 kN 的锅炉三台，锅炉房仅预打桩而不浇基础以留扩建用。

整个车间钻探点较少，主厂房仅有 7 个点，进入第 4 层只有 4 个点，现以 135 号钻孔来说明该区域工程地质情况，如图 3-23。

由图 3-23 可知，该厂区为软土地基地面以下 2.0 m 左右，即为饱和黏土，厚度 13～15 m。地基土压缩性高，承载力低，只有 80～90 kPa。

根据工程地质资料和厂房的重要性，选用装机方案，分别以第三层作为桩的持力层设计了 20 m 和 28 m 两种桩长，长 20 m 的桩承力偏低，热电车间主厂房的主要部位均用 28 m

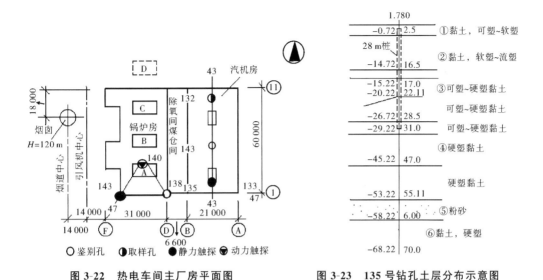

图 3-22　热电车间主厂房平面图　　　　图 3-23　135 号钻孔土层分布示意图

长桩,主厂房打桩 1150 根,其中 28 m 长桩 708 根。

该厂的场地为软土地基,地震烈度为 8 度,这些情况在桩的设计中给予了充分的考虑,适当加大桩距,尽量不接桩或少接桩。对于 28 m 长桩,原设计为两节 14 m,一个接头,由于现场运输工具难以解决,将两节 14 m 改为 10 m、10 m 和 8 m 三节,变一个接头为两个接头。同时,考虑到桩要承受因振动所产生的弯矩的作用,因此对桩身和接头采取了加强措施。

桩在施打过程中,同一区域出现了一部分桩施打不下去的情况,28 m 桩入土深度仅有 15.0～18.0 m;而另一部分桩施打又特别容易,最后贯入度仍相当大,达 200～300 mm,为工程试桩最后贯入度的 1～6 倍。为查清原因,一方面补探地层情况,另一方面补做部分单桩荷载试验。

在煤仓间和 A 锅炉区进行补勘,查明该区第三层中有厚 4.0 m 的粉细砂层,静力触探锥尖阻力为 24 MPa,而且该层由东向西逐渐减薄而消失,这是东端比西端沉桩困难的原因。

单桩荷载试验在具有代表性的 3 处 6 根桩上进行。试桩中发现 D 锅炉 2 根桩和煤仓间 1 根桩出现异常现象,即 D6 号、D47 号和 257 号 3 根桩在初始荷载 150～600 kN 出现较大幅度的沉降,加载卸荷 2～3 次,各桩总沉降量分别为 212.19 mm、254.56 mm 和 230.44 mm,然后沉降趋于零,桩的承载力又得以恢复,单桩容许承载力为 1200～1500 kN。另 3 根桩荷载试验无异常现象,单桩容许承载力为 1250～1600 kN。

该区域桩为摩擦桩,桩的承载能力主要靠桩身四周表面与各层土之间的摩擦力来承担。试以 135 号钻孔资料分析,桩入土位置详见图 3-23 虚线所示,桩顶绝对标高 0.05 m,桩尖标高 −27.95 m,桩断面为 450 mm×450 mm,由地基规范公式计算得到单桩容许承载力为 1660 kN,其中桩的承载力 80% 以上靠摩擦力分担,仅摩擦力这一项容许值便在 1336.1 kN 以上,极限值高达 2672 kN。因此要用 150～600 kN 的力将 28 m 长桩轻易压入土中 212.19～254.56 mm 是不可能的,唯有断桩才有这种可能性。从荷载试验得知,初始沉降消除后,桩的承载力恢复,说明经过加载后断桩的上下两节又碰到一处,因此能恢复承受一定的垂直荷载。为了验证上述分析是否正确,对 D6 号和 D47 号两根桩进行挖桩检查。为防止桩间土塌方,在 D6 号和 D47 号两桩之

间压入 ϕ1400 mm 的钢管,边挖边压边沉,当进入 10 m 处挖出桩接头,发现 D6 号和 D47 号在接头处上下两节桩中间均有 20 mm 空隙,填充的是压实黏土。由于在荷载试验中消除了初始沉降,拉开的上下两节靠在一起,这时承载力恢复并接近原值,因此桩间空隙中的未被挤出的土被压实;D6 号和 D47 号两桩的上下节均错位 15～20 mm;两桩的上部接头全部焊缝均已剪断,且有 15～20 mm 空隙,手指在其中可上下活动,尤其是 D6 号桩竟有一连接角钢脱落在土中,从取出的角钢看只有少数点焊。

为此,采用全面复打检查断桩情况,并使断桩复位,消除初始沉降。复打采用冷锤轻击法(冷锤指不加油无爆击力的自由落体且落距较小)。

通过全面复打共找出 217 根断桩,占已施打桩的 33.2%。D 锅炉共用 28m 桩 52 根,查出断桩 36 根,占 69.2%;C 锅炉查出断桩 36 根,占 69.2%;煤仓间查出断桩 130 根,占 37.1%。这 3 处为断桩密集区。

2. 原因分析

施工中不执行规范和设计要求,施焊不认真、焊缝不合格,如桩接头焊缝厚度太薄或焊缝长度太短甚至点焊,又因桩头不平整,施焊前未按设计要求用楔板垫平再施焊,桩头之间有空隙。而桩的上部接头正好落在第②层饱和黏土上,在打桩振动荷载作用下,桩周土孔隙水压力急骤升高,无法在四周消散,只能向上造成土体隆起,加上土的挤压使上节桩上浮,下节桩因为进入较密实的第③层,而起了嵌固作用,因此当焊缝被剪坏后,上下两节桩便拉开形成断桩。

案例 3.17

1. 事故工程概况

某厂锅炉房沉渣工程,18 m 跨的龙门吊基础下采用单排钢筋混凝土预制桩,桩长 18 m,截面为 450 mm×450 mm,桩距 6 m,条形承台宽 800 mm。桩于 1998 年施工,1999 年在开挖深 6 m 的沉渣池基坑时发生塌方,使靠近池壁一侧的 5 根桩发生朝池壁方向倾斜,影响了桩的承载力。其中有 3 根桩顶部偏离到承台之外,已不能使用。桩的平面布置如图 3-24 所示。偏斜值如表 3-5。

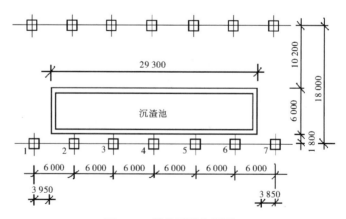

图 3-24 桩的平面布置图

表 3-5　桩顶偏斜值

桩号	桩顶偏斜值/mm
2	250
3	250
4	400
5	1750
6	600

2. 原因分析

(1)根据地质资料可知第一层为杂填土,湿润松散,厚约 5 m。桩的偏斜主要由该层土塌方引起。第二层为淤泥质黏土,稍密、很湿、流塑状态、高压缩性,厚 4～6 m。由于桩上部一侧塌方而另一侧受推力后,极易发生缓慢的压缩变形,埋入该土层中的桩身必然会随之倾斜。第三层为黏土,中密、湿润、可塑状态,厚 0.5～2.0 m。第四层为砂岩风化残积层,坚密、稍湿,该层为桩尖的持力层。

(2)施工不当,在沉渣池 6 m 深基坑开挖之前没有采取支挡措施,且第一层土为松散的杂填土,沉渣池距桩中心线只有 1.8 m,而基坑边坡又过陡等原因,造成塌方,致使桩发生偏斜。

三、钢筋混凝土灌注桩施工

钢筋混凝土灌注桩是一种就地成型的桩,它是直接在桩位上成孔,然后灌注混凝土或钢筋混凝土而成。钢筋混凝土灌注桩分为钻孔灌注桩和沉管灌注桩。钻孔灌注桩又分为干作业成孔灌注桩和湿作业成孔灌注桩。

(一)干作业成孔灌注桩

干作业成孔灌注桩即不用护壁措施而直接排出土成孔的灌注桩,它适用于地下水以上的地质条件。干作业成孔灌注桩常见的质量事故有孔底虚土多、桩身混凝土质量差、塌孔、桩孔倾斜或偏斜、桩顶位移偏差大等。

1. 孔底虚土多

成孔后孔底虚土过多,超过规范所要求的不大于 10 cm 的规定。产生的主要原因是:

(1)土质差。如松散填土,含有炉灰、砖头等大量杂物的土层,以及流塑淤泥、松散砂土等,成孔后或成孔过程中土体容易坍落。

(2)钻杆不直或使用过程中变形,钻杆拼接后弯曲等都能使钻杆在钻进过程中产生晃动,造成孔径扩大,提钻时部分土滑落孔底。

(3)孔口的土未及时清理干净,施工中不注意使土掉入孔内,或因未及时灌注混凝土,孔壁或孔底被雨水冲刷或浸泡。

2. 桩身混凝土质量差

灌注的钢筋混凝土桩身表面有蜂窝、空洞、桩身夹土、分段级配不均匀。分析其原因,主要有:

(1)混凝土配合比不当,材料选用不合理,造成桩身混凝土强度低。

(2)没有按照合理的施工工艺边灌注边振捣,混凝土不密实,出现蜂窝孔洞等。

(3)灌注混凝土时,孔壁受到振动使孔壁土塌落,同混凝土一起灌入土中,造成桩身夹土,或放钢筋笼时碰到孔壁使土掉入孔内。

(4)每盘或每车混凝土的搅拌时间或水灰比不一致造成和易性不匀,坍落度不一,灌注时有离析现象,使桩身出现分段不均匀的情况。

3. 塌孔

成孔后,孔壁局部塌落的主要原因是:

(1)在有砂卵石、卵石或流塑淤泥质土夹层中成孔,这些土层不能直立而塌落。

(2)局部有上层滞水渗漏作用,使该层坍塌。

(3)成孔没有及时浇注混凝土。

4. 桩孔偏斜或倾斜

成孔后,桩孔偏离桩轴线,桩孔垂直偏差大于规范要求的1%。分析其原因,主要有:

(1)钻孔机架不正或不稳,运转过程中发生移动式倾斜。

(2)地面不平,使桩架导向杆不垂直。

(3)土质坚硬不匀,或成孔一侧有大块石把钻孔挤向一边。

(4)钻杆不直,两节钻杆不在同一轴线上,钻头的定位尖与钻杆中心线不在同一轴线上。

(二)湿作业成孔灌注桩

湿作业成孔灌注桩是指采用泥浆或清水护壁排出土成孔的灌注桩。它适用于一般黏性土、淤泥和淤泥质土及砂土地基,尤其适宜在地下水位较高的土层中成孔。

1. 塌孔

钻孔灌注桩的塌孔质量事故主要有三类:第一类是成孔过程中塌孔、埋钻事故;第二类是浇注混凝土前塌孔,造成沉渣超厚事故;第三类是混凝土浇筑过程中塌孔形成缩颈夹泥、断桩事故。发生这三类塌孔的主要原因:

(1)没有根据土质条件选用合适的成孔工艺和相应质量的泥浆,起不到护壁的作用。

(2)孔内水头高度不够或孔内出现承压水,降低了静水压力。如护筒埋置太浅,或护筒周围填封不严、漏水、漏浆;未及时向孔内加泥浆或水,造成孔内泥浆面低于孔外水位。

(3)遇流沙、淤泥、松散土层时,钻孔速度太快。

(4)钻杆不直,摇摆碰撞孔壁。

(5)清孔操作不当,供水管直接冲刷孔壁导致塌孔。

(6)清孔后泥砂密度、粘度降低,对孔壁压力减小。

(7)提升、下落冲锤、掏渣筒和放钢筋笼时碰撞孔壁。

(8)水下浇注混凝土时导管碰撞孔壁。

2. 成孔偏斜

成孔偏斜的主要原因有:

(1)建筑场地土质松软,桩架不稳,钻杆导架不垂直。

(2)钻机磨损严重,部件松动。

(3)起重滑轮边缘、固定钻杆的卡孔和护筒三者不在同一轴线上,又没有经常检查和校正。

(4)钻孔弯曲或连接不当,使钻头钻杆中心线不同轴。

(5)土层软硬差别大,或遇障碍物。

3. 桩身夹泥、断桩

钻孔灌注桩桩身夹泥、断桩的主要原因有:

(1)孔壁坍塌。

(2)水下浇注混凝土时,导管提出混凝土面。

(3)浇注混凝土过程中产生卡管停浇。

(4)混凝土浇筑不及时。

3. 沉管灌注桩施工

沉管灌注桩是利用锤击打桩法或振动打桩法,将带有钢筋混凝土桩靴或带有活瓣式桩靴的钢桩管沉入土中,然后灌注混凝土并拔管而成。若配有钢筋时,则在规定标高处吊放钢筋骨架。在沉管灌注桩的施工中,如施工处理不当,常易发生断桩、缩颈、桩靴进水或进泥及吊脚桩等质量事故。

(1)单桩承载力低。沉管灌注桩单桩承载力低的主要原因有:

①沉管中遇到硬夹层,又无适当措施处理。

②振动沉管桩中,设备功率太小或压力不足,或桩管太细长,刚度差,使振动冲击能量减小,不能传至桩尖,这些都可能造成桩管沉不到设计标高。

③沉管灌注桩是挤土桩,当群桩数量大、桩距小,随土层挤密后,可能出现桩管下沉困难,这类问题在砂土中更多见。

④地质勘察资料不准。

⑤遇到地下障碍物。

⑥由于缩颈、夹泥、桩身断裂、底部不实、成孔偏斜等原因引起的单桩承载力不足。

(2)桩身缩颈。沉管灌注桩引起桩身缩颈的主要原因有:

①在淤泥或淤泥质软土中,在沉管产生的挤土效应和超孔隙水压作用下,土壁挤压新浇混凝土,造成桩身缩颈。

②混凝土配合比设计不合理,和易性差,流动度低,骨料粒径过大。

③拔管速度太快。

④拔管时管内混凝土量过少。

⑤桩间距较小,邻近桩施工时挤压已成桩的新浇混凝土。

⑥桩管内壁不光滑,浇筑的混凝土与管壁黏结,拔管后使桩身变细。

(3)桩身断裂。沉管灌注桩桩身裂缝与断桩事故,常见的原因主要有:

①沉管引起的振动挤压将新浇混凝土的桩剪断,尤其在土层变化处或软、硬土层界面处,更易发生这类事故。

②灌注混凝土时,混凝土质量差或桩管壁摩阻力大,出现混凝土拒落,造成断桩。

③拔管速度过快,桩孔周围土体迅速回缩或坍孔形成断桩。

④桩距过小时,不采用间隔跳打,挤断已浇的混凝土尚未凝固的桩。

⑤大量桩体混凝土嵌入土体,造成场地土体隆起,使桩身产生拉应力而断裂。

⑥桩基完成后,基坑开挖中挖土机铲斗撞击桩头造成桩身断裂。

(4)桩底部不实。桩底部无混凝土或混进泥砂,俗称吊脚桩。产生的主要原因有:

①桩靴与桩管处封堵不严,造成桩管进泥水。

②桩靴尺寸太小,造成桩靴进入桩管,浇筑混凝土后,桩靴又未迅速挤出,拔管后形成吊脚桩。

③桩靴质量低劣,沉管时破碎,进入桩管,泥水也一起混入,与灌注的混凝土混合形成松软层。

④采用活瓣式桩靴时,灌混凝土后,活瓣未能及时张开,或没有完全张开。

案例 3.18

1. 工程事故概况

某市桥苑新村 B 栋大楼是一栋 18 层钢筋混凝土剪力墙结构住宅楼(以下简称 B 栋楼),建筑面积 1.46 万 m²,总高度 56.6 m。1995 年 1 月开始桩基施工,4 月初基坑挖土,9 月中旬主体工程封顶。11 月底完成室外装修和室内部分装饰及地面工程。12 月 3 日发现该工程向东北方向倾斜,顶端水平位移 470 mm,为了控制因不均匀沉降导致的倾斜,采取了在倾斜一侧减载与在对应一侧加载以及注浆、高压粉喷、增加锚杆静压桩等抢救措施,曾一度使倾斜得到控制。但从 12 月 21 日起,B 栋楼又突然转向西北方向倾斜,虽采取纠偏措施,但无济于事,倾斜速度加快,12 月 25 日顶桩水平位移 2884 mm,整座楼重心偏移了 1442 mm。为确保工程质量、确保 B 栋楼相邻建筑及住户的生命财产安全,采取了 6～18 层定向爆破拆除的措施,从根本上消除了 B 栋楼的质量隐患,造成直接经济损失 711 万元。

2. 原因分析

(1)桩型的选用。该工程经地基勘察后的地质状况为:

①1.5～6 m 厚的人工回填杂土;

②8.8～15 m 高压缩性淤泥;

③1.2～3.4 m 厚的淤泥质黏土;

④5～9.6 m 稍中密细砂;

⑤12.4～18 m 中密粉砂;

⑥1.3～3.2 m 厚的砂卵石;

⑦基岩。

为此,如采用桩基,其桩体必须要穿过较厚的淤泥层。地质勘察报告提出建议:对拟建多层建筑(7 层),建议采用复合沉管灌注桩或夯扩桩,可选层面埋深 13.4～19 m 的稍密中密粉砂作为桩尖持力层,但应注意的是该层面在局部地段有较大起伏,设计和施工时要多加注意。对高层(18 层)部分,因建筑物荷载较大,若上述桩型满足不了设计要求,建议选用大口径钻孔灌注桩,桩尖持力层可选层面埋深 40.1～42.6 m 的强度较好的砂卵石层作为桩尖持力层。

在选择桩型时,根据勘察资料提供的地质条件,该地流塑淤泥厚达 8～15 m,含水率最高 78.1%。设计单位原决定采用钻孔灌注桩基础,建设单位为了节约投资,建议采用夯扩桩,设计单位迁就了建设单位的要求,决定选用夯扩桩。考虑到地质状况,设计单位要求打入 394 根砂桩,以改良地基条件,但建设单位为节约投资,以砂桩打不下去为由,造成既成事实,最后设计单位签字同意取消了砂桩。在这样的地质条件下,选择夯扩桩有其缺陷:

①夯扩桩是一种挤土型桩,在超厚饱和淤泥地层中施工,像其他打入或预制桩、沉管灌注桩一样,打入如此巨量、密集的群桩,必然会产生后打入桩对先打入的已达初凝的邻桩的挤压,产生偏位。

②夯扩桩的桩端进入持力层,层内粉砂的深度较浅,易成为铰接端,不利于抗水平推力,加上桩周淤泥水平抗力很小,不利于桩基稳定。

虽然选择错误的桩型不是这次事故的主要原因,但设计上的先天不足,又取消了砂桩,未考虑淤泥场地条件下施工因素的影响。

(2)基坑支护方案不能满足开挖要求。该工程地质勘察报告中强调指出:"基坑开挖时应采取坑壁支护及补底封强措施。"并列出了坑壁支护设计所需要的有关参数表。设计单位设计了开挖 5 m 的支护方案——9 排粉喷桩重力式挡土墙,但变形和稳定计算难以通过。该方案未成为正式方案。建设单位为了节约投资,自行确定了支护方案:在基坑南侧和东南段五排粉喷桩,在基坑西端二排粉喷桩,其余坑边采用放坡处理。

专家分析认为:基坑支护方案未完全封闭,这样基坑开挖后,边坡产生滑移,出现险情,支护方案存在严重缺陷,造成工程桩大量歪斜,这是桩基础整体失稳的主要原因。

(3)基坑开挖未按施工方案实施,造成工程桩大量倾斜,并形成部分Ⅲ类桩。

①在地基土十分软弱,又无封闭支护措施的情况下,施工单位编制的施工方案是:先在基坑内满揭表层土 3 m,再在深坑区跳格开挖接桩。但在基坑开挖时,施工单位违背施工方案规定,仅在深坑区(D 区)揭表层土 3 m,接着采用 5 m 宽条状连续顺序开挖,一次到位,在Ⅰ区和Ⅱ区之间形成 5 m 高的临空面,致使工程桩大量倾斜。

②工程桩在土方开挖过程中受到重型机械的碾压和铲斗的碰接,形成断桩。

③施工单位违反施工规范,在部分工程桩和粉喷桩龄期未到的情况下就进行基坑开挖。

据调查,基坑内工程桩共 336 根,其中歪桩 172 根,占 51.2%,歪桩最大偏位 1.70m。与此同时,对工程桩的动测试验检测抽查 63 根工程桩,其中 13 根为Ⅲ类桩(有 4 根为深层缺陷,9 根为浅层机械开挖引起的损伤),占被检测数的 20.6%。专家分析,原基坑开挖方案在当时当地的具体条件下是比较合理的,但并未得到实施,实际开挖施工不当是导致桩基大量定向偏斜的主要原因。

④不合格钢筋的大量使用。基坑在高桩处开挖过程中,发现两根桩身上部断裂,经查发现桩身钢筋脆裂,后经送检,发现钢筋屈服点不明显,伸长率不合格,并且脆性断裂。但当时并未引起建设单位的重视。

据调查,该工程桩基使用的钢材全部由建设单位组织供应,分别从三个供应点先后 5 次进场 φ16 钢筋。建设单位和施工单位仅对第一次进场的钢筋进行抽样检验,为合格。后 4 次均未抽样检验,致使不合格的钢筋进入施工现场。该工程在正常情况下使用部分屈服点、伸长率两项指标均不合格的钢材,对桩的竖向承载力不会构成大的影响,但是,在工程发生质量事故的过程中,大量歪桩在接桩受力条件复杂的情况下,部分桩身钢筋材质不合格,也是不利因素之一。

(4)将地下室底板抬高 2 m,建筑物埋深达不到规范的规定,削弱了建筑物的整体稳定性。该工程原设计桩顶标高为 -5.50 m。当 336 根夯扩桩已完成 190 根时,设计人员竟然同意建设单位将地下室底板标高提高 2 m,从而带来了下列问题:

①地下室底板标高往上提高 2 m,就使该工程埋置深度由 -5 m 变为 -3 m。按《钢筋混凝土高层建筑结构设计与施工规程》规定,最小埋置深度不应小于建筑物高度的 1/15。埋置深仅为 3 m,仅仅是建筑物高度的 1/18.9,削弱了建筑物的整体稳定性。

②由于地下底板标高往上提高 2 m,使已完成的 190 根桩均要接长 2 m,灌注桩的接长

处是桩体的最薄弱体,通常个别桩体接桩是有的,但如此大量的桩要接桩具有较大的危险性,特别是已完成的 190 根桩体中已发现有不少桩是倾斜的,如垂直地面水平接桩,就使接桩后的桩体形成折线形,不仅严重降低单桩承载力,而且在水平推力的作用下,往往使接桩部位首先发生破坏。

(5)歪桩上接桩,降低了单桩承载力。在 336 根桩中,有 172 根桩是歪桩,其垂直度超出了规范规定的允许偏差值,而其中最大偏位竟达 1700 mm,这种歪桩导致作用力方向的改变,使桩的承载力明显降低,同时,由于地下室底标高抬高 2 m,使先期打入的 190 根在同一层面上必须接桩,在歪桩上接桩,桩身形成折线,引起桩身的侧向荷载分量,导致单桩承载力下降。

(6)大量工程桩存在不同程度的质量缺陷。在 336 根桩施工完成后,通过对所完成的桩进行的检测分析,有不少桩存在缩颈、混凝土不密实等质量缺陷。

(7)基坑回填土未按规范结构设计总说明回填夯实。回填土是采用杂填土随意堆积,更没有分层夯实,降低了基础的侧向限制,不利于建筑物的稳定。

案例 3.19

1. 工程事故概况

深圳市某工程为 15 层综合楼,采用钻孔灌注桩基础。主楼部分为 99 根 $\phi1000$ mm 的桩,副楼为 23 根 $\phi800$ mm 的桩,设计单桩承载力分别为 4500 kN 和 3200 kN。设计桩长约 47 m,要求进入中风化花岗岩不少于 1 m。

该工程地质状况自上而下为:新素填土,主要由未经压实的黏土组成,厚 2~4 m;淤泥层,软流塑状,高压缩性,厚 2~4 m;淤泥质黏土,软塑状,高压缩性,厚 3~5 m;其下均为可塑性黏土层及少量砂层。地下水量较丰富,埋深 2 m。

施工采用黄河钻,正循环泥浆护壁钻孔,导管水下浇筑混凝土成桩。桩施工完后,有 21% 的混凝土试块试验未达到设计的强度要求。通过对桩基质量进行检测,共抽测 25 根 $\phi1000$ mm 的桩,其中有质量问题的三类桩(有局部断裂、泥质类层、承载力低)6 根,占 24%;有局部问题的二类桩(有局部断裂、泥质夹层)7 根,占 28%。

开挖检查,在开凿桩头过程中,36 号及 39 号桩在挖至 -7.50 m 桩顶设计标高处,未见有混凝土(设计要求混凝土浇筑至设计桩顶标高以上 0.5~0.8 m)。用钢筋探入,36 号桩在 -13 m 处、39 号桩在 -11.7 m 处始遇硬物。与施工混凝土浇筑记录的桩顶标高差距很大。为了进一步查清桩身混凝土的质量,决定选 7 根桩对桩身进行钻探抽芯检查。抽芯发现:①有 5 根桩尖未进入中风化花岗岩层,只进入强风化或接近中风化层;②有 5 根桩桩孔底沉渣超厚,占 70%;③4 根桩有 1 处以上桩芯破碎不连续,占 57%;④36 号桩为断桩,占 14%;⑤局部含泥、砂、骨料松散,混入泥浆。

上述检验结果表明:这些桩的质量很差,达不到设计要求。为了确认桩的承载力,对问题较严重的 31 号和 107 号桩进行单桩静荷载试验。31 号桩压至 5400 kN 破坏,容许承载力为 2250 kN,其中摩擦力占 70%;107 号桩破坏荷载为 6400 kN,容许承载力为 2800 kN,摩擦力占 70%。试验结果表明桩尖只能提供极少量的端承载力,主要起摩擦桩作用。但二者均未达到 4500 kN 的设计要求。

2. 原因分析

(1)桩入岩程度的判断失误。本工程设计要求桩尖进入中风化花岗岩层的深度不少于

1 m,而本工程抽芯检验未进入中风化层的 5 根桩,其钻进终孔采样已含有中风化颗粒,但抽芯鉴定桩尖只是接近而未进入中风化层。由于过早判断已进入中风化层并停钻造成了失误。

（2）大直径深孔水下灌注桩沉渣超厚。本工程钻孔平均深度在 45 m 以上,部分孔深接近 50 m。由于孔径大,平均扩孔系数约为 1.15,最大达 1.61,又采用正循环泥浆钻进,主泵泵量为 180 m³/h,即在深孔钻进时,泵入泥浆约经 15 min 才能返回地面,相当于返浆速度约 3.3 m/min,显然泥浆泵能力偏低。由于泥浆循环速度慢,排渣困难,而不得不加大注入泥浆比重至 1.2～1.3 或更大,以增加泥浆的悬浮力,带走泥屑、渣土。即是终孔停钻以后清孔时,也不可能降低泥浆比重至 1.1,因而孔底清洗不干净,从停止清洗提升钻具至下导管浇筑混凝土前的一段时间内,会在孔底沉淀相当数量的渣土。这就是造成本工程孔底沉渣过厚的主要原因。

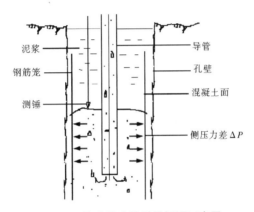

图 3-25　钻孔灌注桩质量问题示意图

（3）桩芯破碎及断桩。本工程未严格控制浇筑混凝土导管的埋管深度及一次拆管长度。为图省事,导管有时埋入混凝土过深,一次拔出十几米长的导管,几节一起拆。有时导管埋入混凝土深度不够,或只埋入混有泥浆的浮浆层(根据后期凿开桩头的情况看,浮浆层普遍接近 2 m 厚)。混凝土压力不够,被泥浆挤入而造成桩身夹泥、混凝土松脆破碎及断桩等桩身质量事故。

（4）桩顶未达设计标高。钻孔及清孔使用了过稠的泥浆,又因混凝土量大,浇筑时间长达 6～7 h 甚至 10 h。在浇筑混凝土过程中泥浆不断沉淀,随着混凝土面的上升,上部的稀泥浆不断被挤出孔外,而下部的泥浆逐渐浓稠,甚至形成部分稠泥团。当浇至桩的上部时,受到钢筋笼的阻滞,向上顶升的混凝土往往一时难以挤入钢筋笼与孔壁间被稠泥浆团所占据的狭长的 5 cm 间隙,因此,形成了大体以钢筋笼为边界的暂时性假桩壁,如图 3-25 所示。所以当刚浇筑完混凝土时,以测锤测得的混凝土标高是一个不稳定的假标高。由于混凝土的密度比泥浆大,在其初凝前,因两者压力差 Δp 所造成的对假桩壁与孔壁间隙中稠泥浆团的挤压,使大部分泥浆逐渐沿空隙向上排出桩顶(小部分仍滞留在钢筋笼与混凝土体之间)。混凝土侧向挤出间隙,使原测得的桩顶混凝土假标高降低,是桩顶标高不够的主要原因。其次,导管埋入混凝土太深,一次拔出后会造成混凝土顶面下降。再者,新浇筑混凝土的侧压力大于淤泥水壁压力,也会逐渐排挤淤泥,形成桩身"鼓肚"使混凝土面下降。

（5）桩身混凝土强度低。桩身混凝土用 P52.5 水泥配制,配合比经试验确定,有大量试块及部分钻探抽芯试样未达到设计要求的 C30 强度。其原因是由于导管埋入混凝土深,孔内泥浆稠度大,造成混凝土灌入阻力大,返浆困难。如 36 号桩导管埋入混凝土 18 m,混凝土要从导管底流出,必须克服上部混凝土自重 300 kN 左右,而导管内的混凝土桩平衡重仅 20 kN。此外,尚须克服桩内泥浆重及混凝土流动阻力,因此混凝土没有很大流动性是根本无法灌下去的,所以在搅拌混凝土时不得不随意加大混凝土的水灰比,降低其稠度,增加流动性,以便浇筑。这就是造成混凝土强度等级降低的主要原因。另一方面,由于混凝土水灰比高,从高处灌注时极易产生分层离析,钻孔抽芯可见桩有许多部位是没有粗骨料的砂浆,个别芯样混凝土抗压强度仅有 16.8 MPa。部分桩身混凝土内混有泥浆,降低了混凝土的强度。

思考题

1. 预制桩施工中常常会有哪些质量事故? 产生的原因是什么?
2. 干作业成孔灌注桩的质量事故有哪些? 是什么原因造成的?
3. 湿作业成孔灌注桩的质量事故有哪些? 是什么原因造成的?
4. 造成灰土地基质量差的原因有哪些?
5. 深层水泥土搅拌桩常见的质量事故有哪些? 产生的原因是什么?
6. 有哪些原因会造成碎石(砂)挤密桩常见的质量事故?
7. 灰土桩常见的质量事故有哪些? 试分析其原因。
8. 基础错位的质量事故有哪些?
9. 试分析基础会产生沉降的原因。
10. 试述大体积混凝土施工的特点和水泥水化热对混凝土内部温度的影响。
11. 试述大体积混凝土产生裂缝的原因。
12. 深刻理解、领会本章工程实例的深刻教训。

第四章　砌体结构工程

　　砌体结构工程,是指砖砌体、混凝土小型空心砌块砌体、石砌体、填充墙砌体、配筋砖砌体工程。砌体结构子分部中如砖砌体、小型砌块砌体、配筋砖砌体等用于建筑的受压部位还占有一定的比重,虽然施工技术比较成熟,但质量事故仍屡见不鲜。引起质量事故的最主要原因,一是砌体的强度不够,一是结构不稳定。

第一节　砌体工程质量控制要点

　　确保砌体结构质量,也先要从块材和砂浆的材料控制,以及砌体工程砌筑的质量控制做起。

一、块材的质量控制

(一)黏土砖

　　黏土砖质量控制的各项技术性能应符合 2018 年实施的《烧结普通砖》(GB/T5101—2017)的规定,即:

　　(1)强度。随机抽样(在成品堆垛中按机械抽样法)取有代表性的 10 块砖,做抗压试验;其平均强度 $\bar{f}$ 和标准值 f_k 要满足规范要求。$\bar{f}$ 取 10 块砖抗压强度的算术平均值;f_k 按下式算得,其强度保证率为 98.2%:

$$f_k = \bar{f} - 2.1s \qquad s = \sqrt{\frac{1}{(10-1)}\sum_{i=1}^{10}(f_i - \bar{f})^2}$$

式中:f_i——单块砖抗压强度测定值(MPa);

　　　s——10 块砖的抗压强度标准差(MPa)。

　　(2)外观检查。随机抽样 200 块砖,做外观检查,其结果应满足要求。

(3)泛霜试验。随机抽样 10 块砖,做泛霜试验,其结果应满足要求。

(4)石灰爆裂试验。随机抽样 5 块砖,做石灰爆裂试验,其结果应满足要求。

(5)抗冻试验。随机抽样 10 块砖,其中 5 块做吸水率和饱和系数试验,另 5 块做冻融试验,其结果应满足要求。

(二)混凝土小型空心砌块

混凝土小型空心砌块的各项技术性能应符合《混凝土小型空心砌块》(GB8239—1987)的规定,即:

(1)强度。随机抽样 5 个砌块,用砌块受压面的毛面积除以破坏荷载可以得到抗压强度;此抗压强度要满足要求。

(2)规格尺寸。要满足要求。

(3)干缩率。承重墙和外墙砌块要求干缩率小于 0.5 mm/m,非承重墙和内墙砌块要求干缩率小于 0.6 mm/m。

(4)抗冻性。经 15 次冻融循环后的强度损失≤15%,且外观无明显酥松、剥落和裂缝。

(5)自然碳化系数(1.15×人工碳化系数)≥0.85。

二、砂浆的质量控制

(一)材料选用控制(采用重量比)

(1)水泥宜使用普通或矿渣硅酸盐水泥,出厂日期不超过 3 个月;配料精确度±2%。

(2)砂以中砂为宜(勾缝可用细砂),砂中含泥量不应超过 5%(砂浆强度等级≥M5)、10%(砂浆强度等级<M5);配料精确度±5%。

(3)掺合料可用石灰膏、磨细生石灰粉、电石膏、粉煤灰等,石灰膏熟化时间不少于 7d;配料精确度±5%。

(4)水同混凝土工程中水的要求。

(5)材料配比应经试验室确定,不得套用。

(二)拌制

砂浆应采用机械拌制,搅拌自投料结束算起不得少于 1.5 min;若人工拌制,要拌合充分和均匀;若拌合过程中出现泌水现象,应在砌筑前再次搅拌;要求随拌随用,不得使用隔夜或已凝结砂浆;已拌制砂浆须在 3~4 h 内用完。

(三)强度要求

强度要求(分 M15、M10、M7.5、M5、M2.5、M1、M0.4 7 个等级)

用标准养护的试块的抗压强度确定。每一层楼或每 250 m³ 砌体中的各种强度的砂浆,每台搅拌机至少制作一组(每组 6 个试块,每个分项工程不少于两组)。

(1)同品种、同强度砂浆各组试块平均强度不小于该强度等级所示抗压强度值 $f_{m,k}$,任一组试块不小于 $0.75f_{m,k}$。如仅有一组试块时,不应低于 $f_{m,k}$。

(2)一个验收批内有若干分项工程时,每分项工程试块平均强度应达到 $f_{m,k}$,其中任一

最小值不小于 $0.75f_{m,k}$。

(四)和易性要求

沉入度应符合要求。分层度不应大于 20 mm(混合砂浆)、30 mm(水泥砂浆)。过大分层度的砂浆易离析,分层度≈0 时,砂浆易干缩。

三、砌筑时的质量控制

(一)砖墙墙体尺寸控制

(1)砌筑前应弹好墙的轴线、边线、门窗洞口位置线、校正标高,以便进行施工控制。并应在墙转角和某些交接处立好皮数杆(每 10~15 m 立一根)。

(2)墙体轴线位置、顶面标高、垂直度、表面平整度、灰缝平直度的允许偏差应符合规范。

(二)砖墙砌筑方法控制

(1)实心砖墙体宜采用一顺一丁、梅花丁或三顺一丁砌法。砖块排列遵守上下错缝、内外搭砌原则,错缝或搭砌长度不小于 60 mm;长度小于 25 mm 的错缝为通缝,连续 4 皮通缝为不合格。砖柱、砖墙均不得采用先砌四周后填心的包心砌法。

(2)宜采用一铲灰、一块砖、一揉挤的"三一砌筑法";水平灰缝的砂浆饱满度不低于 80%;竖缝宜采用挤浆或加浆法,使其砂浆饱满。若采用"铺浆法"砌筑,砂浆长度不宜超过 500 mm。水平灰缝厚度和竖向灰缝宽度应控制在 10 mm 左右,不宜小于 8 mm,不宜大于 12 mm。

(三)砖墙墙体砌筑时的构造控制

(1)墙体转角处严禁留直槎;墙体转角和交接处应同时砌筑,不能同时砌筑时应砌成斜槎,斜槎长度不应小于高度的 2/3[图 4-1(a)];如交接(非转角)处留斜槎有困难亦可留直槎,但必须砌成阳槎,并加设拉筋[图 4-1(b)];也可做成老虎槎[图 4-1(c)]。

(2)承重墙与隔断墙的连接,可在承重墙中引出阳槎,并在灰缝中预埋拉结钢筋,每层拉结钢筋不少于 2Φ6;承重墙与钢筋混凝土构造柱的连接应沿墙高每 500 mm 设置 2Φ6 拉结筋,每道伸入墙内不少于 1 m,墙体砌成大马牙槎,槎高 4 或 5 皮砖,先退后进,上下顺直,底部及槎侧残留砂浆清理干净,先砌墙后浇混凝土。

(a)斜槎
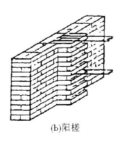
(b)阳槎
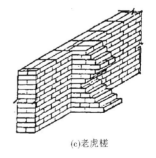
(c)老虎槎

图 4-1 墙体交接处留槎示意

（3）相邻施工段高差不得超过一层楼或 4 m，每天砌筑高度不宜超过 1.8 m，雨天施工不宜超过 1.2 m。

（4）施工段的分段位置宜设于变形缝处及门窗洞口处。

（5）为保证施工阶段砌体的稳定性，对尚未安装楼（屋）面板的墙柱，允许自由高度不得超过规范规定。

（四）混凝土小型砌块墙质量控制

（1）砌块宜采用"铺浆法"砌筑，铺灰长度 2～3 m，砂浆沉入度 50～70 mm。水平和竖向灰缝厚度 8～12 mm。应尽量采用主规格砌块砌筑，对孔错缝搭砌（搭接长度不小于 90 mm）。纵横墙交接处也应交错搭接。砌体临时间断处应留踏步槎，槎高不得超过一层楼高，槎长不应小于搓高的 2/3，每天砌体的砌筑高度不宜大于 1.8 m。

（2）有钢筋混凝土或混凝土柱芯时，柱芯钢筋应与基础或基础梁预埋筋搭接。上下楼层柱芯钢筋需搭接时的搭接长度不应小于 $35d$。柱芯混凝土随砌随灌随捣实。

（3）墙面应垂直平整，组砌方法正确，砌块表面方正完善，无损坏开裂现象。砌块墙体尺寸允许偏差符合要求。

第二节　砖（石）砌体工程

砌体工程的质量事故从现象上来看，有砌体裂缝、砌体错位变形、砌体倒塌等。引起砌体裂缝的主要原因：地基不均匀沉降、温差变形、砖砌体承载力不足。

在建筑工程中，砌体裂缝频率高，有的裂缝也难于避免。《砌体工程施工质量验收规范》（GB 50203—2011），对砌体开裂作了如下规定：

对有可能影响结构安全性的砌体裂缝，应由有资质的检测单位检测鉴定，需返修或加固处理的，待返修或加固满足使用要求后进行二次验收；

对不影响结构安全性的砌体裂缝，应予以验收，对明显影响使用功能和观感质量的裂缝，应进行处理。

从上述规定来看，完全避免砌体裂缝有一定的难度。

一、引起砖、石砌体裂缝的原因

（一）地基不均沉降

（1）地基沉降差大，造成砌体下部出现斜向裂缝。

（2）地基局部塌陷，使墙体出现水平或斜向裂缝。

（3）地基冻胀造成基础埋深不足。

（4）填土地基浸水产生不均匀沉降。

（5）地下水位较高的软土地基，因人工降低地下水位，引起附加沉降。

(二)温差收缩变形

(1)温差影响不同材质或同一材质不同部位线膨胀差异。

(2)北方寒冷地区,砌体胀缩受到地基约束。

(三)设计不当或设计构造处理不当

(1)设计安全度不足,受压砌体强度安全系数小于设计规范的规定。

(2)任意改变砌筑砂浆的品种和强度等级。

(3)任意改变建筑物的用途或构造,例如把横向承重的小开间改用为大开间,把非承重的纵墙当成承重墙,如在设计时,在节点构造处理时省去梁垫。

(4)建筑盲目加层,加大了承重墙的荷载。

(5)任意改变挡土墙后的填土料,或排水、泄水构造不良,致使挡土墙抗剪强度不足,引起砌体水平裂缝。

(6)变形缝设置位置不当或缝宽过小,应力致使墙体开裂。

(7)建筑结构整体刚性较差,混凝土圈梁不闭合交圈。

(8)不同结构混合使用或新旧建筑连接不当。前者如在钢筋混凝土梁上砌砖墙,因梁挠度引起开裂;后者新旧建筑的基础分离,新旧砖墙结合处产生裂缝。

(四)承载力不足

砌体承载力不足,主要原因是砌体的强度不够和砌体的稳定性差,存在这两个原因,就容易引起砌体裂缝。

1. 影响砌体抗压强不够的主要原因

(1)砖和砂浆的标号是确定砌体强度的两个主要因素。在施工中如降低了标号,势必降低砌体的强度。

(2)砖的形状和灰缝厚度不一,会影响砌体的强度。如果砖表面不平整或厚薄不均匀,就会造成砂浆层厚度不一,引起较大的附加弯曲应力,使砖破裂;砂浆和易性差、灰缝不饱满也会增加单砖内受到的弯曲和剪切应力增加,降低了砌体的强度,如据有关科研单位试验结果表明,当竖缝砂浆很不饱满或完全无砂浆时,砌体的抗剪强度会降低40%～50%。

2. 影响砌体稳定性的主要原因

(1)墙、柱的高厚比超过了规范允许的高度比,使其刚度变小,稳定性差。

(2)砌体受温差收缩变形影响,当收缩引起的应力超过砌体的抗拉强度时,容易在纵墙中部沿砌体高度方向产生上下贯通的竖向裂缝,降低砌体的稳定性。

(3)砖砌组合不当。砖通过一定的排列,依靠砂浆的黏结形成一个整体(砌体)。如砌体是在受压状态承受压力,为了使所有砖均能平均承受外力和自重,必须使将受到的压力沿45°线向下传递,使整个砌体由交错45°应力线联为整体。如果在砌筑砖砌块时,排序不合理,就会降低砌体抗压强度和稳定性,引起裂缝。

(4)在砌筑石料时,因料石自重大,表面又不规则,没有使石料的重心尽量放低,又忽视设置拉结石,或设置了拉结石没有相互错开,或每0.7 m²墙面拉结石少于1块,会造成砌体不稳定(见图4-2)。此外,造成砌体裂缝,还关系到使用方面的原因。

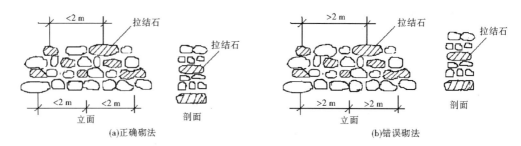

图 4-2　石砌体组砌示意图

二、分析砌体常见裂缝的产生原因

(一)温度变形造成的裂缝

(1)裂缝的位置。多出现在房屋顶部附近,以两端最为常见。

(2)裂缝的形态。常见的为斜裂缝,裂缝呈一头宽一头细或两头细中间宽,其次是水平裂缝,形态为中间宽两头细,呈断续状;再其次是竖向裂缝,缝宽不均匀。

(3)裂缝出现的时间。多数出现在冬夏两季以后。

(4)裂缝的变化。裂缝会随温度变化产生裂缝宽度和长度的变化,但不会无限制增宽和增长。

(二)地基不均匀沉降造成的裂缝

(1)裂缝的位置。多数出现在房屋下部;对等高的一字形房屋,裂缝一般出现在房屋两端;其他形状的房屋,裂缝多数出现在沉降最为剧烈处;一般裂缝都发生在纵墙体。

(2)裂缝的形态。常见为斜向裂缝,位于门窗洞口处较宽;贯穿房屋全高的裂缝呈上宽下细。地基局部塌陷呈水平裂缝,缝宽比较大。

(3)裂缝出现的时间。一般在房屋建成后不久出现,施工期间出现裂缝不多见。

(4)裂缝的变化。随地基的不均匀沉降裂缝增多增宽增长,地基变形稳定后,裂缝不再变化。

(三)砌体承载能力不足造成的裂缝

(1)裂缝的位置。多数出现在砌体应力较大部位。轴心受压柱裂缝常发生在柱下部 1/3 处,如梁或梁垫下的因局部承压强度不足出现裂缝。

(2)裂缝的形态。裂缝方向与应力一致,裂缝两头细中间宽,受拉裂缝与应力垂直,受弯裂缝在受拉区外边缘较宽,受剪裂缝与剪力作用方向一致。

(3)裂缝出现的时间。大多数裂缝发生在荷载突然增加时。

(4)裂缝的变化。随荷载和作用时间的增加,裂缝宽度增大。

案例 4.1

1. 事故工程

某 5 层砌体结构住宅,层高 3 m,基础顶面及第二和第四层设有钢筋混凝土圈梁。交工使用不到半年,北面纵墙与部分横墙连接处开裂,最后导致纵墙成为高 2 m,长 15 m 的独立墙。

2. 原因分析

(1)部分纵横墙连接处设置了烟道,致使墙的连接处刚性降低,烟道不断受热,产生温度变形,是造成事故的主要原因。

(2)部分内横墙未设圈梁,稳定性较差。

(3)二层以上为空斗墙体,先砌纵墙时,在与横墙连接处未按规定砌成实体,又是采用阴槎连接,又未设置拉结筋。

(4)砌体砂浆不饱满,通缝严重。

案例 4.2

1. 事故工程

某乡镇企业新建一车间,砌体结构,3 层,高度 12 m,建筑面积 1500 m²。第 1～2 层为生产用房,一层通开,多孔预制板架设在 10 m 跨度的钢筋混凝土梁上。当施工到第二层时,应业主要求增加了一层,并把原设计的硬山搁檩、挂瓦屋面改成现浇混凝工平顶屋面。竣工后不久,突然倒塌,造成重大倒塌事故。

2. 原因分析

(1)经试压检测,砖与砂浆的强度分别低于设计 MU10.0、M5.0 的 40%,大大降低了砌体的强度。水泥混合砂浆虽然用机械搅拌,搅拌时间少于 2 min。

(2)改变屋面结构,增加了屋面荷载。

(3)将 2 层改为 3 层,增加了底层砖壁柱竖向荷载。

(4)改变了砖墙壁柱的截面,使砌体受压面积减少(见图 4-3)。

(5)砌体砂浆不饱满,内外墙接槎处均有孔洞,组砌错误,砖柱采用包心砌法,内填碎砖块。

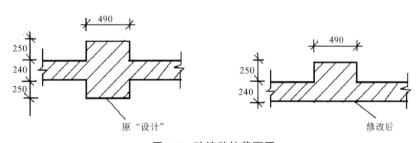

图 4-3 砖墙壁柱截面图

案例 4.3

1. 事故工程

某职业高中教学楼,建筑面积 4071 m²。东侧为 5 层框架结构,西侧为 4 层砌体结构(见图 4-4)。工程 4 月份开工,于当年 10 月主体封顶。次年 2 月 14 日下午 4 点,西侧 1～4 层全部倒塌。

2. 原因分析

(1)设计不合理,窗间墙宽度小于 1 m,通过计算,窗间墙承受上部荷载能力远远低于砌体结构设计规范要求。

(2)施工中采用单排脚手架,外墙留砖柱采用包心砌法,内填有洞眼。窗间墙留有的脚手架洞,减小面积占设计窗间断面 9.8%。

(3)砌筑砖块时,没有考虑砖的模数,窗间墙体改用了 1/4 砖,砌体通缝多。

(4)砌筑砂浆饱满度平均为 68.5%,砌筑砖经取样检测为 MU7.5,低于设计要求 MU10.0,砖墙偏离基础地梁,平均每根减少承压面积 67 cm²。

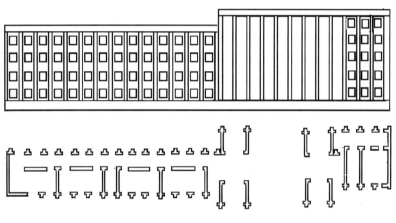

图 4-4 教学楼平、立面图

第三节 混凝土小型空心砌块砌体工程

墙体材料的用量占整个房屋建筑总重量的 50% 左右。长期以来,房屋建筑的墙体砌筑一直是沿袭使用黏土砖为主,破坏良田又耗用了大量能源。发展混凝土小型空心砌块建筑体系和轻墙体系是必然趋势。当前,新型墙体材料的生产与应用发展很快。新型墙体品种很多,如按用途来分,可分为外墙和内墙小砌块;按受力情况,又可分为承重和非承重两大类。

砌筑混凝土小型空心砌块的墙体,容易出现的质量缺陷是"热、裂、漏"。

一、热的原因分析

(1)混凝土砌块保温、隔热性能差,这是因混凝土本身传热系数高所致。

(2)砌块使用了单排孔的规格品种,使起保温隔热作用的空气层厚 130 mm,没有充分发挥空气特别具有的保温隔热作用,块型见图 4-5。

(3)单排孔通孔砌块墙体,上下砌块仅靠壁肋面黏结,上下通孔,产生空气对流,热辐射大。

(4)外墙内面没有粉刷保温砂浆。

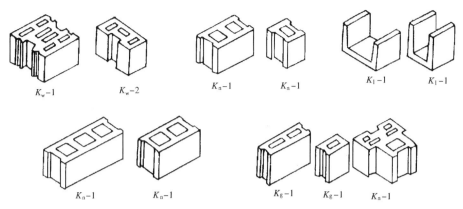

K_w-1　　K_w-2　　　K_n-1　　K_n-1　　　K_1-1　　K_1-1

K_n-1　　　　K_n-1　　　　　K_g-1　　K_g-1　　K_n-1

图 4-5　轻集料混凝土小砌块型

二、裂缝的原因分析

混凝土小型砌块墙体,产生的裂缝的部位及裂缝的原因,如沉降裂缝、温差裂缝、收缩裂缝,原因大致相同。

现根据砌块本身的特性及其他方面作一些分析。

(一)砌块本身变形特征引起墙体裂缝

轻集料混凝土小砌块受温度、湿度变化影响比黏土砖大,存在着潮湿膨胀、干燥收缩的变形特征。如养护龄期不足 28 d,还没有完成自身的收缩变形,砌筑墙体,因自身的制作产生的应力还没有消除,变形仍在继续,势必造成墙体开裂。

(1)砌块墙体对温度特别敏感,线膨胀系数为 1.0×10^{-5},是黏土砖的 2 倍,空心砌块壁薄,抗拉力较低,当胀缩拉应力大于砌体自身抗拉强度时,产生裂缝。

(2)砌块干燥稳定期一般要一年,第一个月仅能完成其收缩率的 $30\% \sim 40\%$,砌块墙体与框架梁、柱连接处也会因收缩率不一致,产生裂缝。

(二)构造不合理造成墙体裂缝

(1)砌块墙柱高厚比、砌块墙体伸缩缝、沉降缝的间距等超过了空心砌块规范规定的限值。

(2)砌体与框架、柱连接缝处没有采取防裂技术措施。

(3)没有针对砌体的抗剪、抗拉、抗弯的特性,提高砂浆的黏结强度。

(三)施工质量的影响

(1)使用了龄期不足、潮湿的砌块。

(2)砌块的搭接长度不够(小于 90 mm)或通缝。

(3)砌筑砂浆强度低,灰缝不饱满。

(4)预制门窗过梁直接安放在非承重砌块上,没设梁垫或钢筋混凝土构造柱,砌体局部受压,造成墙体裂缝。

(5)采用砌块和黏土砖混合砌筑。

三、漏水的原因分析

(1)砌块本身面积小,单排孔砌块的外壁为 30～35 mm,下上砌块结合面约为 47% 。

(2)水平灰缝不饱满,低于净面积 90%,留下渗漏通道。

(3)砌筑顶端竖缝铺灰方法不正确,先放砌块后灌浆,或竖缝灰浆不饱满且低于净面积 80%。

(4)外墙未做防水处理。

案例 4.4

1. 事故工程

某写字楼工程,8 层,框架结构,建筑面积 4100 m²。外墙围护全部采用混凝土空心小型砌块砌筑。交付使用后,出现"热、裂、漏"质量缺陷。

2. 原因分析

(1)外围护结构没有采用三排孔砌块,难以降低热辐射影响。

(2)使用了部分没有达到养护期的砌块,露天存放在施工现场,被雨淋。

(3)没有选用专用砂浆《混凝土小型空心砌块砌筑砂浆》(JC860—2017),砌筑砂浆低于砌块强度等级。

(4)没有采取反砌法,砌体砂浆硬化后,因墙面不平整,锤击或撬动砌块。

(5)有的部位漏设水平拉结筋,有的部位虽设置了拉结筋,墙体高 3.0 m,仅设了一道,达不到增强砌体抗拉强度。

(6)外贴饰面砖打底灰没有采用防水砂浆。

案例 4.5

1. 事故工程概况

1997 年 7 月 12 日浙江省常山县某职工住宅楼突然整体倒塌,造成 36 人死亡,3 人受伤,是建设部 1997 年向全国通报的一起一级重大事故。

该工程为 5 层半的砖混结构,建筑面积 2476 m²,工程造价 219 元/m²(不含水电)。结构情况是砖砌承重墙、基础墙,混凝土条形基础,预应力圆孔板楼面、屋面,底层为 2.15 m 高的自行车库,上部 5 层单元住宅,檐口标高 16.95 m。

该楼是在瞬间倒塌的。倒塌后已成一片废墟。经将基础全面开挖后发现,不少基础墙的砖和砂浆已呈粉末状,说明结构整体倒塌是从基础砖墙粉碎性压垮开始的。基础砖墙为轴心受压,故此事故是典型的因砖砌体轴心受压承载力不足造成的。

2. 原因分析

经现场周密调查,证实以下情况与房屋倒塌直接相关:

(1)现场全面开挖条基 200 m(占全长的 70%)取砖块试件 4 组,原位砖砌体试件 3 个;再从砖的生产厂家抽取 30 块砖样。得到以下数据和情况:

①现场砖实测抗压强度平均值为 5.85 MPa,只达设计要求 MU10 砖应有强度的 60%;实测砖的抗折强度平均值为 1.12 MPa,只达 MU10 砖应有强度的 50%。

②厂家砖样检测结果是尺寸偏差不合格,抗压强度十分离散(高的达 21.8 MPa,低的仅

5.1 MPa,标准差 5.2 MPa,因而无法评定强度等级)。

③原位砌体抗压强度平均值 0.59 MPa,只达设计对砌体抗压强度要求(MU10、M7.5)的 15.7%。

(2)基础墙砌体中的砂,应该用中砂或粗砂,实际使用的是特细砂;经抽样检测含泥量高达 31%(允许值为 5%)。施工中竟用石灰钙代替石灰膏拌和混合砂浆,导致砂浆无黏结力,现场判定所用砂浆强度等级在 M0.4 以下。

(3)基础墙在砌筑时用了很多半砖,形成大量通缝;且外墙转角处均留直槎。室外散水一直未做,未能对基础墙起保护作用。混凝土条形基础高度设计规定为 350 mm,实际只有 250 mm。

(4)1997 年 7 月 8—10 日常山县遭洪灾,城区 2/3 被淹。本楼所在地区汇水面积较大,楼房底层车库进水,基础墙长时间积水浸泡(因地基土层中有隔水层,地面水难以下渗)。而本楼基础墙外侧无散水,内侧既未回填土(设计要求回填土,但施工单位却擅自取消回填土改为架空地面),又无抹灰粉刷层,致使基础砌体直接受浸泡,导致强度大幅度降低。

(5)经对原设计文件检查、复核,承重砖砌体均能满足规范规定的承载力要求,但由于架空层部分的承重砖砌体开有洞口,使一些短墙肢成为薄弱部位。经验算实际承载力只达到轴向力设计值的 40%～54%。

①直接原因有两个:一是基础墙质量十分低劣,砖砌体的抗压强度极低,基础墙在轴心受压状态下失效;二是基础墙长期受积水浸泡,强度大幅度下降;同时因一侧无回填土支撑,对基础墙的稳定性和抗冲击能力也有影响。

②间接原因:造价压得过低,施工单位采用劣质材料。当地当年该地区同类建筑物的合理造价为 330～360 元/m²,本工程只有 219 元/m²,含水电为 255.2 元/m²。造成施工单位采用劣质材料。

显然,施工单位、建设单位的管理混乱,不按基建程序办事,现场技术人员和技工素质太差也是重要因素。

这是一起常见的砌体结构质量事故。砖砌体构件因承载力不足引起缺陷和倒塌的一般设计原因,依其严重程度为:

(1)作用效应忘乘安全系数或荷载系数。

(2)遗漏某些应考虑的荷载项目。

(3)取用错误的计算简图(支撑条件和计算跨度)。

(4)选用的材料强度指标与实际材料不符。

(5)计算结果有较大误差。

一般施工事故原因依其严重程度为:

(1)采用低劣的建筑材料和预制半成品。

(2)施工时自作主张变更设计,添增施加荷重、减小构件截面尺寸。

(3)砌筑质量低劣。

(4)砌筑后的构件截面尺寸、轴线、垂直度、表面平整度、灰缝厚度等有较大偏差。

另外,使用期间的环境因素影响(如长期浸泡),也值得注意。

案例 4.6

1. 事故工程概况

北京某校教学楼为 2 层砖混结构,370 mm 厚砖墙(MU7.5,M1),钢筋混凝土楼板,木屋架。屋架两端用螺栓固定在支承墙顶端的钢筋混凝土圈梁上,圈梁外每隔 1 m 有一个外伸 1.2 m 的挑檐梁。该楼建成后不久即发现在二层 1 m 宽的窗间墙内侧有通长水平裂缝,约 1 mm 宽。发现裂缝后随即凿开抹灰层,在裂缝后贴石膏,两个月后,石膏又开裂,说明裂缝还在发展。从裂缝的位置、宽度和发展趋势分析,属砖砌体偏心受压破坏的前兆,墙体处于危险状态,必须立即进行加固。

2. 原因分析:

(1)本房屋 2 层外纵墙支承着木屋架(跨度分别为 11.68 m 和 14.38 m),但支承处的构造做法两端均为不动铰支座而不是按规定做成一端不动铰、另一端滚轴支座。当木屋架受载后有挠度时,支承处会给外纵墙顶端一个水平推力。如果考虑木屋架会有徐变变形,外纵墙顶端的水平推力就会不断增值。这无疑将增加二层外纵墙的计算高度及其所承受的弯矩。这是屋盖结构布置中的一个缺陷。较正确的布置是:对这种跨度较大的空旷砌体结构,除两端有横墙连接外,宜在顶部增设一层钢筋混凝土屋面板,或增设联系外纵墙的横梁;不然就要在外纵墙上设壁柱按排架结构处理。至于屋架支承构造必须按一端不动铰、一端滚轴支座的构造做法解决。

(2)原设计外纵墙的高厚比应满足规范允许限值要求:

$$\frac{H_0}{d} = \frac{538}{37} = 14.5 \approx \mu_1\mu_2[\beta] = 14.7$$

如考虑外纵墙的屋架支承条件而使墙体的计算高度有所增加,设计高厚比就不足了。

(3)原设计未考虑混凝土挑檐外贴水刷石花饰面层重力对外纵墙产生的弯矩影响,认为它们都能由外纵墙顶部圈梁抗扭承受。实际上,这部分悬挑荷载应由外纵墙的抗弯和圈梁的抗扭共同承担。因而给予外纵墙的弯矩显然算少了。如果悬挑荷载全部传递给外纵墙,算得的窗间墙截面内力为:

$$M = 1.15 \text{ t} \cdot \text{m}, N = 11.30 \text{ t}, e_0 = \frac{M}{N} = 10.18 \text{ cm}, \frac{e_0}{d} = 0.28$$

截面承载力为($\alpha = 0.52, \beta = 14.5, \varphi = 0.61, A = 3550 \text{ cm}^2, R = 18 \text{ kg/cm}^2$):

$$N_P = \varphi\alpha AR = 0.61 \times 0.52 \times 3550 \times 18 = 20.27 \times 10^3 \text{ kg} = 20.27 \text{ t}$$

$$K = \frac{N_P}{N} = \frac{20.27}{11.30} = 1.79 < 2.3$$

说明外纵墙窗间墙的强度安全系数不满足设计要求。

加固措施如下:

(1)在外纵墙窗间墙内侧设置 4 Φ 16 受拉钢筋,以提高窗间墙的承载能力,并加强窗间墙抵抗水平推力的能力。

(2)在窗间墙间增加 2 Φ 22 水平拉杆,防止屋架下弦进一步拉伸,并承受由于下弦进一步拉伸对外墙产生的水平推力。

(3)木屋架下弦用夹板进行加固。此外,还取消挑檐梁的预制水刷石饰面板,减轻挑檐梁荷重。

应吸取的教训:

(1)砖砌体构件因抗压承载力不足的主要表现为:因轴心受压或较小偏心受压发生通长的竖向裂缝;因较大偏心受压发生沿水平砂浆缝的通长横向裂缝。它们都是脆性破坏甚至使房屋倒塌的前兆,十分危险,必须严加防止。

(2)本例外纵墙承受较大的偏心压力的重要原因:一是木屋架支承点的构造做法不妥,形成对外纵墙顶端的水平外推力;二是外挑檐对外纵墙产生较大的弯矩。这些问题应该在结构总体方案中加以考虑。所以可以认为,正确的结构布置是进行正确的结构计算的前提。

案例 4.7

1. **事故工程**

山东某新建包装车间为一栋单层单跨吊车墙厂房,与原有车间相接,见图 4-6。该新建车间跨度 12 m,檐高 5.8 m,北端为敞口,采用钢筋混凝土两铰拱屋架,屋架间距 4.5 m,槽形屋面板,上铺 100 mm 厚炉渣混凝土保温层、1:3 水泥砂浆找平层和 6 层做法卷材。屋架及屋架下墙体搁置在托墙梁 L_1 上,L_1 支承于纵墙外伸壁柱的肋部(肋部截面 240 mm×370 mm)上。车间内设有起重量 1 t 的吊车,行驶在纵墙壁柱翼缘顶部吊车垫梁上。托墙梁 L_1 与吊车垫梁之间留有 10 mm 间隙,用水泥沥青砂浆填缝,均见图 4-6 所示。

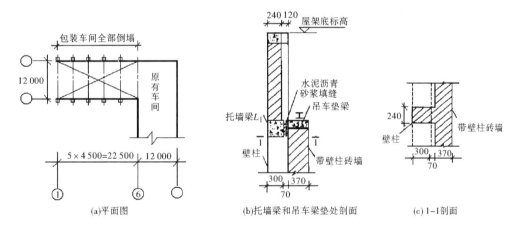

图 4-6　某包装车间平/剖面及倒塌部分示意

该车间在施工过程中,设计负责人已发现结构设计中的问题,并出了加固图纸,但未向建设单位提出停工加固,也未向施工单位交代保证加固工作的安全措施和施工方法。施工单位发现难以按加固图纸进行施工,就搁置了下来。约 20 d 后,正值雨天,并刮有 6~7 级东北风,其时正在做屋面炉渣保温层,室内正进行回填土,车间新建部分突然倒塌,造成重大事故。

2. **原因分析**

砖吊车墙厂房设计,一般做法是将托墙梁与吊车垫梁连在一起,以增加托墙梁下砖砌体的局部受压面积和局部受压强度。但本工程的设计人却将二者分开,中间填以水泥沥青砂浆,又未对托墙梁下砌体局部承压强度进行复核,这是设计错误。经对现有设计进行复核的主要数据如下:

托墙梁下砌体局部受压面积　　$A_c = 30 \times 24 = 720 \text{ cm}^2$

影响局部抗压强度的计算面积　　$A_0 = \left(30 + \dfrac{24}{2}\right) \times 24 = 1008 \text{ cm}^2$

局部抗压强度提高系数　　$\gamma = \sqrt{\dfrac{1008}{720}} = 1.18$

砌体局部抗压强度　　$\gamma R = 1.18 \times 27 = 32 \text{ kg/cm}^2$（采用 MU7.5、M5）

托墙梁底面承受的纵向力＝18.23 t（使用阶段设计荷载）

施工阶段实际荷载＝15.65 t

按托墙梁底面均匀受压估算 $K = \dfrac{A_c \gamma R}{N} = \dfrac{720 \times 32}{N} = 1.26(1.47)$，远小于 2.3，这是托墙梁下砌体局部受压强度严重不足的依据，也是导致房屋倒塌的主要原因。车间北端敞口，在风载作用下，使本已不安全的纵向墙体（包括壁柱）内又产生附加弯曲应力，这是促成车间倒塌的次要因素。

案例 4.8

1. 事故工程

广东连山县某小学教学楼为 2 层砖混结构，水泥砂浆毛石基础，180 mm 厚砖墙，现浇钢筋混凝土楼板及屋面板，外墙面水刷石、内墙面普通抹灰、木门窗。该工程于 1981 年 1 月开工，5 月 11 日浇筑完屋面混凝土，5 月 20 日转入底层室内抹灰，同时陆续将梁下模板拆除。21 日发现底层木门窗框变形。21 日晚大雨，墙体淋湿。22 日上午底层①轴线上的窗框变形加大，窗间墙向外鼓出。当时工人用锤将窗框找正，将凸出的墙打回，继续施工。22 日下午 4 时许，D 轴线上的窗框也出现大变形，①轴线窗间墙的室内窗台下 100 mm 处出现一条宽度约 20 mm 的水平裂缝，并见上部有砂土下落，当即有 3 名工人边喊边往外跑，跑出房门约 1 m 远，只见整幢房屋原地下卧，全部倒塌，塌后两层楼板叠压在一起，造成多人伤亡，经济损失重大。

2. 原因分析

根据倒塌现场破坏情况和倒塌前的预兆，对教学楼的结构进行复核，找出造成此次事故的最薄弱部位是底层①轴线的窗间墙。主要复核数据如下：

(1)高厚比验算（墙厚 180 mm，砂浆用 M0.4 砌筑，$H_0 = 4.0 \text{ m}$）。

得　　　　　　　　　　　$\mu_2 = 0.78, \mu_1 = 1, [\beta] = 16$

故　　　　$\beta = \dfrac{H_0}{d} = \dfrac{4000}{180} = 22.2 > 1 \times 0.78 \times 16 = 12.5 = [\beta]$

(2)窗间墙受压承载力验算（按墙底截面轴心受压考虑）。

$$N = 13.64 \text{ t}, A = 140 \times 18 = 2520 \text{ cm}^2, \beta = 22.2, \varphi = 0.32, R = 15 \text{ kg/cm}^2,$$

得　　$K = \dfrac{\varphi A R}{N} = \dfrac{0.32 \times 2520 \times 15}{13.64 \times 10^3} = 0.89 < 2.3(13.5 - A) = 2.53 = [K]$

(3)施工质量低劣，表现为无正规设计图纸，凭一张平面草图施工；无砖、水泥、钢材等原材料合格证，砂浆无配比试验，不留试块，混凝土 45d 龄期测得强度只有 81～85kg/cm²，砂浆两个多月不结硬，干时呈松散状，吸水后呈松软状。

本事故发生，设计错误是主要原因，施工低劣加速事故发生。设计问题中，从高厚比验算和承载力验算两方面看，都有造成房屋随时倒塌的可能；但从破坏前征兆看，主要原因是

①轴线墙体有着过大的高厚比所造成的失稳破坏。

案例4.9

1. 事故工程

北京某厂仓库,木屋架,密铺塑板。纵墙为 240 mm 厚砖墙,130 mm×240 mm 砖垛,山墙砖垛尺寸同前。墙体皆用 MU10、M2.5 砂浆砌筑。室内空旷无横墙,室内地坪至屋架下弦高4.50 m。该仓库建成后发现两端山墙中部外鼓20~25 mm,不符合墙面垂直度偏差限值规定。这个缺陷怀疑是由高厚比过大和承载力不足两种可能所造成。

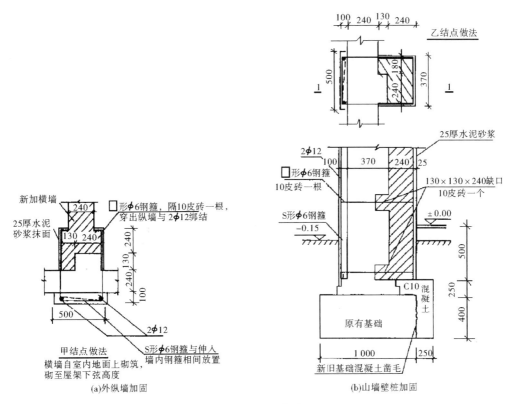

图 4-7　加固措施

2. 缺陷原因分析

经核算山墙及纵墙承载力均无问题,但高厚比均大于限值:

(1)山墙。可按刚性方案作静力计算。算得

$$折算墙厚\ d'=27.0\ cm,计算高度\ H_0=740\ m,$$

故墙体高厚比

$$\beta=\frac{H_0}{d'}=\frac{740}{27}=27.4>[\beta],[\beta]=22$$

(2)纵墙。由于山墙间距 59.4 m>48 m,故应按弹性方案作静力计算。算得

折算墙厚　　　　　　　　　　　$d'=28.4\ cm,$

计算高度　　　　　　$H_0=1.5H=1.5\times(450+50)=750\ cm,$

$$\mu_1=1.0,$$

$$\mu_2 = 1 - 0.4 \times \frac{1500}{3300} = 0.82, \quad [\beta] = 22,$$

$$\mu_1 \mu_2 [\beta] = 1.0 \times 0.82 \times 22 = 18.04,$$

故墙体高厚比
$$\beta = \frac{H_0}{d'} = \frac{750}{28} = 26.4 > 18.04$$

根据以上验算，证明缺陷多半是由于墙体高厚比过大引起，应对该仓库墙体进行加固。加固方案：对于山墙，增砌 240 mm×370 mm 砖柱，如图 4-7(b) 做法；对于纵墙，考虑到使用条件允许，在房屋中间加设两道横墙，使弹性方案变成刚性方案，$H_0 = 500$ cm，$\beta = \frac{H_0}{d'} = \frac{500}{28} = 17.6 < 18.04$，保证了纵墙墙体高厚比的条件，如图 4-7(a) 所示。

应吸取的教训：

案例中质量事故充分说明"高厚比"问题在砖构件设计中的重要性。

由于砖构件多为受压构件，它的高厚比涉及受压构件的稳定和侧向刚度问题。高厚比是保证砖砌体能够充分发挥其抗压强度，使砖受压构件能够充分发挥其承载力的前提，因而在设计计算中首先应该加以验算。

有些设计人员认为在砌体结构设计规范和各种砌体结构的教科书及专著中，都把高厚比列为"构造要求"，因而对它重视不足。在设计计算过程中，首先考虑的是砖构件的承载力。其次才验算砖构件的高厚比，甚至有时将高厚比验算这一重要步骤忘掉了。其实，在设计砖受压构件时，应该做到：首先验算高厚比，在高厚比满足规定要求的前提下，再对其截面承载力和构件承载力进行验算。

思考题

1. 造成砖砌体裂缝的主要原因有哪些？
2. 影响小型砌块砌体工程的质量和造成缺陷的主要原因是什么？
3. 如何进行砖墙墙体砌筑时的构造控制？
4. 砌体工程质量控制要点有哪些？
5. 举例说明从裂缝出现的位置、出现的时间、裂缝的形态、裂缝的发展、分析产生裂缝的原因。

第五章　钢筋混凝土工程

第一节　钢筋混凝土工程质量控制要点

　　确保钢筋混凝土结构质量,首先要从混凝土和钢筋的材料控制,以及钢筋混凝土工程施工的质量控制做起;进一步则要对形成钢筋混凝土质量缺陷和事故的各种因素和现象进行讨论和分析,才能提高对钢筋混凝土工程质量的认识。

一、混凝土工程的质量控制

(一)混凝土材料的质量控制

1. 水泥

可采用硅酸盐水泥、普通水泥、矿渣水泥、火山灰水泥、粉煤灰水泥等五种常用水泥(GBJ 175—2017)(GBJ 1344—1999)作为钢筋混凝土结构用的材料;其相对密度、密度、强度、细度、凝结时间、安定性与游离 CaO、MgO、SO_3 和含碱量 Na_2O、K_2O 等有关的品质必须符合国家标准。水泥进场时应对出厂合格证和出厂日期(离出厂日期不超过 3 个月)检查验收;水泥堆放地点、环境、贮存时间必须受到严格控制。不得将不同品种水泥掺杂使用,采用特种水泥时必须详细了解其使用范围和技术性能。

2. 砂、石

配制混凝土所用砂、石应符合颗粒级配、强度、坚固性(指在气候环境变化或其他物理因素作用下抵抗碎裂的能力)、针片状颗粒含量、含泥量、含有害物质(云母、轻物质、硫化物和硫酸盐、有机质等),要符合国家标准(JGJ52—2006、JGJ53—92)要求;有时还要进行碱活性检验。不得采用风化砂、特细砂、铁路道碴石以及用不同来源的砂、石掺杂混合作为骨料材料。

3. 水

采用符合《生活饮用水水源水质标准》(CJ3020—93)的饮用水。如采用其他水,如地表水、地下水、海水和经处理的工业废水时,必须符合《混凝土拌合用水标准》(JGJ63—89)的规定。不得将海水用于钢筋混凝土工程。

4. 外加剂

外加剂有改变混凝土流变性能的如减水剂,调节凝结硬化性能的如早强剂,改善耐久性能的如阻锈剂,改善混凝土特殊性能的如膨胀剂等。使用时必须根据混凝土的性能要求、施工及气候条件,结合混凝土原材料及配合比等因素经试验确定其品种及掺量,要符合《混凝土外加剂》(GB8076—2019)和《混凝土外加剂应用技术规范》(GB50119—2003)的要求。

5. 混合料

为降低水泥用量、改善混凝土和易性的目的而使用的混合料,有粉煤灰、火山灰、粒化高炉矿渣等。使用时要注意其应用范围、品质指标、最优掺量等要求,其材料应符合相应的标准,如《粉煤灰混凝土应用技术规范》(GBJ146—90)、《用于水泥中的火山灰质混合材料)(GB2847—96)等。

(二)混凝土配合比的控制

1. 配合比控制的原则

(1)为取得较高强度和较好和易性的混凝土,可以提高单位体积水泥用量。但过大的水泥用量不仅会增加造价、用水量和形成混凝土后的体积变化率,还容易引起碱-骨料反应,故混凝土的水泥用量应受限制。

(2)力求最少但符合和易性要求的用水量,因为用水量愈小,混凝土强度愈高;水泥用量愈少,体积变化率愈小。但施工时却会遇到搅拌不匀、振捣不实等困难,故要规定混凝土水灰比、最小水泥用量、适宜用水量和适宜坍落度。

(3)石子的最大粒径要受构件截面尺寸和钢筋最小间距等条件的限制。

(4)要选用使石子用量最多、砂石级配合适,使混凝土密度最大,与混凝土水灰比和石子最大粒径相适应的砂率(砂重与砂石总重的百分数)。

2. 配合比的控制

(1)混凝土水泥用量不宜大于 $500\sim550$ kg/m³,不宜小于 $250\sim300$ kg/m³(视所处环境而定)。

(2)最大水灰比不小于 0.6(视所处环境而定)。

(3)混凝土浇筑时的坍落度为 $30\sim50$ mm(一般构件)、$50\sim70$ mm(配筋密列构件)。

（4）砂率 30％～40％，视砂石类别、石子最大粒径、水灰比等条件而异：碎石时比卵石时稍大，粗砂时比中砂时稍大，石子最大粒径较大时稍小，水灰比较大时稍大。

（5）泵送混凝土的最小水泥用量为 300 kg/m³，坍落度为 80～180 mm，砂率为 40％～50％（且通过 0.315mm 筛孔的砂不小于 15％），石子最大粒径与输送管内径比宜小于 1∶2.5（卵）或 1∶3（碎），混凝土内宜掺适量外加剂。

（6）材料实用重量与配合比设计重量相比的允许偏差：水泥、混合料±2％；砂、石±3％；水、外加剂溶液±2％。

（三）混凝土的拌制、运输、浇筑、振捣和养护

1. 拌制

从混凝土原材料全部投入搅拌筒起，到开始卸出，所经历的时间称搅拌时间，是获得混合均匀、强度和工作性能都符合要求的混凝土所需最短搅拌时间。此时间随搅拌机类型容量、骨料品种粒径以及混凝土性能要求而异。对出料容积为 250～500 L 的自落式搅拌机，混凝土坍落度＞30 mm 时最短搅拌时间为 90 s。

2. 运输

混凝土应随拌随用。混凝土从搅拌机中卸出到浇筑完毕的延续时间，当气温≤25℃时为 120 min。混凝土运输过程中应保持均匀性，运至浇筑地点时应符合规定的坍落度（对一般梁、板为 30～50 mm）；如坍落度损失过多（允许偏差±20 mm），要在浇筑前进行二次搅拌。对泵送混凝土，要求混凝土泵连续工作，泵送料斗内充满混凝土，泵允许中断时间不长于 45 min。当混凝土从高处倾落时，自由倾落高度不应超过 2 m，竖向结构倾落高度不应超过 3 m；否则应使混凝土沿串筒、溜槽下落，并应使混凝土出口时的下落方向垂直于楼、地面。

3. 浇筑

浇筑前，对地基土层应夯实并清除杂物；在承受模板支架的土层上，应有足够支承面积的垫板；木模板应用水润湿，钢模板应涂隔离剂，模板中的缝隙孔洞都应堵严；竖向构件底部，应先填 50～100 mm 厚与混凝土内砂浆成分相同的水泥砂浆。浇筑层的厚度：若用插入式振捣器，为振捣器作用部分长度的 3.25 倍；若用表面振捣器，为 200 mm。浇筑应连续进行，如必须间歇时，应在前层混凝土凝结前将次层混凝土浇筑完毕。一般取混凝土的初凝时间为 45 min，终凝时间为 12 h。

4. 振捣

混凝土浇筑后应立即振捣。按结构特征选用插入式、附着式、平板式或振动台振捣。一般说，振捣时间愈长，力量愈大，混凝土愈密实，质量愈好；但流动性大的混凝土要防止因振捣时间过长产生泌水离析现象。振捣时间以水泥浆上浮使混凝土表面平整为止。混凝土初凝后不允许再振捣。

5. 留施工缝

混凝土浇筑间歇最长时间不得超过规定时间。如超过应留施工缝。

6. 养护

养护是混凝土浇筑振捣后对其水化硬化过程采取的保护和加速措施。一般采用草帘或麻袋覆盖（竖向结构有时可用岩棉外包塑料布），并经常浇水保持湿润的自然养护法。养护期视水泥品种和气温而定。硅酸盐水泥拌制成的混凝土应≥7 d。养护期最初三天内白天每隔 2 h 浇水 1 次,夜间至少两次;以后每昼夜至少浇水 4 次;干燥和阴雨天气适当增减。

(四)混凝土成型后的质量控制

1. 外观检查

混凝土构件拆模后,应从外观上检查其表面有无麻面、蜂窝、露筋、孔洞、裂缝等缺陷。

2. 构件尺寸允许偏差

现浇钢筋混凝土构件的允许偏差应符合有关规范。

3. 强度检验评定

详见《混凝土强度检验评定标准》(GBJ107—87),要点如下:

(1)取样。拌制 100 盘且不超过 100 m³ 的同配合比混凝土,取样不少于一组(3 个试件);每工作班拌制同配合比混凝土不足 100 盘时,取样不少于一组。

(2)确定强度代表值。每 3 个试件试验结果的算术平均值作为该组强度代表值;当 3 个试件中最大或最小强度值与中间值相比超过中间值的 15% 时,取中间值为该组强度代表值;当 3 个试件中最大和最小强度值都超过中间值的 15% 时,该组试件不作为强度评定依据。

(3)强度检验评定。对现场搅拌批量不大的混凝土,验收批混凝土的强度必须同时满足下列要求(非统计法评定):

$$mf_{cu} \geqslant 1.15 f_{cu,k}$$
$$f_{cu,min} \geqslant 0.95 f_{cu,k}$$

式中:mf_{cu}——同一验收批混凝土立方体强度平均值(以下均以 N/mm² 计);

　　　$f_{cu,k}$——设计的混凝土立方体强度标准值;

　　　$f_{cu,min}$——同一验收批混凝土立方体强度最小值。

对混凝土生产条件较稳定且批量较大时,参见(GBJ107—87)的统计法评定。

二、钢筋工程的质量控制

(一)钢筋材料的质量控制

1. 热轧钢筋

按强度分Ⅰ、Ⅱ、Ⅲ、Ⅳ 4 个等级,应检验其屈服点、抗拉强度和伸长率,并进行冷弯试验及化学成分检验。检验结果如有一项不符合标准要求,则从同一批中再任取双倍数量试件进行该不合格项目的复检。复检结果即使有一项不合格,则整批不得验收。

2. 热处理钢筋

按螺纹外形分为有纵肋和无纵肋两种,应检验项目按规定,必要时进行松弛试验。

3. 钢丝

有碳素钢丝、冷拉钢丝及刻痕钢丝,应检验其抗拉强度、屈服强度、伸长率和弯曲试验,必要时碳素钢丝和刻痕钢丝还应进行松弛试验。其力学性能检验结果的处理按规定,但仍可将逐盘检验合格者验收。

(二)钢筋的除锈、调直、成型、冷加工和焊接的质量控制

1. 除锈

钢筋因保管不善或存放过久产生铁锈时需要除锈。除锈时如发现钢筋锈斑鳞落现象严重,或除锈后发现钢筋表面有严重麻坑、斑点伤蚀截面时,应剔除不用或降级使用。

2. 调直

钢筋应平直,无局部曲折,且表面洁净。当冷拉调直时,冷拉Ⅰ级钢筋的冷拉率不宜大于 4%;Ⅱ、Ⅲ级钢筋不宜大于 1%。冷拔低碳钢丝调直后表面不得有伤痕。

3. 成型

钢筋的弯折、成型尺寸及允许偏差要求如图 5-1:

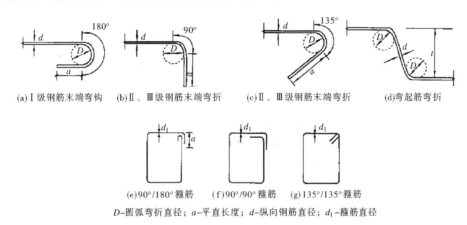

(a)Ⅰ级钢筋末端弯钩　(b)Ⅱ、Ⅲ级钢筋末端弯折　(c)Ⅱ、Ⅲ级钢筋末端弯折　(d)弯起筋弯折

(e)90°/180°箍筋　(f)90°/90°箍筋　(g)135°/135°箍筋

D—圆弧弯折直径;a—平直长度;d—纵向钢筋直径;d_1—箍筋直径

图 5-1　钢筋弯折成型示意

(1)Ⅰ级钢筋末端要作 180°弯钩,$D \geqslant 2.5d$,$a \geqslant 3d$。

(2)Ⅱ、Ⅲ级钢筋末端需作 90°或 135°弯折时,$D \geqslant 4d$(Ⅱ级),$D \geqslant 5d$(Ⅲ级),a 按设计要求定。

(3)弯起筋弯折处 $D \geqslant 5d$,t 按设计要求定。

(4)一般箍筋可按图 5-1(e)(f)弯折,弯折处 $D \geqslant 2.5d_1$,$a \geqslant 5d_1$。有抗震要求或抗扭构件的箍筋按图 5-1(g)弯折,对 D 的要求同上,$a \geqslant 10d_1$。

(5)钢筋弯折后在平面上无翘曲不平现象,成型尺寸(均指钢筋外至外尺寸)允许偏差:受力筋长 ±10 mm;弯起筋弯折位置 ±20 mm;弯起筋高度 t[图 5-1(d)]±5 mm;箍筋边长 ±5 mm。

(6)钢筋切断口不得有起弯、劈裂、缩头现象;钢筋弯折处不得有裂缝。

4. 冷加工

包括冷拉和冷拔。冷拉是在常温下以超过屈服点的拉应力拉伸钢筋,目的是提高其强度以节约钢材。冷拔是以强力拉拔的方法使 φ6~8 的钢筋通过拔丝模孔拔成比原直径细的钢丝,目的也是提高钢筋强度。它们的质量控制是:

(1)冷拉可采用控制应力和控制冷拉率两种方法。前者的冷拉力 N 按式(5-1)计算;后者冷拉率按式(5-2)计算。

$$N = 控制应力\ \sigma_{con} \times 钢筋冷拉前截面面积\ A_s \qquad (式\ 5\text{-}1)$$

$$\gamma = \frac{(钢筋冷拉伸长值\ \Delta L}{钢筋冷拉前长度\ L)} \times 100 \qquad (式\ 5\text{-}2)$$

(2)冷拉钢筋既要进行外观的质量检查,其表面不应有裂缝或局部缩颈现象;又要进行上述冷拉参数的机械性能试验,合格后方能验收。

(3)冷拔时为保证冷拔钢丝的强度和塑性相对比较稳定,必须控制总压缩率。一般情况下可选用 $\phi 8$ 拔成 $\phi 5$,选用 $\phi 6.5$ 拔成 $\phi 4$ 和 $\phi 3$。

(4)冷拔钢丝既要逐盘检查外观,钢丝表面不得有锈蚀、裂缝和机械损伤,冷拔丝直径偏差在允许范围内($\pm 0.06 \sim \pm 0.10$ mm),又要逐盘进行抗拉强度的检验。

(5)焊接。钢筋的焊接有点焊、对焊、电弧焊、电渣压力焊等,其质量控制主要有力学性能检验和外观检查两方面。

①点焊。热轧钢筋焊点应作抗剪试验,冷拔钢丝焊点除抗剪试验外应对较细钢丝作拉伸试验。外观上要对焊点处金属熔化均匀性、焊点压入深度、焊点脱落和漏焊、焊点处有无烧伤和裂纹等现象进行检查。

②对焊。对焊钢筋接头应作拉伸和弯曲试验。外观上要对轴线偏移、弯折角度、横向裂纹、有无烧伤等现象进行检查。

③电弧焊。电弧焊钢筋接头应作拉伸试验。外观上要对轴线偏移、弯折角度、焊缝厚宽长度和表面平整度、横向咬边深度、气孔和夹渣数量等进行检查。

④电渣压力焊。力学性能检验类似电弧焊,外观检查项目类似对焊。

(三)钢筋骨架在接头、锚固、钢筋位置和混凝土保护层方面的控制

1. 焊接接头

钢筋骨架宜优先采用焊接接头。下列情况不得采用非焊接接头:轴心受拉及小偏心受拉构件;直径 $> \phi 20$(Ⅰ),$\phi 25$(Ⅱ、Ⅲ)受力筋;冷拔低碳钢丝。

(1)要正确选用焊接接头。热轧钢筋可采用闪光对焊、电弧焊、电渣压力焊;钢筋骨架片和钢筋网宜采用点焊;冷拉钢筋的焊接,应在冷拉前进行。

(2)设置在同一构件内的焊接接头应相互错开;从任一焊接接头中心至长度为 $35d$ 且不小于 500mm 区段内,有接头的受力筋截面面积不宜 $> 50\%$ 受力筋总截面面积。

2. 绑扎接头

一般采用 $\phi 20 \sim 22$ 铁丝(后者用于 $\phi 12$ 以下的钢筋),在搭接处的中心和两端扎牢。

(1)绑扎接头搭接长度不应小于 1.2 倍最小纵向受拉筋的锚固长度 l_a,且不小于 300 mm(受拉筋);不应小于 $0.85 l_a$,且不小于 200 mm(受压筋)。

(2)各受力筋之间的绑扎接头位置应相互错开,从任一绑扎接头中心至 1.3 倍搭接长度的区段内,有接头的受力筋截面面积不得 $> 25\%$(拉区),$> 50\%$(压区)。

(3)绑扎接头搭接长度范围内的箍筋最大间距为 $5d$,且不大于 100 mm(拉区);最大间距为 $10d$,且不大于 200 mm(压区)。

3. 锚固

锚固长度是钢筋在充分利用截面以外埋入混凝土内的长度;如无此足够长度,受拉钢筋将从混凝土中拔出。纵向受拉钢筋的最小锚固长度 l_a 由《混凝土结构设计规范》(GBJ10—89)规定。

4. 钢筋位置

钢筋位置偏差直接影响钢筋混凝土构件的受力状态。除不符合设计要求的钢筋位置外,要注意施工中可能出现的下列偏差:

(1)预留构件的插筋错位;

(2)因骨架外型尺寸不准造成位置偏移;

(3)钢筋间距过密或过稀;

(4)骨架歪斜,绑扎不牢,焊点脱落或漏焊;

(5)混凝土保护层厚度过大或过小,甚至露筋。

5. 混凝土保护层

它是保证钢筋和混凝土黏结,保护钢筋在混凝土中不致生锈的重要措施。除应按(GBJ10—89)保证应有的厚度外,尚要防止在混凝土保护层范围内出现麻面、蜂窝、掉角等现象。

三、模板工程的质量控制

模板包括模型板和支架两部分。其基本要求有:

(1)保证构件各部分形状、尺寸和相互位置;

(2)有足以支承新浇混凝土的重力、侧压力和施工荷载的能力;

(3)装拆方便,便于混凝土和钢筋工程施工;

(4)接缝不得漏浆。

为此,其基本质量控制要点为:

(1)必须有足够的强度、刚度和稳定性;其支架的支承部分应有足够的支承面积;基土必须坚实并有排水措施;对湿陷性黄土,必须有防水措施。

(2)必须保证结构和构件各部分形状、尺寸和相互位置准确。

(3)现浇钢筋混凝土梁跨度≥4 m时,模板应起拱,起拱高度宜为全跨长度的1/1000～3/1000。

(4)现浇多层房屋和构筑物,应采用分段分层支模的方法,上下层支柱要在同一竖向中心线上。当层间高度大于5 m时,宜选用多层支架支模的方法,这时支架的模垫板应平整、支柱应垂直、上下层支柱在同一竖向中心线上。

(5)拼装后模板间接缝宽度不大于2.5 mm;固定在模板上的预埋件和预留孔洞不得遗漏,位置要准确,安装要牢固。

(6)为便于拆模、防止黏浆,应对拼装后的模板涂以隔离剂(隔离剂必须不污染构件表面并对混凝土和钢筋无损害)。拆模时模板上粘浆和漏涂隔离剂累计面积:对每件墙、板、基础不大于200 cm^2;对每件梁、柱不大于800 cm^2。拆模前必须检查混凝土是否达到应有强度;当混凝土达到拆模强度后,应先拆侧模并检查有无混凝土结构性能的缺陷,在确认无此类缺陷后,方可拆模。

第二节　模板工程

模板的制作与安装质量,对于保证混凝土、钢筋混凝土结构与构件的外观平整和几何尺寸的准确,以及结构的强度和刚度等将起到重要的作用。由于模板尺寸错误、支模方法不妥引起的工程质量事故时有发生,应引起高度的重视。

《混凝土结构工程施工质量验收规范》(GB 50204—2018)中规定:模板及其支架应根据工程结构形式、荷载大小、地基土类别、施工设备和材料供应等条件进行设计。模板及其支架应具有足够的承载能力、刚度和稳定性,能可靠地承受浇筑混凝土的重量、侧压力以及施工荷载。模板及其支架的拆除顺序及安全措施应按施工技术方案执行。

规范对模板的安装提出的要求:

(1)模板的接缝不应漏浆,在浇筑混凝土前,木模板应浇水湿润,但模板内不应有积水。

(2)模板与混凝土的接触面应清理干净并涂刷隔离剂,但不得采用影响结构性能或妨碍装饰工程施工的隔离剂。

(3)浇筑混凝土前,模板内的杂物应清理干净。

(4)对清水混凝土工程及装饰混凝土工程,应使用能达到设计效果的模板。

从规范的要求来看,如果模板不能按设计要求成型,不能有足够的强度、刚度和稳定性,不能保证接缝严密,就会影响混凝土的质量、构件的尺寸和形状、结构的安全,产生严重的质量事故。

下面就一些钢筋混凝土基本构件的模板施工中容易出现的缺陷进行分析:

1. 带形基础模板

在带形基础模板施工中,沿基础通长方向,模板上口不直,宽度不准;下口陷入混凝土内;侧面混凝土麻面、露石子;拆模时上段混凝土缺损;底部上模不牢。如图5-2所示。

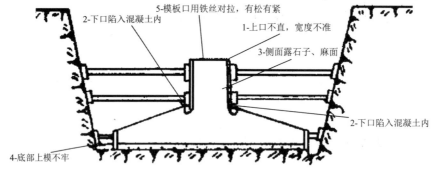

图 5-2　某百货商场平面示意图

其主要原因:

(1)模板安装时挂线垂直度有偏差,模板上口不在同一直线上。

(2)钢模板上口未用圆钢穿入洞口扣住,仅用铁丝对拉,有松有紧,或木模板上口未钉木带,浇筑混凝土时,其侧压力使模板下端向外推移,以致模板上口受到向内推移的力而内倾,使上口宽度大小不一。

(3)模板未撑牢,在自重作用下模板下垂。浇筑混凝土时,部分混凝土由模板下口翻上来,未在初凝时铲平,造成侧模下部陷入混凝土内。

(4)模板平整度偏差过大,残渣未清除干净;拼缝缝隙过大,侧模支撑不牢。

(5)木模板临时支撑直接撑在土坑边,以致接触处土体松动掉落。

2. 杯形基础模板

在杯形基础模板施工中,常常会造成杯基中心线不准;杯口模板位移;混凝土浇筑时芯模浮起;拆模时芯模起不出。如图 5-3 所示。其主要原因:

(1)杯基中心线弹线未兜方。

(2)杯基上段模板支撑方法不当,浇筑混凝土时,杯芯木模板由于不透气,比重较轻,向上浮起。

(3)模板四周的混凝土振捣不均衡,造成模板偏移。

(4)操作脚手板搁置在杯口模板上,造成模板下沉。

(5)杯芯模板拆除过迟,黏结太牢。

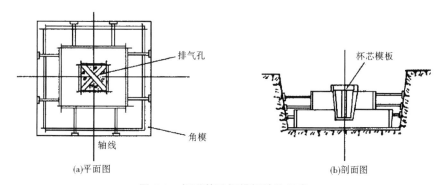

图 5-3　杯形基础钢模板缺陷示意

3. 梁模板

梁身不平直;梁底不平,下挠;梁侧模炸模(模板崩坍);拆模后发现梁身侧面有水平裂缝、掉角、表面毛糙;局部模板嵌入柱梁间,拆除困难,如图 5-4 所示。

其主要原因:

(1)模板支设未校直撑牢。

(2)模板没有支撑在坚硬的地面上。混凝土浇筑过程中,由于荷载增加,泥土地面受潮降低了承载力,支撑随地面下沉变形。

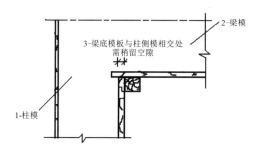

图 5-4　梁模板缺陷示意图

(3)梁底模未起拱。

(4)操作脚手板搁置在模板上,造成模板下沉。

(5)侧模拆模过迟。

(6)木模板采用黄花松或易变形的木材制作,混凝土浇筑后变形较大,易使混凝土产生裂缝、掉角和表面毛糙。

(7)木模在混凝土浇筑后吸水膨胀,事先未留有空隙。

4. 深梁模板

梁下口炸模,上口偏歪;梁中部下挠。其主要原因:

(1)下口围檩未夹紧或木模板夹木未钉牢,在混凝土侧压力作用下,侧模下口向外歪移。

(2)梁过深,侧模刚度差,又未设对拉螺栓。

(3)支撑按一般经验配料,梁自重和施工荷载未经核算,致使超过支撑能力,造成梁底模板及支撑不够牢固而下挠。

(4)斜撑角度过大(大于60°),支撑不牢造成局部偏歪。

(5)操作脚上板搁置在模板上,造成模板下沉。

5. 柱模板

炸模,造成断面尺寸鼓出、漏浆、混凝土不密实或蜂窝麻面。偏斜,一排柱子不在同一轴线上。柱身扭曲如图5-5所示。其主要原因:

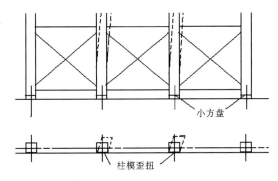

图5-5 柱模板缺陷

(1)柱箍间距太大或不牢,或木模钉子被混凝土侧压力拔出。

(2)板缝不严密。

(3)成排柱子支模不跟线,不找方,钢筋偏移未扳正就套柱模。

(4)柱模未保护好,支模前已歪扭,未整修好就使用。

(5)模板两侧松紧不一。

(6)模板上有混凝土残渣,未很好清理,或拆模时间过早。

6. 板模板

在板模板施工中,处理不当可能会出现:板中部下挠;板底混凝土面不平;采用木模板时的梁边模板嵌入梁内不易拆除。其主要原因:

(1)板搁栅用料较小,造成挠度过大。

(2)板下支撑底部不牢,混凝土浇筑过程中荷载不断增加,支撑下沉,板模下挠。

(3)板底模板不平,混凝土接触面平整度超过允许偏差。

(4)将板模板铺钉在梁侧模上面,甚至略伸入梁模内,浇筑混凝土后,板模板吸水膨胀,梁模也略有外胀,造成边缘一块模板嵌牢在混凝土内,如图5-6所示。

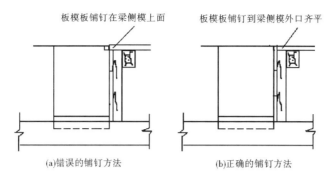

图 5-6 板模板缺陷示意

7. 墙模板

在墙模板施工中,常见的缺陷主要有:

(1)炸模、倾斜变形。

(2)墙体厚薄不一,墙面高低不平。

(3)墙根跑浆、露筋,模板底部被混凝土及砂浆裹住,拆模困难。

(4)墙角模板拆不出。

其主要原因:

(1)钢模板事先未做排板设计,相邻模板未设置围檩或间距过大,对拉螺栓选用过小或未拧紧。墙根未设导墙,模板根部不平,缝隙过大。

(2)木模板制作不平整,厚度不一,相邻两块墙模板拼接不严、不平,支撑不牢,没有采用对拉螺栓来承受混凝土对模板的侧压力,以致混凝土浇筑时炸模(或因选用的对拉螺栓直径太小,不能承受混凝土侧压力而被拉断)。

(3)模板间支撑方法不当,如图 5-7 所示。如只有水平支撑,当①墙振捣混凝土时,墙模受混凝土侧压力作用向两侧挤出,①墙外侧有斜支撑顶住,模板不易外倾;而①与②墙间只有水平支撑,侧压力使①墙模板鼓凸,水平支撑推向②墙模板,使模板内凹,墙体失去平直;当②墙浇筑混凝土时,其侧压力推向③墙,使③墙位置偏移更大。

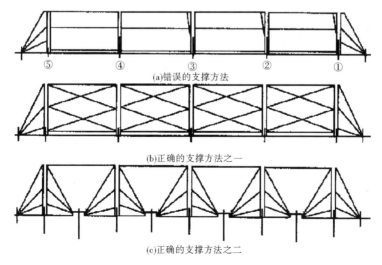

图 5-7 墙模板缺陷示意

(4)混凝土浇筑分层过厚,振捣不密实,模板受侧压力过大,支撑变形。

(5)角模与墙模板拼接不严,水泥浆漏出,包裹模板下口。拆模时间太迟,模板与混凝土粘结力过大。

(6)未涂刷隔离剂,或涂刷后被雨水冲走。

8. 楼梯模板

楼梯模板施工常见缺陷有楼梯侧帮露浆,麻面,底部不平。其主要原因:

(1)楼梯底模采用钢模板,遇有不能满足模数配齐时,以木模板相拼,楼梯侧帮模也用木模板制作、易形成拼缝不严密,造成跑浆。

(2)底板平整度偏差过大,支撑不牢靠。

案例 5.1

1. 工程事故概况

某陶瓷厂车间,现浇钢筋混凝土柱、梁、板的框架结构,钢筋混凝土独立柱基础,砖砌填充墙,共2层,底层高为8 m,二层高为12 m。当工程施工到20 m标高的屋面工程时,屋面模板安装完毕后,施工单位亦要求监理人员到现场验收,监理人员与现场质量检查员到现场验收后,当即指出模板支撑要用苗竹或角板连接固定到钢筋混凝土柱上,但事后没有复查。两天后,施工单位进行屋面混凝土的浇捣施工,2 h后,浇筑了大约80 m³混凝土,突然发生倒塌。

2. 原因分析

事故发生后,经现场勘查,发生事故倒塌的直接原因是由于20 m标高屋面模板支撑达不到技术规程的要求,造成支撑失稳而倒塌。

(1)支架立柱截面偏小,有部分尾径只有5 cm。

(2)支撑以及支撑与柱的剪刀撑不够。

(3)支撑与支撑对接不当,没有对正中心,而且对接太多。

(4)首层顶撑底部木垫块面积大小不一,厚度仅有1.6cm,并放置在回填土上。

(5)模板太薄,一般要求1.8~2.0 cm厚,而实际厚度仅为1.6 cm。

案例 5.2

1. 工程事故概况

某纺织商厦坐落在市区中心,建筑面积8400 m²,7层(地下室两层)钢筋混凝土框架结构。在主体结构施工到第二层时,柱混凝土施工完后,为使楼梯能跟上主体施工进度,施工单位在地下室楼梯未施工的情况下,直接支模施工一层楼梯混凝土。支模方法是:在±0.00处的地下室楼梯间侧壁混凝土墙板上放置四块YKB4.48-2预应力空心楼板,在楼板上面进行一层楼梯支模。另外在地下室楼梯间(长7.2 m,宽4.05 m,深7.6 m)采用分层支模的方法对上述四块预制楼板进行支撑。其中-7.6~-5.6 m为下层,-5.6~±0.00 m为上层,上层的支撑柱直接顶在预制楼板下面。如图5-8、图5-9所示。

在浇筑一层楼梯混凝土即将完工时,楼梯整体突然坍塌。

2. 原因分析

直接原因:

(1)模板支撑系统不牢,受荷后变形过大、失稳。

①支模使用的立柱大都为未去皮的圆杨木,直径细且不直。水平、剪刀支撑用的是杨木

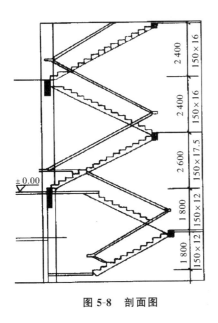

图 5-8　剖面图

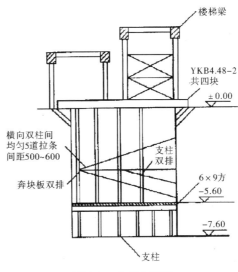

图 5-9　支模交底图

板皮,不能满足施工的技术要求。

②支模方法错误。在－5.6～±0.00 m 模板立柱用圆杨木相接,且有少数立柱有两个接头用圆木和方木相接,接面不平,不同心,接头不牢。水平、剪刀支撑数量不够、位置不对,且多设在－5.6～－3.5 m 范围内。而多数接头所在的－3.5～±0.00 m 范围内很少有支撑。顶在±0.00 m 处的 YKB4.48-2 空心楼板下的支撑柱无横木,受力不合理,这样在较大荷载作用下,支撑系统变形过大失去稳定性,使支承在±0.00 m 处作为传力的 YKB4.48-2 空心楼板所承受的集中荷载超过板的允许承载能力而断裂。

(2)施工顺序不当。在支撑楼梯的框架梁柱(标高 2.60 m 处)没有浇筑混凝土,又没有采取相应的有效措施即开始浇筑楼梯的混凝土,致使浇筑的楼梯与支承楼梯的框架结构没有形成稳定的结构体系。

间接原因:

(1)施工方案不详,安全技术交底不清。该部位施工属非常规施工,但没有制订详细的(应包括具体材料要求、尺寸要求和做法等具体内容)施工方案及书面安全技术交底,使支模工程无章可循。

(2)检查验收不认真。模板支完后,工地管理人员和技术人员没有进行认真检查,事故隐患未及时发现。

(3)施工材料及安全设施的资金投入不足,以致于该模板工程施工时,没有能满足技术、安全要求的用料。

第三节　钢筋工程

钢筋是钢筋混凝土结构或构件中的主要组成部分,所使用的钢筋是否符合材料标准,配筋量是否符合设计规定,钢筋的位置是否准确等,都直接影响着建筑物的安全。国内外的许多重大工程质量事故的重要原因之一,就是钢筋工程质量低劣。

钢筋工程常见的质量事故主要有:钢筋材质达不到质量标准或设计要求;钢筋配筋量不足;钢筋错位偏差严重;因钢筋加工、运输、安装不当等造成的钢筋裂纹、脆断等。

一、钢筋材质不良

钢筋材质不良的主要表现有:钢筋屈服点和极限强度达不到国家标准的规定;钢筋裂纹、脆断;钢筋焊接性能不良;钢筋拉伸试验的伸长率达不到国家标准的规定;钢筋冷弯试验不合格;钢筋的化学成份不符合国家标准的规定。

其中最主要原因就是劣质钢筋使用到建筑工程中。《混凝土结构工程施工质量验收规范》GB 50204—2002(2018 版)严格规定:

(1)钢筋进场时,应按现行国家标准《钢筋混凝土用热轧带肋钢筋》(GB 1499—19)、《钢筋混凝土用热轧光圆钢筋》(GB 13013—19)和《钢筋混凝土用余热处理钢筋》(GB 13014—2013)的规定抽取试件作力学性能检验,其质量必须符合有关标准的规定。

(2)对有抗震设防要求的框架结构,其纵向受力钢筋的强度应满足设计要求;当设计无具体要求时,对一、二级抗震等级,检验所得的强度实测值应符合下列规定:钢筋的抗拉强度实测值与屈服强度实测值的比值不应小于 1.25;钢筋的屈服强度实测值与强度标准值的比值不应大于 1.3。

(3)当发现钢筋脆断、焊接性能不良或力学性能显著不正常等现象时,应对该批钢筋进行化学成分检验或其他专项检查。

在《混凝土结构设计规范》(GB 50010—2010)中对钢筋材料的选用也作了具体的规定:

(1)普通钢筋宜采用 HRB 400 和 HRB 335 级钢筋,也可采用 HPB 235 级和 RRB 400 级钢筋。其中 HRB 400 级钢筋即通常所讲的新 III 级钢筋,与旧 III 级钢筋相比,解决了 III 级钢筋的可焊性问题,HRB 400 级钢筋焊接性能良好,凡能焊接 HRB 335 级钢筋的熟练焊工均能进行这种钢筋的焊接;按照《钢筋混凝土用热轧带肋钢筋》(GB 1499—91)的规定:HRB 400 级钢筋的屈服强度为 400 N/mm²,抗拉强度是 570 N/mm²,伸长率 δ_5 为 14%,冷弯 90°弯心直径 D 为 3d;外形为月牙肋。

(2)预应力钢筋宜采用预应力钢绞线、钢丝,也可采用热处理钢筋。

案例 5.3

1. 工程事故概况

某信用社综合楼建筑面积 2400 m²,是一栋 7 层 L 形平面建筑,为框架结构。底层为营业厅,二层以上为住宅。底层层高 4.5 m,二层以上层高为 3.0 m,总建筑高度为 22.5 m。基础为钢筋混凝土灌注桩基,上部为现浇钢筋混凝土梁、板、柱的框架结构,砖砌填充墙。见图 5-10。

当施工到主体装修阶段时,施工人员在上午 7 点发现底层③轴与 B 轴交叉的柱于设计标高 0.2～0.5 m 柱段出现裂缝。施工人员和设计人员虽然采取了临时加固措施,但到下午 3 点左右发现该柱钢筋已外露,并向柱边弯曲,整栋楼房二次连续倒塌。

2. 原因分析

该工程倒塌的除了混凝土强度偏低,其中最主要的原因在于钢筋工程的施工上。

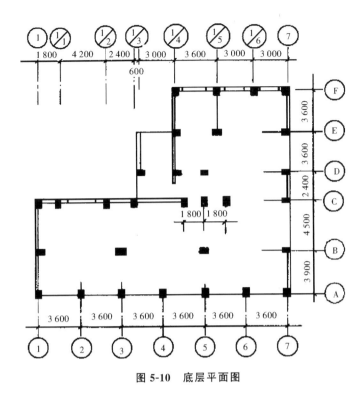

图 5-10　底层平面图

（1）所使用的钢筋品种混乱，其中有竹节钢、螺纹钢、圆钢在同一梁柱截面中使用。

（2）工程所使用的钢筋既无出厂合格证，又没有送有关部门检验，且大多为改制钢（为小轧钢厂生产）。

（3）钢筋机械性能的检测。在倒塌现场直接取样，绝大部分钢筋钢印直径与实际直径不符，直径偏小，相差较大。故在八组 HRB 335 级钢筋试件中，只有三组试件合格，五组试件不合格。在三组 HPB 235 级钢筋试件中，只有一组试件合格，二组试件不合格。取样试件中，综合评价只有 36％合格，使用钢筋大部分为不合格。

（4）乱代用钢筋。③轴与 B 轴交叉柱（三跨，$B=0.35 \mathrm{m}$，$H=0.6 \mathrm{m}$）混凝土为 C20，采用 HPB 235 钢筋，计算配筋 $A_s=2958 \mathrm{mm}^2$，结构图配 4 Φ 25，施工时更改为 4 Φ 22，折合为 HPB 235 钢筋 $A_s=2244 \mathrm{mm}^2 < 2958 \mathrm{mm}^2$，比计算少配筋 24.1％。③轴框架柱（一跨，$B=0.6 \mathrm{m}$，$H=0.35 \mathrm{m}$），计算配筋 $A_s=3270 \mathrm{mm}^2$，结构图上配 2 Φ 25＋1 Φ 20，施工时更改为 2 Φ 22＋1 Φ 18，折合为 HPB 235 钢筋 $A_s=1497 \mathrm{mm}^2 < 3270 \mathrm{mm}^2$，比计算少配筋 54.9％。

二、配筋不足

为了承受各种荷载，混凝土结构或构件中必须配置足够量的受力钢筋和构造钢筋。施工中，常因各种原因造成配筋品种、规格、数量以及配置方法等不符合设计或规范的规定，从而给工程的结构安全和正常使用留下隐患。常见的配筋不足事故主要是受力钢筋配筋不足和构造钢筋配筋不足。

造成配筋不足的原因主要是设计和施工两方面的原因。

(一)设计方面

(1)设计计算错误。例如,荷载取值不当,没有考虑最不利的荷载组合、计算简图选择不正确,内力计算错误以及配筋量计算错误等。

(2)构造配筋不符合要求。例如,违反钢筋混凝土结构设计规范有关构造配筋的规定,造成必要的构造钢筋没有或数量不足。

(3)其他诸如设计中主筋过早切断,钢筋连接或锚固不符合要求等。

(二)施工方面

(1)配料错误。例如常见的看错图纸、配料计算错误、配料单制定错误等。

(2)钢筋安装错误。不按施工图纸安装钢筋造成漏筋、少筋。

(3)偷工减料。施工中少配、少安钢筋,或用劣质钢筋。

钢筋混凝土构件或结构配筋不足会造成混凝土开裂严重、混凝土压碎、结构或构件垮塌、构件或结构刚度下降等质量事故。

案例 5.4

1. 工程事故概况

某金工车间屋面大梁为 12 m 跨度的 T 形薄腹梁,车间建成后使用不久,发生大梁支承端头突然断裂,造成厂房局部倒塌。倒塌物包括屋面大梁,大型屋面板等构件。

2. 原因分析

事故发生后,通过对事故的检查分析,发现大梁支承端部钢筋的锚固长度不够,按照《混凝土结构设计规范》(GB 50010—2010),受拉钢筋的锚固长度,对普通钢筋按 $l_a = \alpha \dfrac{f_y}{f_t} d$ 计算。设计要求至少 15 cm,实际上不足 5 cm。

案例 5.5

1. 工程事故概况

某电子有限公司食堂宿舍楼建筑面积 6600 m²,4 层。上部为现浇钢筋混凝土框架结构,砖砌空斗填充墙,下部采用天然地基,钢筋混凝土独立柱基础坐落在南北不同的天然地基上,无基础梁相互联系。进深三跨布置,长度为 10 开间,每个开间为 6m。柱网平面布置如图 5-11 所示,南北南边跨柱网为 6 m×9.5 m,中间柱网为 6 m×8.5 m,总长度为 65 m,宽度为 27.5 m,底层是大空间的食堂,层高 4.5 m,2~4 层为员工宿舍,层高为 4 m,总高度为 16.5 m。

该工程竣工后一年多,某一天突然倒塌,4 层框架一塌到底,造成 32 人死亡,78 人受伤。据了解在倒塌前就已发现该楼有明显的倾斜(向南倾斜),墙体、梁、柱多处发现裂缝,特别是通向附属房的过道连梁有明显的拉裂现象,但一直没有引起重视。

2. 原因分析

(1)设计计算严重错误,该房屋的倒塌除了地基超载受力是造成房屋倒塌的主要因素之外,该房屋的上部结构计算和配筋严重不足是造成倒塌的另一重要原因。

通过对倒塌后现场的柱、梁配筋实测和通过模拟计算的结果如表 5-1、表 5-2 所示。

从模拟计算结果来看,柱、框架梁等主要受力构件的设计均不符合设计规范的要求,特别是底层柱的配筋,中柱纵横向(A_y、A_x)实际配筋分别只达到需要配筋的 21.9% 和

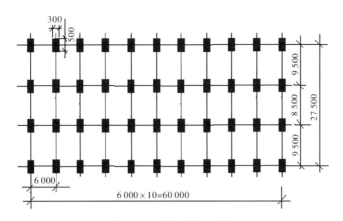

图 5-11　柱网平面布置

13.1%；边柱纵横向（A_y、A_x）实际配筋分别只达到需要配筋的 32.3% 和 20.4%，是属于严重不安全的上部结构。

从倒塌现场实测情况来看，其结构构件尺寸、构造措施、锚固和支承长度均不符合有关规范要求。

表 5-1　各层柱配筋结果表

部位	项目	需要配筋/cm²		实际配筋/cm²		实际与需要之比%	
		A_y（纵向）	A_x（横向）	A_y（纵向）	A_x（横向）	A_y（纵向）	A_x（横向）
南北向边柱	底层	22	25	7.1	5.09	32.3	20.4
	二层	18	10	7.1	5.09	39.4	50.9
	三层	10	4	7.1	5.09	71	满足
	四层	18	5	7.1	5.09	39.4	满足
中柱	底层	43	48	9.42	6.28	21.9	13.1
	二层	28	32	9.42	6.28	33.6	19.6
	三层	14	16	9.42	6.28	67.3	39.3
	四层	3	3	9.42	6.28	满足	满足

表 5-2　梁配筋结果表

部位	项目 实际配筋/cm²	需要配筋/cm²				实际与需要之比%			
		一层	二层	三层	四层	一层	二层	三层	四层
边跨跨中	15.3（6Φ8）	21	20	19	31	72.9	76.5	80.5	49.4
边支座	40.2（2Φ16）	12	13	14	9	33.5	31	20.8	44.7
中间支座	14.73（3Φ25）	27	26	25	25	54.5	556	58.9	58.9
中间跨中	15.3（6Φ18）	18	19	20	9	85	80.5	76.5	满足

（2）施工中偷工减料，工程质量失控。从倒塌现场实测情况来看，结构上所用的钢筋大量为改制材，现场截取了Φ6、Φ10、Φ12、Φ14、Φ16、Φ18、Φ20、Φ25 等 8 种规格钢材进行力学试验，除Φ10 规格符合要求，其余均不符合规定要求；结构构造、锚固、支承长度也都不符合规范要求；大量的拉结筋、箍筋没有设置，这些都进一步降低了建筑物的刚度和延性，致使上部结构更趋不安全。

三、钢筋错位偏差严重

钢筋在构件中的位置偏差是钢筋工程施工中常见的质量事故之一,如果钢筋在构件中的位置偏差在规范允许的范围内,不会对结构或构件带来多大的影响,但是,如果钢筋在构件中的位置偏差超过规范所规定的要求,甚至偏差严重,就会引起结构或构件的刚度、承载力下降,混凝土开裂,甚至引起结构或构件的倒塌。例如,最常见的是一些悬挑阳台板、雨篷板的钢筋网错放在板的下部时,结构就可能发生倒塌。

常见的钢筋错位偏差事故有:梁、板的负弯矩配筋下移错位或错放至下部;梁、柱主筋的保护层厚度偏差;钢筋间距偏差过大;箍筋间距偏差过大等等。

造成钢筋错位偏差的主要原因有:

(1)随意改变设计。常见的有两类,一是不按施工图施工,把钢筋位置放错;二是乱改建筑的设计或结构构造,导致原有的钢筋安装固定有困难。

(2)施工工艺不当。例如,主筋保护层不设专用垫块,钢筋网或骨架的安装固定不牢固,混凝土浇筑方案不当,操作人员任意踩踏钢筋等原因均可能造成钢筋错位。

案例 5.6

1. 工程事故概况

某住宅建筑面积为 603 m²,3 层混合结构,二、三层均有 4 个外挑阳台。在用户入住后,三层的一个阳台突然倒塌。

阳台结构断面图(图 5-12)。

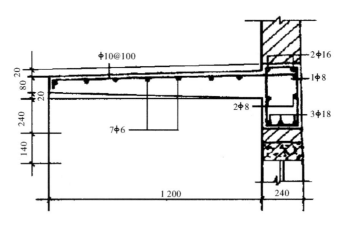

图 5-12 阳台断面图

从倒塌现场可见混凝土阳台板折断(钢筋未断)后,紧贴外墙面挂在圈梁上,阳台栏板已全部坠落地面。住户迁入后,当时曾反映阳台拦板与墙连接处有裂缝,但无人检查处理。倒塌前几天,因裂缝加大,再次提出此问题,施工单位仅派人用水泥对裂缝做表面封闭处理。倒塌后,验算阳台结构设计,未发现问题。混凝土强度、钢筋规格、数量和材质均满足设计要求,但钢筋间距很不均匀,阳台板的主筋错位严重,从板断口处可见主筋位于板底面附近。钢筋骨架位置:实测钢筋骨架位置如图 5-13 所示。

图 5-13　实测钢筋骨架位置

阳台拦板锚固:阳台栏板压顶混凝土与墙或构造柱的锚固钢筋,原设计为 2 Φ 12,实际为 3 Φ 6,但锚固长度仅 40～50 mm,锚固钢筋末端无弯钩。

2. 原因分析

(1)乱改设计。与阳台板连接的圈梁的高度原设计为 360 mm,见图 5-12。施工时,取消阳台门上的过梁和砖,把圈梁高改为 500 mm,但是,钢筋未作修改,且无固定钢筋位置的措施,因此,使梁中钢筋位置下落,从而造成根部(固定端处)主筋位置下移,最大达 85 mm,见图 5-13。

(2)违反工程验收有关规定。对钢筋工程不作认真检查,却办理了隐蔽工程验收记录。

(3)发现问题不及时处理。阳台倒塌前几个月就已发现拦板与墙连接处等出现裂缝,住户也多次反映此问题,都没有引起重视,既不认真分析原因,也不采取适当措施,最终导致阳台突然倒塌。

四、钢筋脆断、裂纹和锈蚀

(一)钢筋脆断

造成钢筋脆断的主要原因有:

(1)钢材材质不合格或轧制质量不合格。

(2)运输装卸不当,摔打碰撞使钢筋承受过大的冲击应力。

(3)钢筋制作加工工艺不当。

(4)焊接工艺不良造成钢筋脆断。

(二)钢筋裂纹

钢筋产生裂纹主要有纵向裂纹和成型弯曲裂纹。

造成钢筋纵裂纹的主要原因是由于钢材轧制生产工艺不当所引起的。

造成钢筋在成型弯曲处外侧产生横向裂缝的主要原因是钢筋的冷弯性能不良或成型场所温度过低所引起的。

(三)钢筋锈蚀

钢筋锈蚀主要是指尚未浇入混凝土内的钢筋锈蚀和混凝土构件内的钢筋锈蚀。

尚未浇入混凝土内的钢筋锈蚀主要有以下 3 种:

(1)浮锈。钢筋保管不善或存放过久,就会与空气中的氧起化学作用,在钢筋表面形成氧化铁层。初期,铁锈呈黄色,称之为浮锈或色锈。对钢筋浮锈除在冷拔或焊接处附近必须清除干净外,一般均不作专门处理。

(2)粉状或表皮剥落的铁锈。当钢筋表面形成一层氧化铁(呈红褐色),用锤击有锈粉或表面剥落的铁锈时,一定要清除干净后,方可使用。

(3)老锈。钢筋锈蚀严重,其表面已形成颗粒状或片鳞状,这种钢筋不可能与混凝土黏结良好,影响钢筋和混凝土共同作用,这种钢筋不得使用。

混凝土构件内的钢筋锈蚀问题必须认真分析处理。因为构件内的钢筋锈蚀,导致混凝土构件体积膨胀,使混凝土构件表面产生裂缝,由于空气的侵入,更加速了钢筋的锈蚀,恶性循环,最终造成混凝土构件保护层剥落,钢筋截面减小、使用性能降低,甚至出现构件安全破坏。

案例5.7

1. 工程事故概况

四川省某化纤厂牵切纺车间,建筑面积为 12000 m^2,柱网尺寸为 12 m×7.2 m,屋盖为锯齿形,其主要承重大梁为 12 m 跨的薄腹梁,梁长为 11950 mm,梁高为 1300 mm,梁横断面为"I"形,上翼缘宽 350 mm,下翼缘宽为 300 mm,腹板厚为 100 mm。主筋用 5 Φ 25,其中有两根为弯曲钢筋;其外形见图 5-14。

钢筋脆断的情况:6 月 10 日将一批在预制厂成型的钢筋运往工地时,钢筋弯曲部分 A 不慎钩在混凝土门框上,当时钢筋在 B 处断裂,数量为 2 根。钢筋运到工地,从卡车上卸下来时,又断了 5 根,断口也在 B 处。当时已制作这种钢筋 210 余根,出现断裂的钢筋共 7 根,占已制作钢筋的 3.3% 左右。

图 5-14　钢筋外形示意图

调查试验情况:

(1)钢筋材质证明中主要物理性能如表 5-3。这批钢筋系由外单位转来,无出厂证明原件。从表 5-3 可以看出,其物理力学性能符合 HRB 335(20MnSi)级钢筋的要求,但强度指标已达 HRB 400 钢筋的标准。

表 5-3　钢筋物理力学性能表

试件号	屈服强度 σ_s （N/mm²）	极限强度 σ_b （N/mm²）	延伸率 δ_5/%	冷弯 180°
1	470	740	25	弯心直径 D=100 合格
2	430	655	25	弯心直径 D=90 合格
3	470	735	22.5	弯心直径 D=90 合格
国家标准要求	340	520	16	弯心直径 D=100 合格

两组钢筋均符合 HRB 335 级钢筋的要求,其强度已达 HRB 400 级钢筋的标准。

(2)施工前抽样复查结果见(表 5-4)。

表 5-4 施工检验结果(一)

组号	试件号	屈服强度 σ_s （N/mm²）	极限强度 σ_b （N/mm²）	延伸率 δ_5/%	冷弯弯心 $D=100$ 弯 180°
HPB 335	4	385	580	36.0	合格
	5	395	680	34.5	合格
HRB 335	6	505	720	25.5	合格
	7	445	700	24.0	合格

(3)发现断裂现象后,重新取样做抗拉试验,结果见表 5-5。

试验结果表明均符合 HRB 335 级钢筋的技术要求,但强度指标已达 HRB 400 级钢筋的标准。

(4)检查钢筋车间的加工情况,弯曲成型用钢筋弯曲机,部分钢筋的弯曲直径只有 60 mm,小于规范 $4d=100$ mm 的要求。因此,怀疑钢筋加工时,是否已经产生裂纹。为此,专门把断下的钢筋头进行冷弯试验,弯心 60 mm,弯曲角度为 180°,结果三个断头冷弯均无裂纹。

(5)对断下的两根钢筋头做拉伸试验,其结果见表 5-6 所示,符合 HRB 335 级钢筋的技术要求。

表 5-5 施工检验结果(二)

试件编号	屈服强度 σ_s （N/mm²）	极限强度 σ_b （N/mm²）	延伸率 δ_5/%	冷弯弯心 $D=100$ 弯 180°
1	465	695	24.0	合格
2	415	605	28.0	合格
3	440	665	25.5	合格

表 5-6 断钢筋头的拉伸试验结果

试件编号	屈服强度 σ_s（N/mm²）	极限强度 σ_b（N/mm²）	延伸率 δ_5/%
1	405	610	29.5
2	455	715	22.5

2. 原因分析

这批钢筋经过 7 次试验,其物理力学性能均满足 HRB 335 级钢筋的要求,但延伸率 δ_5 =22.5%~36%,超过标准要求 16%的量较大;同时对断下的钢筋头进行比规范要求严格的冷弯检验,均未出现裂纹;从化学分析试验结果看,其 S、P 含量明显低于标准的要求,Mn 的含量偏高 0.12%,但不致于造成钢筋脆断。从对断头进行的冷弯试验中可见,已经脆断的钢筋,在弯心直径只有 60mm 的情况下,冷弯 180°,没有出现裂纹,说明钢筋加工中,弯曲处出现裂纹的可能性极小。综上所述,钢筋脆断的主要原因不是材质问题,而是撞击、摔打冲击而造成的。

案例 5.8

1. 工程事故概况

某构件厂生产非预应力空心板时,发现⌀8 受力钢筋弯钩处有横向裂缝,发现时已有部分钢筋用到空心板内。

2. 原因分析

(1)据查该批钢筋,无出厂证明。仓库提供的试验报告,各项指标均达到 HPB 235 级钢筋的标准。

(2)从弯钩有裂纹的钢筋中取样试验,其结果没有明显的屈服台阶,延伸率较低,达不到规范要求。尤应指出,钢筋断裂前,没有明显的缩颈现象,而且沿钢筋全长出现很多横向裂缝。这些现象都与常见钢筋试件有很大差异。

(3)从无裂纹的钢筋中取样试验,虽然塑性、韧性较好,但几乎有一半试件的极限强度达不到规范的要求。而且屈服强度(σ_T)与极限强度(σ_B)比较接近,有的 σ_T/σ_B 高达 94% 以上。

(4)化学分析见表 5-7。经与标准值对比可见钢材的含碳量偏高,这与塑性差的特性是一致的,但是仅仅含碳量偏高 0.06% 也不至于出现上述严重问题。可能此次化学分析不能全面反映钢筋的真实成分。

表 5-7 钢筋化学分析结果

元素含量%	C	Si	Mn	S	P
Φ8 钢筋	0.28	0.23	0.50	0.031	0.015
标准数值	0.14～0.22	0.12～0.30	0.40～0.65	≤0.045	≤0.055

案例 5.9

1. 工程事故概况

某大厦建筑面积 34000 m²,主楼 20 层,总建筑高度 77 m,框剪结构,主楼底层层高 5 m,2、3 层层高 4.8 m,4～10 层层高 3.4 m,11～20 层层高 3 m。该工程作为高层建筑,竖向钢筋用量较大,直径较粗,同时,为了便于运输,钢筋的生产长度一般在 9 m 以内。在比较了焊接质量、生产效率和经济效益等综合指标,该工程采用了竖向钢筋电渣压力焊。但由于选择的施工队伍素质不高,在焊接过程中操作不当、焊接工艺参数选择不合理,产生了各种各样的质量缺陷。钢筋工程质量的检查中发现了大量的电渣压力焊钢筋偏心、倾斜、焊包不均、气孔、夹渣、焊包下流等缺陷,如图 5-15 所示,致使大面积钢筋焊接工程返工。

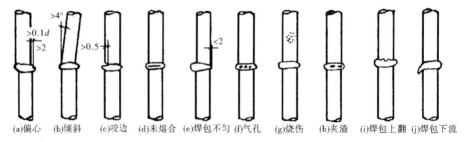

(a)偏心 (b)倾斜 (c)咬边 (d)未熔合 (e)焊包不匀 (f)气孔 (g)烧伤 (h)夹渣 (i)焊包上翻 (j)焊包下流

图 5-15 电渣压力焊接头缺陷

2. 原因分析

(1)接头偏心、倾斜。钢筋焊接接头的轴线偏移大于 0.1d(d 为钢筋直径)或超过 2 mm 即为偏心。接头弯折角度大于 4° 即为倾斜。造成偏心和倾斜的主要原因:

①钢筋端部歪扭不直,在夹具中夹持不正或倾斜;

②夹具长期使用磨损,造成上下不同心;

③顶压时用力过大,使上钢筋晃动和移位;

④焊后夹具过早放松,接头未及冷却使上钢筋倾斜。

(2)焊包不匀。

现场焊接钢筋焊包不匀的主要原因:

①钢筋端头倾斜过大而熔化量又不足,加压时熔化金属在接头四周分布不匀;

②采用铁丝圈引弧时,铁线圈安放不正,偏到一边。

造成气孔和夹渣的主要原因:

①焊剂受潮,焊接过程中产生大量气体渗入溶池;

②钢筋锈蚀严重或表面不清洁;

③通电时间短,上端钢筋在熔化过程中还未形成凸面即进行顶压,熔渣无法排出;

④焊接电流过大或过小;

⑤焊剂熔化后形成的熔渣黏度大,不易流动;

⑥预压力太小。

第四节　混凝土工程

混凝土工程是建筑施工中一个最主要的工种。无论是工程量、材料用量,还是工程造价所占建筑工程的比例均较大。造成质量事故的可能性也较大。在建筑工程施工中,必须对混凝土结构工程的质量引起高度的重视。

混凝土工程常见的质量事故主要有:混凝土强度不足;混凝土裂缝;结构或构件错位变形;混凝土外观质量差等质量事故或质量缺陷。

一、混凝土强度不足

混凝土强度不足对结构的影响程度较大,可能造成结构或构件的承载能力降低,抗裂性能、抗渗性能、抗冻性能和耐久性的降低,以及结构构件的强度和刚度的下降。

造成混凝土强度不足的主要原因有:

(一)材料质量

1. 水泥质量差

(1)水泥实际活性(强度)低。造成水泥活性(强度)低的原因可能是:一是水泥的出厂质量差;二是水泥保管条件差,或贮存时间过长,造成水泥结快,活性降低而影响强度。

(2)水泥安定性不合格。其主要原因是水泥熟料中含有过多的游离 Ca^{2+}、Mg^{2+} 离子,有时也可能由于掺入石膏过多而造成。

2. 骨料(砂、石)质量差

(1)石子强度低。

(2)石子体积稳定性差。有些由多孔燧石、页岩、带有膨胀黏土的石灰岩等制成的碎石,在干湿交替或冻循环作用下,常表现为体积稳定性差,而导致混凝土强度下降。例如变质粗玄岩,在干湿交替作用下体积变形可达 $6×10^{-4}$。以这种石子配制的混凝土在干湿条件变化下,可能造成混凝土强度下降。

(3)石子外形与表面状态差。针片状石子含量高(或石子表面光滑)都会影响混凝土的强度。

(4)骨料中(尤其砂)有机质、黏土、三氧化硫等含量高。骨料中的有机质对水泥水化产生不利影响,使混凝土强度下降。

当骨料中黏土、粉尘的含量过大,会影响骨料与水泥的黏结、增加用水量,同时黏土颗粒体积不稳定,干缩湿胀,对混凝土有一定的破坏作用。

当骨料中含有硫铁矿(FeS_2)或生石膏($CaSO_4·2H_2O$)等硫化物或硫酸盐,当其含量较高时,就可能与水泥的水化物作用,生成硫铝酸钙,产生体积膨胀,导致硬化的混凝土开裂或强度下降。

3. 拌合水质量不合格

采用符合《生活饮用水水源水质标准》(CJ3020—93)的饮用水。如采用其他水,如地表水、地下水、海水和经处理的工业废水时,必须符合《混凝土拌合用水标准》(JGJ63—89)的规定。不得将海水用于钢筋混凝土工程。

混凝土搅拌使用水,不符合《混凝土拌合用水标准》(JGJ63—89)的规定,引起混凝土质量事故。

4. 掺用外加剂质量差

(二)混凝土配合比不当

混凝土配合比是决定混凝土强度的重要因素之一,其中水灰比的大小直接影响混凝土的强度,其他如用水量、砂率、骨灰比等也都会影响混凝土的强度和其他性能,从而造成混凝土强度不足。这些影响因素在施工中表现为:

1. 随意套用配合比

混凝土配合比是根据工程特点、施工条件和材料的品质,经试配后确定的。但是,目前有些工程却不顾这些特定条件,仅根据混凝土强度等级的指标,或者参照其他工程,或者根据自己的施工经验,随意套用配合比,造成强度不足。

(1)用水量加大。

(2)水泥用量不足。

(3)砂、石计量不准。

(4)外加剂用错。

主要表现在:一是品种用错,在未弄清外加剂属早强、缓凝、减水等性能前,盲目乱掺外加剂,导致混凝土达不到预期的强度;二是掺量不准。

2. 碱—骨料反应

当混凝土总含碱量较高时,又使用含有碳酸盐或活性氧化硅成分的粗骨料(如沸石、流纹岩等),可能产生碱—骨料反应,即碱性氧化物水解后形成的氢氧化钠与氢氧化钾,它们与活性骨料起化学反应,生成不断吸水、膨胀的凝胶体,造成混凝土开裂和强度降低。据日本资料介绍,在其他条件相同的情况下,碱—骨料反应后混凝土强度仅为正常值的 60% 左右。

(三)混凝土施工工艺

(1)混凝土拌制不佳。如混凝土搅拌时投料顺序颠倒,搅拌时间过短造成拌合物不匀,影响混凝土强度。

（2）运输条件差。如没有选择合理的运输工具,在运输过程中混凝土分层离析、漏浆等均影响混凝土的强度。

（3）混凝土浇筑不当。如混凝土自由倾倒高度过高,混凝土入模后振捣不密实等。

（4）模板漏浆严重。

（5）混凝土养护不当。

(四)混凝土试块管理不善

如不按规定制作试块、试块模具管理差、试块未经标准养护等。

案例5.10

1. 工程事故概况

某建筑工程为高 11 层的框架结构,建筑面积为 9680 m^2。主体结构的混凝土强度等级为 C25。

当主体结构施工到第五层时,发现下列部位的混凝土强度达不到要求:

（1）第三层有六条轴线的剪力墙混凝土,28d 的试块抗压强度为 19.70 N/mm^2,至 82 d 后取墙体混凝土芯一组,其抗压强度分别为 12.46、15.72、20.21 N/mm^2。

（2）第四层有六条轴线墙柱混凝土试块的 29 d 强度为 17.24 N/mm^2,至 78 d 后取墙体混凝土芯一组,其抗压强度分别为 10.52、7.14、18.05 N/mm^2;除这 6 条轴线的构件混凝土强度不足外,该层其他构件也有类似的情况。

2. 原因分析

（1）现场水泥使用混乱,该工地同时使用小厂水泥和大厂水泥,水泥进场时间记录不详,各种水泥堆放时没有严格分开,又无明显标志,导致错用水泥。

（2）混凝土水灰比过大,坍落度较大,还出现泌水、离析等现象,造成强度低下。

（3）混凝土配料计量不准:以体积比代替重量比,代替时随意性太大,导致混凝土配合比不准。

二、混凝土裂缝

混凝土是一种非匀质脆性材料,由骨料、水泥、砂石以及存留其中的气体和水组成。在温度和湿度变化的条件下,硬化并产生体积变形。由于各种材料变形不一致,互相约束而产生初始应力(拉应力或剪应力),造成骨料与水泥石黏结面或水泥石之间出现肉眼看不见的微细裂缝。这种微细裂缝的分布是不规则的,且不连贯,但在荷载作用下或进一步产生温差、干缩的情况下,裂缝开始扩展,并逐渐互相串通,从而出现较大的肉眼可见的裂缝(一般肉眼可见裂缝宽度为 0.03～0.05 mm),称为宏观裂缝,即我们通常所说的裂缝。混凝土的裂缝,实际是微裂的扩展。

裂缝在混凝土结构或构件中是普遍存在的,不少钢筋混凝土结构或构件的破坏都是从裂缝开始的。因此必须十分重视混凝土裂缝的分析。但是应该指出,混凝土中的有些裂缝是很难避免的。混凝土的开裂,除了由于荷载作用、地基变形造成的裂缝外,更多的是由于混凝土的收缩和温度变形导致开裂。事实上常见的一些裂缝,如温度收缩裂缝、混凝土受拉区宽度不大的裂缝等,一般不会危及建筑结构的安全。因此混凝土裂缝并非都是事故,也并非均需处理。

在现行的设计和施工规范中对混凝土裂缝问题均作了一定的规定。

(1)《混凝土结构设计规范》(GB50010—2010)规定:普通钢筋混凝土结构的裂缝控制等级为三级,允许构件受拉边缘混凝土产生裂缝,构件处于开裂状态下工作,最大裂缝宽度的计算值不得超过表 5-8 的规定。

表 5-8　结构构件的裂缝控制等级及最大裂缝宽度限值

环境类别	钢筋混凝土结构		预应力混凝土结构	
	裂缝控制等级	w_{lim}(mm)	裂缝控制等级	w_{lim}(mm)
一	三	0.3(0.4)	三	0.2
二	三	0.2	二	—
三	三	0.2	一	—

注:①表中的规定适用于采用热轧钢筋的钢筋混凝土构件和采用预应力钢丝、钢绞线及热处理钢筋的预应力混凝土构件;当采用其他类别的钢丝或钢筋时,其裂缝控制要求可按专门标准确定;

②对处于年平均相对湿度小于60%地区一类环境下的受弯构件,其最大裂缝宽度限值可采用括号内的数值;

③在一类环境下,对钢筋混凝土屋架、托架及需作疲劳验算的吊车梁,其最大裂缝宽度限值应取为 0.2 mm;对钢筋混凝土屋面梁和托梁,其最大裂缝宽度限值应取为 0.3 mm;

④在一类环境下,对预应力混凝土屋面梁、托梁、屋架、托架、屋面板和楼板,应按二级裂缝控制等级进行验算;在一类和二类环境下,对需作疲劳验算的预应力混凝土吊车梁,应按一级裂缝控制等级进行验算;

⑤表中规定的预应力混凝土构件的裂缝控制等级和最大裂缝宽度限值仅适用于正截面的验算;预应力混凝土构件的斜截面裂缝控制验算应符合 GB 50010—2010 中第 8 章的要求;

⑥对于烟囱、筒仓和处于液体压力下的结构构件,其裂缝控制要求应符合专门标准的有关规定;

⑦对于处于四、五类环境下的结构构件,其裂缝控制要求应符合专门标准的有关规定;

⑧表中的最大裂缝宽度限值用于验算荷载作用引起的最大裂缝宽度。

在表 5-8 中环境的类别按表 5-9 的规定确定。

表 5-9　混凝土结构的环境类别

环境类别		条　　件
一		室内正常环境
二	a	室内潮湿环境;非严寒和非寒冷地区的露天环境,与无侵蚀性的水或土壤直接接触的环境
	b	严寒和寒冷地区的露天环境,与无侵蚀性的水或土壤直接接触的环境
三		使用除冰盐的环境;严寒或寒冷地区冬季水位变动的环境;滨海室外环境
四		海水环境
五		受人为或自然的侵蚀性物质影响的环境

注:严寒和寒冷地区的划分应符合国家现行标准《民用建筑热工设计规范》GB50176—93 的规定。

(2)《混凝土结构工程施工质量验收规范》(GB50204—2018)的规定:在正常使用短期荷载检验下,构件受拉主筋处的最大裂缝宽度实测值不超过表 5-10 的规定。

(3)《建筑工程施工质量验收统一标准》(GB50300—2019)规定:对设计不允许有裂缝的结构,严禁出现裂缝;设计允许出现裂缝的结构,其裂缝宽度必须符合设计要求。

钢筋混凝土结构或构件产生裂缝的主要原因见表 5-11。

表 5-10　构件检验时的最大裂缝宽度允许值(mm)

设计要求的最大裂缝宽度允许值	检验时裂缝宽度允许值 w_{max}	设计要求的最大裂缝宽度允许值	检验时裂缝宽度允许值 w_{max}	设计要求的最大裂缝宽度允许值	检验时裂缝宽度允许值 w_{max}
0.2	0.15	0.3	0.20	0.4	0.25

表 5-11　钢筋混凝土产生裂缝的主要原因

类别	裂缝原因	类别	裂缝原因
1.材料、半成品质量	1.水泥安定性不合格 2.砂石级配差、砂太细 3.砂、石中含泥或石粉量大 4.使用了反应性骨料或风化岩 5.混凝土配合比不良 6.不适当地掺用氯盐 7.水泥水化热引起过高升温	5.施工工艺	1.水泥或水用量过多 2.配合比控制不准 3.混凝土拌合不均 4.浇筑顺序有误 5.浇筑方法不当 6.浇筑速度过快 7.振捣不实 8.模板变形 9.模板漏水、漏浆 10.钢筋保护层过大或过小 11.浇筑中碰撞钢筋 12.施工缝处理不良 13.混凝土沉缩未及时处理 14.养护差、混凝土干缩 15.拆模过早 16.过早地加荷载或施工超载 17.早期受冻 18.构件吊装、运输、堆放时的吊点或支点位置错误
2.建筑和结构构造	1.违反构造规定和要求 2.变形缝设置不当 3.结构整体性差 4.建筑物防护不良		
3.结构受力	1.设计断面不足 2.应力集中 3.超载 4.未进行必要的抗裂验算		
4.地基变形	1.地基沉降差大 2.地基冻胀 3.地基土水平位移 4.相邻建筑影响	6.温度、湿度变形	1.环境温、湿度变化 2.构件各部分温、湿度差 3.冻融循环
		7.其他	1.酸、盐等化学腐蚀 2.地震等

　　混凝土产生的裂缝按产生的原因主要分为:温度裂缝、收缩裂缝、荷载裂缝和地基变形产生的裂缝。

　　按裂缝的方向和形状有:水平裂缝、垂直裂缝、纵向裂缝、横向裂缝、斜向裂缝和龟裂以及放射状裂缝。

　　按裂缝的深浅有:表面裂缝、深进裂缝和贯穿裂缝,见图 5-16。

　　所谓温度裂缝是指由于温差较大或结构降温较大时受到外界约束等原因引起的裂缝。温度裂缝可能是表面裂缝,也可能是深进裂缝或贯穿裂缝。

　　收缩裂缝是指混凝土暴露在空气中或水泥水化时混凝土硬化时体积逐渐减小等原因而引起的干缩或收缩,由此而产生的裂缝称之为收缩裂缝。

荷载裂缝是指承载力不足而引起的混凝土结构或构件产生的裂缝。

地基变形裂缝是指地基基础产生不均匀沉降而引起混凝土结构或构件产生的裂缝。

对混凝土裂缝的处理首先必须鉴别裂缝的性质,只有正确地分析裂缝的性质,才能制定出合理的处理方案。混凝土裂缝的性质主要根据裂缝的位置与分布特征、裂缝的方向和形状、裂缝的长宽、深浅、开裂时间、裂缝的变化等因素来判别裂缝是属于温度裂缝、收缩裂缝,还是荷载裂缝、地基变形产生的裂缝。

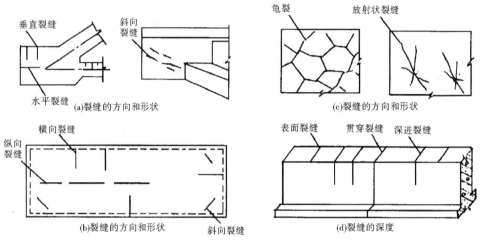

图 5-16 裂缝形式

案例 5.11

1. 工程事故概况

某住宅楼,6 层内浇外砌砖混结构,总建筑面积 7361.7 m²。总长度 78.55 m,在 31 轴和 32 轴处设变形缝,每侧 5 个单元,东西对称,房屋为内横墙承重,外墙为 240 mm 砖墙,砖MU7.5,砂浆 M7.5(内墙混凝土剪力墙与外墙的连接处均设有构造柱,每层楼板处均有圈梁配筋)。外墙内侧设有 60 mm 厚的聚苯板保温层,内墙为 160 mm 厚的钢筋混凝土板墙,内配单排双向钢筋网片。板墙钢筋:竖向首层为 φ10 圆钢,2~6 层为 φ8 圆钢,横向均为 φ8圆钢,板墙的混凝土设计强度等级为 C20。楼板采用短向预应力圆孔板,屋盖和局部为现浇钢筋混凝土楼板,设计按抗震设防烈度 8 度设防。屋面采用 50 mm 厚水泥聚苯板作保温层。房屋基础为砖砌条形基础,砖 MU10,砂浆 M7.5,埋深 1.9 m,地基为强夯地基,承载力为 180 kN/m²。

该工程经验收达不到合格标准,但建设单位仍交付使用。住户入住后,发现屋面漏雨、墙面开裂,散水下回填土局部下沉等质量问题。建设单位委托检测,结论是:该楼内墙混凝土强度不满足设计要求,整栋房屋不满足 8 度抗震设防要求,建议对承重墙体进行加固处理,并对屋面保温进行处理。

经检查,该楼六层混凝土内墙在南、北两端均出现一条或多条 45°斜裂缝,方向内高外低,最大裂缝宽度有 1 mm,裂缝较长者超过 1/2 层高,在尽端单元的混凝土内纵墙也有内高外低的 45°斜裂缝(图 5-17)。尽端单元砖砌外纵墙的门窗角部出现内高外低的斜裂缝(图 5-18),开裂程度小于混凝土内横墙处的裂缝,缝宽不足 1 mm。顶层屋盖也存在不同程度的裂缝。首层的一、二单元和九、十单元的砖砌外纵墙的门、窗角部出现外高内低方向斜裂缝(图 5-19),缝宽不足 1mm;六层内墙的混凝土外观质量较差。试压后又在 1~5 层每层的内横墙上各取了 6 个混凝土芯样,共取 50 个混凝土芯样进行试验,因 1~5 层取芯样数量较少,作为混凝土强度参考值,详见表 5-12。

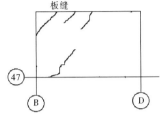

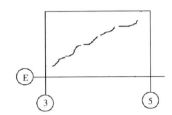

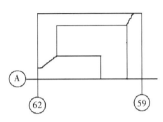

图 5-17 六层混凝土内墙裂缝　　图 5-18 尽端单元混凝土墙裂缝　　图 5-19 门窗角部裂缝

表 5-12 混凝土强度参考值

1~31 轴	混凝土强度	备注	32~62 轴	混凝土强度	备注
六层	6.5 MPa	评定值	六层	7.2 MPa	评定值
五层	8.5 MPa	参考值	五层	10.4 MPa	参考值
四层	14.8 MPa	参考值	四层	12.0 MPa	参考值
三层	22.9 MPa	参考值	三层	16.1 MPa	参考值
二层	7.0 MPa	参考值	二层	19.5 MPa	参考值
一层	10.8 MPa	参考值	一层	10.9 MPa	参考值

从表中可以看到,混凝土芯样的强度值大多数达不到设计混凝土强度等级为 C20 的要求。

2. 原因分析

(1)该楼六层内横墙及内外纵墙上的裂缝属于温度裂缝,根据大量的屋顶层损坏事实统计,用 50 mm 厚的聚苯板作保温层效果不易保证。墙体裂缝是由于屋面在白天经日照后,混凝土屋面板受热产生膨胀变形,室内墙体受热程度较屋面板轻,因此,内墙的膨胀变形没有屋面板变形大,二者的变形差异,使墙体受到顶板施加的推力,从而造成了六层内横墙及内、外纵墙的开裂。

(2)屋盖板的膨胀和收缩,直接导致屋面板开裂,同时也直接影响防水层的损坏或变形,导致屋面出现渗漏现象。

(3)首层外纵墙门、窗角门的裂缝是由于该房屋端部地基产生了相对房屋中部的不均匀沉降造成的,随着时间的推移,这种沉降将趋于稳定;另外,局部散水下回填土夯填不实,出现沉陷,雨水灌入后也会对地基产生影响。

(4)混凝土强度等级低于设计要求的原因,一是由于施工项目管理混乱,质量控制不落实疏于管理,对拌制混凝土的砂、石料、水泥及用水量没有严格按配合比进行计量控制;二是操作人员为了浇筑混凝土方便,违章作业,随意加大混凝土水灰比,坍落度严重超标,直接影响混凝土强度等级;三是混凝土浇筑完拆模后不及时进行养护。

案例 5.12

1. 工程事故概况

楼房建筑平面为带圆弧形的"L"形,见图 5-20。工程大部分为 3 层,局部 4 层,并附局部地下室。各层的层高依次为 4.8 m、4.2 m、4.8 m 及 3.6 m,建筑面积共 3750 m²,现浇框架结构,柱网 6 m×8 m,抗震设防(该地区属 7 度)。

施工三层现浇屋面结构后,拆模时发现斜梁裂缝,但当时并未引起重视。该工程使用一年后,屋面严重漏水。施工单位在不上人屋面上加做二毡三油防水层,并加设一层红砖保护层。原设计按不上人屋面考虑,这一处理使屋面荷载超过原设计活荷载的 2.8 倍,而原设计单位了解这种情况后,也未加制止。

在附近地区(距离约 105 km)地震的影响下,该建筑物圈梁出现裂缝。

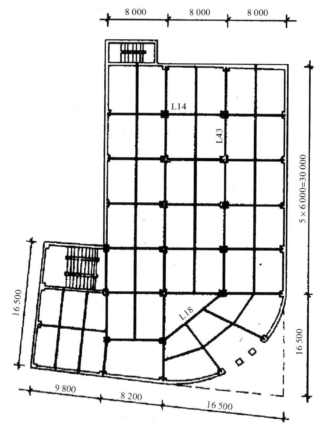

图 5-20　某百货商场平面示意图

建筑物裂缝及变形的基本情况为:

屋顶及四层顶两处的大梁已接近斜拉破坏。三、四层屋面梁裂缝普遍,而且严重,如四层屋面梁共 8 根,其中 5 根裂缝严重,占四层屋面梁总数的 62.5%;三层屋面梁共 58 根,显著开裂的有 53 根,占三层屋面梁总数的 91.37%。就整栋建筑而言,共有梁 182 根,明显开裂者有 67 根,占全部梁数的 36.8%。经实测,开裂的 67 根梁上共有裂缝 365 条,超过 0.3 mm 宽度的裂缝有 140 条,占裂缝总数的 38.4%。其中最大的一条裂缝宽度达 2.5 mm,已明显露筋,一些有代表性的梁裂缝情况见图 5-21。

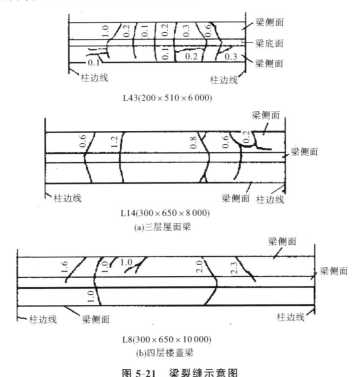

(a)三层屋面梁

(b)四层楼盖梁

图 5-21 梁裂缝示意图

该建筑物产生了不均匀沉降,最大沉降差为 60 mm,砖墙局部倾斜严重,最大外倾 205 mm《砌体工程施工质量验收规范》(GB 50203—2019)允许偏差 20 mm。

在四层顶部及三层屋面上的女儿墙发现了一些水平裂缝;二至三层交界区附近也有少量水平裂缝;在二层有 5 条长为 30～180 cm 的垂直裂缝,其位置在建筑物的三层部分与四层部分相接处附近。楼梯间砖墙也出现了一些裂缝。砖外墙的部分裂缝情况见图 5-22。

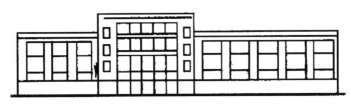

图 5-22 正立面部分墙裂缝示意图

2. 原因分析

(1)地质勘测。设计前,没有进行任何地质钻探勘察,而随意确定地基的允许承载力为 120 kPa。而后来事故调查的钻探结果表明:该工程的地基相当软弱。从地面往下 2 m 是杂填土,密实度不均匀;2～5 m 为灰褐色软塑到流塑状的回填黏土,并夹有少量碎砖、瓦砾及淤泥质土。5 m 以下为近似粉砂的黏土,承载力较好,压缩性较低。该工程仅将表层杂填土挖去,将基础做在软塑到流塑状的回填黏土层上。实际的承载能力只有 60～70kPa。

(2)设计。该工程没有进行系统的设计计算。事故调查中的复核计算表明:该工程的基础、柱、梁、板、承重墙垛、楼梯间砖墙等主要承重构件的承载能力不足或严重不足。例如:地基承载能力实际只有 60~70 kPa,设计估算时却采用 120 kPa;而按原设计复核,已用至 150 kPa;又如:10 m 跨的门厅大梁截面为 70 cm×30 cm,高跨比只有 1/14.3,配筋也不足,该梁不仅承受 16.5 kN/m 的均布荷载,而且还承受着两个 156 kN 的集中荷载,正截面与斜截面强度均相差甚多,因而出现了斜截面受拉破坏;再如楼梯间承重墙高 13.2 m,墙厚只有 12 cm 等。

(3)施工。该工程施工赶进度、赶工期,从挖土到工程竣工全部施工时间仅用 105 d。施工中不严格按施工操作规程。例如混凝土施工中,不认真冲洗石子,含泥量高,配合比控制不严,坍落度过大等,使混凝土强度普遍偏低。后来用回弹仪测得的强度结果为:有 65% 柱的混凝土强度等级低于设计的等级 C20,其中有 5% 低于 C10;有 52% 的梁低于 C20,其中有 25% 低于 C10。必须要指出的是:施工中没有按规定留试块,以致拆模前没有按规范规定用试块来确定混凝土是否已经达到可以拆模的最低强度,造成当时有的梁就出现裂缝。发现裂缝后,又不分析研究,听之任之,留下了质量事故隐患。

案例 5.13

1. 工程事故概况

某临街建筑的底层为商店,二层以上为宿舍,为 7 层现浇框架结构,纵向五跨,横向二跨,其第七层平面图如图 5-23 所示。

进行室内粉刷时,发现顶层纵向框架梁 KJ-7、KJ-8 上共有 15 条裂缝,其位置见图 5-23。裂缝分布情况是:在次梁 L_1 的两边或一边和 340 cm 宽的开间中部附近。从室内看,梁上的裂缝情况见图 5-24。

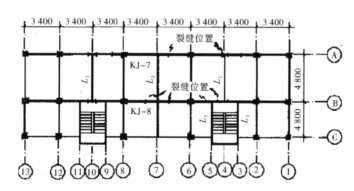

图 5-23 第七层平面图

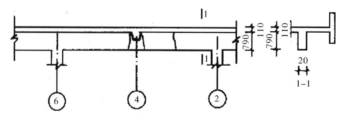

图 5-24 KJ-7 局部裂缝情况

裂缝的形状一般是中间宽两端细,最大裂缝宽度为 0.2 mm 左右。

2. 原因分析

(1)混凝土收缩。从裂缝的分布情况可见框架两端 1～2 个开间没有裂缝,考虑到裂缝的特征是中间宽两端细,于开间中间的裂缝主要是因混凝土收缩而引起的。因为有裂缝的梁是屋顶的大梁,建筑物高度较高,周围空旷,而 KJ-7 大梁的断面形状见图 5-24 中(1-1 剖面)造成浇水养护困难,施工中又没有采取其他养护措施,致使混凝土的收缩量加大,特别是早期收缩加大。因此,裂缝的数量较多,间距较密,裂缝宽度较小。另外,从大梁断面可以看到上部为强大的翼缘,下部有 3 Φ 16 的钢筋,这些都可阻止裂缝朝上下两面开展。

(2)施工图漏画附加的横向钢筋。该建筑的结构布置图采用两个开间设一个框架,如图 5-23 中的②⑥⑧⑫号轴线,而在④⑦⑩号轴线上采用 L_1、L_2 支承楼板和隔墙的重量,L_1、L_2 与纵向框架梁 KJ-7 等连接。检查中发现,L_1、L_2(次梁)与 KJ-7(主梁)连接处的两侧或一侧都有裂缝;而 L_2、L_3(次梁)与 KJ-8(主梁)连接处的两侧均未发现裂缝。查阅施工图纸可见,凡次梁与主梁连接处增设了附加横向钢筋(吊筋、箍筋)的,框架上都无裂缝;反之,没有附加横向钢筋的部位都有裂缝。不符合《钢筋混凝土结构设计规范》(GB 50010—2010)。

三、混凝土表面缺陷

混凝土结构或构件的表面缺陷主要是指混凝土孔洞、露筋、蜂窝、夹渣、缝隙等。现浇混凝土构件外观质量缺陷见(表 5-13)。

表 5-13 混凝土构件外观质量缺陷

名 称	现 象	严重缺陷	一般缺陷
露 筋	构件内钢筋未被混凝土包裹而外露	纵向受力钢筋有露筋	其他钢筋有少量露筋
蜂 窝	混凝土表面缺少水泥砂浆而形成石子外露	构件主要受力部位有蜂窝	其他部位有少量蜂窝
孔 洞	混凝土中孔穴深度和长度均超过保护层厚度	构件主要受力部位有孔洞	其他部位有少量孔洞
夹 渣	混凝土中夹有杂物且深度超过保护层厚度	构件主要受力部位有夹渣	其他部位有少量夹渣
疏 松	混凝土中局部不密实	构件主要受力部位有疏松	其他部位有少量疏松
裂 缝	缝隙从混凝土表面延伸至混凝土内部	构件主要受力部位有影响结构性能或使用功能的裂缝	其他部位有少量不影响结构性能或使用功能的裂缝
连接部位缺陷	构件连接处连接钢筋、连接件松动	连接部位有影响结构传力性能	连接部位有基本不影响结构传力性能的缺陷

续表

名　　称	现　　象	严重缺陷	一般缺陷
外形缺陷	缺棱掉角、棱角不直、翘曲不平、飞边凸肋等	清水混凝土构件有影响使用功能或装饰效果的外形缺陷	其他混凝土构件有不影响使用功能的外形缺陷
外表缺陷	构件表面麻面、掉皮、起砂、沾污等	具有重要装饰效果的清水混凝土构件有外表缺陷	其他混凝土构件有不影响使用功能的外表缺陷

1. 混凝土孔洞

混凝土孔洞产生的主要原因有：

(1)在钢筋密集处或预留孔洞和埋件处，混凝土浇筑不畅通，不能浇筑满形成孔洞。

(2)未按施工操作规程认真操作，漏振。

(3)混凝土分层离析，砂浆分离，石子成堆，或严重跑浆，形成特大蜂窝。

(4)错用外加剂等材料。如夏季浇筑混凝土中掺早强剂，造成成型振实困难。

(5)混凝土施工组织不当，未按施工顺序和施工工艺认真操作而造成孔洞。

(6)混凝土中有泥块或杂物掺入，或将木块等大块料具不小心打入混凝土中。

2. 蜂窝

产生蜂窝的主要原因有：

(1)混凝土配合比不准确，或砂、石、水泥材料计量错误，或用水不准，造成砂浆少石子多。

(2)混凝土搅拌时间短，没有拌合均匀，混凝土和易性差，振捣不密实。

(3)未按规程施工混凝土，下料不当等，造成混凝土分层离析。

(4)模板孔隙未堵好，或模板安装不牢固，振捣混凝土时模板移位，造成严重漏浆或墙体烂根，形成蜂窝。

(5)混凝土一次下料过多，没有分层分段浇筑，振捣不实或下料与振捣配合不好，漏振而造成蜂窝。

3. 露筋

造成钢筋混凝土露筋的主要原因有：

(1)混凝土浇筑振捣时，钢筋垫块移位或垫块太少甚至漏放，钢筋紧贴模板，致使拆模后露筋。

(2)钢筋混凝土结构断面较小，钢筋过密，如遇大石子卡在钢筋上，混凝土水泥浆不能充满钢筋周围，使钢筋密集处产生露筋。

(3)因配合比不当混凝土产生离析，浇捣部位缺浆或模板严重漏浆，造成露筋。

(4)混凝土振捣时，振捣棒撞击钢筋，使钢筋移位，造成露筋。

(5)混凝土保护层振捣不密实，或木模板湿润不够，混凝土表面失水过多，或拆模过早等，拆模时混凝土缺棱掉角，造成露筋。

案例 5.14

1. 工程事故概况

某市吴家场高层住宅 1 号楼，由两个地上 24 层地下 2 层塔楼和一个连体建筑组成，总建筑面积 31100 m²,全现浇钢筋混凝土剪力墙结构。

1994 年 9 月中旬挖槽,11 月中旬完成底板基础混凝土浇筑,12 月底完成地下室二层墙体、顶板支模、钢筋绑扎,采用市二建混凝土搅拌站商品混凝土,Ⅰ段于 1995 年元月 2 日开始浇筑墙体和顶板,Ⅱ段于元月 5 日开始浇筑,每栋地下室二层墙体顶板混凝土量约 700 m³,混凝土强度等级 C30,由搅拌站用罐车送到现场,用混凝土泵输入模,当时白天气温在 8～11℃,混凝土入模温度为 15℃,掺有复合早强减水剂,混凝土坍落度为 8～12 cm,每栋混凝土实用浇筑时间为 48 h,由搅拌站和现场分别按规定制作了试块。

由于临近春节,于元月 9 日停工,2 月 20 日复工,22 日开始拆模。先拆Ⅰ段内墙模板,发现混凝土墙面有大面积蜂窝、麻面,门口两侧有孔洞,随着模板的拆除,孔洞、露筋面积不断扩大,2 月底模板全部拆完,发现大部分外墙体存在不同程度的孔洞、露筋和振捣不实的问题。

2．原因分析

造成混凝土墙体严重质量事故的原因:

(1)施工管理不到位,现场管理人员没有认真执行操作规程,由于搅拌站供料过于集中,由泵车直接输送入模,没有根据浇筑强度及时调整振捣,以至产生部分墙体漏振和振捣不实,造成孔洞、疏松、露筋及混凝土强度降低。

(2)操作人员分工不明确,在混凝土输送高峰期忙于应付,以至部分混凝土下料过于集中,无法振捣而造成门口两侧和窗口下部孔洞和露筋。

(3)对墙体、顶板一次浇筑和钢筋过于密集,缺乏周密的计划,以至在混凝土浇筑过程中没有对重点部位加强振捣,造成钢筋密集区混凝土堵塞而产生孔洞。

案例 5.15

1．工程事故概况

某工程柱基础的长、宽、高尺寸分别为 10 m、4 m 和 2 m,其平、剖面示意如图 5-25 所示。

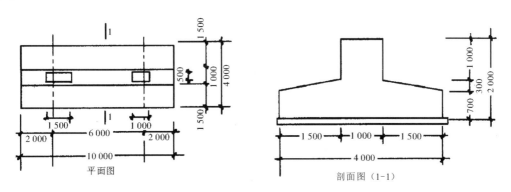

图 5-25　柱基平、剖面示意图

施工时,柱基础下段 70 cm 部分采用原槽浇筑。当开挖邻基坑时,发现这些柱基础面有严重的蜂窝孔洞,还可见柱基底钢筋与垫层之间存在孔隙,用粗钢筋可插进 1.4 m 深。于是怀疑基础混凝土质量,而将全部基础挖开检查,发现孔洞露筋多达 100 余处,其中有 3 个柱基最严重,图 5-26 所示为其中有代表性的一个柱基础的孔洞情况。

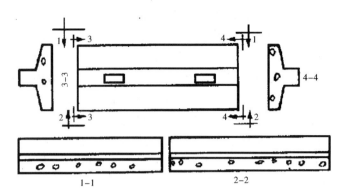

图 5-26 柱基础孔洞情况示意图

这个基础共有明显的孔洞 20 个,孔洞总面积达 9.1 m²,约占基础下段(0.7 m 高)四侧表面积的 36%。孔洞全部集中在基础段 0.7~1 m 厚的基础板内,最小的孔洞面积为 22×22＝484 cm²,最大的两个孔洞尺寸为 150 cm×60 cm,其面积达 9000 cm²,有 14 个孔洞的面积在 2000 cm² 以上,小于 1000 cm² 的孔洞仅 3 个,有些孔洞互相连通,最长达 3.5 m。孔洞深度最浅为 8 cm,最深达 140 cm,19 个孔洞的深度都在 14 cm 以上。此外,柱基础钢筋错位严重。

2. 原因分析

(1)配制混凝土的石子最大粒径偏大。由于柱基配筋较多,钢筋间有的净距只有 39 mm,却采用 20~40 mm 的石子配制混凝土,混凝土容易被钢筋网挡住,造成钢筋与垫层之间、钢筋与基坑土壁之间出现空隙、形成蜂窝孔洞。

(2)混凝土浇筑方法不当。浇筑柱基础下半段时,采用串筒下料(图 5-27)。由于基础较大,浇筑到中间部分时,把最底下一节串筒拉斜后卸料,砂和砂浆严重分离,石子多数滚到前面形成石子堆。同时,因采用汽车供料,速度很快,使基坑内混凝土堆高达 50 cm,采用两个串筒下料,形成两大堆混凝土。又由于未及时铺平混凝土堆,致使石子分离更严重,造成混凝土均匀性差,振捣不密实。

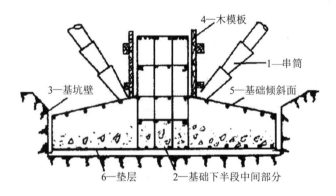

图 5-27 柱基混凝土浇筑方法

(3)混凝土浇筑顺序混乱。浇筑顺序未按照一定方向分层浇筑而是随意乱浇,有些基础浇筑过程中,工人换班,停歇时间超过初凝时间,导致混凝土密实性很差。从检查中可见,分层处有高达 14 cm 左右的疏松层。

(4)没有根据基础构造的特点采取相应的技术措施。基础下半部高 70～100 cm,在其顶面配有Φ19 的钢筋网,纵横方向分别为Φ19@125 和Φ19@300。浇筑时工人下不去,振捣又很马虎,往往将振动棒平躺在表层进行振捣,虽然表面冒浆,混凝土内部其实并未捣实。更由于采用串筒斜浇筑造成的石子集中成堆,混凝土分离,给振捣带来更大的困难。

(5)原槽浇筑问题。有条件时,采用原槽浇筑是一项节约措施,但因本工程基坑壁边钢筋又粗又密,充分振捣势必影响土壁稳定;而且操作人员错误地认为原槽浇筑,因此操作马虎,以致发生漏振或振捣不足。

四、构件变形错位

混凝土结构构件变形错位主要是指:构件如梁、柱、板等平面位置偏差太大;建筑物整体错位或方向错误;构件竖向位置偏差太大;构件变形过大;建筑物整体变形等。

造成混凝土结构错位变形主要原因归纳起来有:

(1)读错图纸。常见的如将柱、墙中心线与轴线位置混淆;主楼与裙楼的标高弄错位;不注意设计图纸标明的特殊方向。

(2)测量标志错位。如控制桩设置不牢固,施工中被碰撞、碾压而错位。

(3)测量放线错误。如常见的读错尺寸和计算错误。

(4)施工顺序及施工工艺不当。如单层工业厂房中吊装柱后先砌墙,再吊装屋架、屋面板等,而造成柱墙倾斜。

(5)施工质量差。如构件尺寸、形状误差大,预埋件错位、变形严重,预制构件吊装就位偏差大,模板支撑刚度不足等。

(6)地基的不均匀沉降。如地基基础的不均匀沉降引起柱、墙倾斜,吊车轨顶标高不平等。

案例 5.16

1. 工程事故概况

湖北省某车间为单层装配式厂房,上部结构的施工顺序为:先吊装柱,再砌筑墙,然后再吊装屋盖。在屋盖吊装中出现柱顶预埋螺栓与屋架的预埋铁件位置不吻合。经检查,发现车间边排柱普遍向外倾斜,柱顶向外移位 40～60 mm,最大达 120 mm。

2. 原因分析

(1)施工顺序错误。屋盖尚未安装前,边排柱只是一个独立构件,并未形成排架结构,这时在柱外侧砌 370 mm 厚的砖墙,高 10 m 多,该墙荷重通过地梁传递到独立柱基础,使基础承受较大的偏心荷载,引起地基不均匀下沉,导致柱身向外倾斜。

(2)柱基坑没有及时回填土,至检查时发现基坑内还有积水。地基长期泡水后承载能力下降,加大了柱基础的不均匀沉降。

案例 5.17

1. 工程事故概况

河南省某厂房现浇框架示意图见图 5-28,施工到标高 12.9 m 时,检查发现,Ⓐ轴线上的柱向外偏移,最大偏移值为 60 mm。

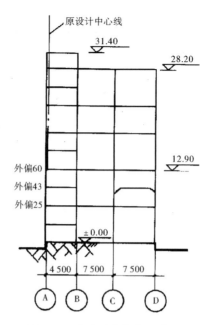

图 5-28　厂房现浇框架示意图

2. 原因分析

产生偏差的原因,除施工工艺不当外,主要是质量检查验收不及时、不认真。根据《混凝土结构工程施工质量验收规范》(GB50204—2015)第 8.3.2 的规定,这种现浇框架柱的垂直度允许偏差见表 5-14。从表 5-14 中看出 3 项外偏差数值均已超出规范规定,这将产生较大的附加内力。

表 5-14　框架柱垂直度的允许偏差(mm)

项目	层高		全高
	≤5 m	>5 m	
允许偏差	8	10	$H/1000$ 但不大于 30

第五节　预应力混凝土工程

预应力混凝土是近几十年发展起来的一门新技术。我国从 1956 年开始采用预应力混凝土结构。近年来,随着预应力混凝土结构设计理论和施工设备与工艺的不断发展和完善、高强度高性能材料的不断改进,预应力混凝土得以进一步推广与应用。但在施工过程中,如果施工不当,也可能造成质量事故。

预应力混凝土工程常见的质量事故有:预应力筋和锚夹具事故;预应力构件裂缝、变形事故;预应力筋张拉事故和构件制作质量事故。

一、预应力筋及锚夹具质量事故

常用作预应力筋的钢材有冷拉钢筋、热处理钢筋、低碳冷拔钢丝、碳素钢丝和钢绞线等。与之相配套使用的锚夹具有螺丝端杆锚具、JM 型锚具、RT-Z 型锚具、XM 和 QM 型锚具、锥形锚具等。

预应力筋常见事故的特征、产生的原因见表 5-15。

预应力筋用锚夹具常见质量事故及原因见表 5-16。

表 5-15　常见预应力筋事故特征及原因

序号	事故特征	主要原因
1	强度不足	1. 出厂检验差错； 2. 钢筋（丝）与材质证明不符； 3. 材质不均匀
2	钢筋冷弯性能不良	1. 钢筋化学成分不符合标准规定； 2. 钢筋轧制中存在缺陷，如裂缝、结疤、折叠等
3	冷拉钢筋的伸长率不合格	1. 钢筋原材料含碳量过高； 2. 冷拉参数失控
4	钢筋锈蚀	运输方式不当；仓库保管不良；存放期过长；仓库环境潮湿
5	钢丝表面损伤	1. 钢丝调直机上、下压辊的间隙太小； 2. 调直模安装不当
6	下料长度不准	1. 下料计算错误； 2. 量值不准
7	钢筋（丝）墩头不合格。如镦头偏歪、镦头不圆整、镦头裂缝、颈部母材被严重损伤等	1. 镦头设备不良； 2. 操作工艺不当； 3. 钢筋（丝）端头不平，切断时出现斜面
8	穿筋时发生交叉，导致锚固端处理困难，如定位不准确或锚固后引起滑脱	1. 钢丝未调直； 2. 穿筋时遇到阻碍，导致钢丝改变方向

表 5-16　预应力筋用锚夹具质量事故特征及原因

序号	锚夹具	事故特征	主要原因
1	螺丝端杆锚具	端杆断裂	材质内有夹渣；局部受损伤；机加工的螺纹内夹角尖锐；热处理不当，材质变脆；端杆受偏心拉力、冲击荷载作用，产生断裂
		端杆变形	端杆强度低（端杆钢号低，或热处理效果差）；冷拉或张拉应力高
2	钢丝（筋）束镦头锚具	钢丝（筋）镦头强度低	镦粗工艺不当，如镦头歪斜，墩头压力过大等；锚环硬度过低，使墩头受力状态不正常，产生偏心受拉
		锚环断裂	热处理后硬度过高，材质变脆；垫板不正，锚环偏心受拉等

续表

序号	锚夹具	事故特征	主要原因
3	JM 型锚具 XM 型锚具 QM 型锚具	钢筋（绞线）滑脱	锚具加工精度差；夹片硬度低；操作不当；锚环孔的锥度与夹片的锥度不一致
		内缩量大	顶压过程中，当夹片推入锚环时，因夹片螺纹与钢筋螺纹相扣，使钢筋也随之移动；夹片与钢筋接触不良或配合不好，引起钢筋滑移
		夹片碎裂	夹片热处理不均匀或热处理硬度太高；夹片与锚环锥度不符；张拉吨位太大
4	钢质锥形锚具	滑丝	锚具由锚环和锚塞组成，借助于摩阻效应将多根钢丝锚固在锚环与锚塞之间。钢丝本身硬度、强度很高，如锚具加工精度差，热处理不当，钢丝直径偏差过大，应力不匀等都会造成滑丝现象
		锚具滑脱	锚环强度低，锚固时使锚环内孔扩大

案例 5.18

1. 工程事故概况

江苏省某工程为 30 m 跨度屋架，预应力筋为高强钢丝，采用镦头锚具，张拉采用螺丝端杆与镦头锚环相连接。由于施工不当导致两者断开，结果锚环打入扩大孔道，并挤碎正常孔道壁的部分混凝土。

2. 原因分析

张拉操作时，螺丝端杆与锚环连接的长度不符合工艺要求，实际只结合两个齿，张拉受力后造成两者断开。

二、构件制作质量事故

预应力混凝土构件的施工方法主要有先张法、后张法、无黏结后张法等。其制作的质量事故及原因见表 5-17。

案例 5.19

1. 工程事故概况

北京市某厂房长 108 m，跨度 18 m，屋盖采用"V"形折板，板长 20.6 m，宽 3.72 m，厚 45 mm，混凝土强度为 C35。厂房屋盖吊装于 1996 年 4 月 12—17 日完成。4 月 24 日下午 4 时 55 分从厂房南端第三块折板开始，连续有七块板突然塌落，倒塌面积为 433 m²。

2. 原因分析

倒塌原因是"V"形折板侧向失稳，其主要原因有：

表 5-17　构件制作质量事故特征及原因

序号	事故特征	主要原因
1	先张钢丝滑动	放松预应力钢丝时,钢丝与混凝土之间的黏结力遭到破坏,钢丝向构件内回缩
2	先张构件翘曲	1. 台面或钢模板不平整,预应力筋位置不正确,保护层不一致,以及混凝土质量低劣等,使预应力筋对构件施加一偏心荷载; 2. 各根预应力筋所建立的张拉应力不一致,放张后对构件产生偏心荷载
3	先张构件刚度差	1. 台座或钢模板受张拉力变形大,导致预应力损失过大; 2. 构件的混凝土强度低于设计强度; 3. 张拉力不足,使构件建立的预应力低; 4. 台座过长,预应力筋的摩阻损失大
4	后张孔道塌陷、堵塞	1. 抽芯过早,混凝土尚未凝固,使用胶管抽芯时,不但塌孔,甚至拉断; 2. 孔壁受外力或振动的影响; 3. 抽芯过晚,尤其使用钢管时往往抽不出来; 4. 芯管表面不平整光洁; 5. 使用波纹管预留孔道的工艺,而波纹管接口处和灌浆排气管与波纹管的连接措施不当
5	孔道灌浆不实	材料选用、材料配合比以及操作工艺不当
6	后张构件张拉后弯曲变形	1. 制作构件时由于模板变形,现场地基不实,造成混凝土构件不平直; 2. 张拉顺序不对称,使混凝土构件偏心受压
7	无黏结预应力混凝土摩阻损失大	1. 预应力筋表面的包裹物,塑料布条、水泥袋纸、塑料套管等破损,预应力筋被混凝土浆包住; 2. 防腐润滑涂料过少或不均匀; 3. 预应力筋表面的外包裹物过紧
8	张拉伸长值不符	1. 测力仪表读数不准确;冷拉钢筋强度未达到设计要求; 2. 预留孔道质量差;摩阻力大;张拉力过大;伸长值量测不准; 3. 钢材弹性模量不均匀

(1)折板制作质量差。折板在长 150 m 的台座上生产,采用长线张拉和重叠三层的制作工艺。由于台座表面不平,操作质量差,又无严格的质量控制,造成折板超厚、超宽、超长、露筋等。尤其严重的是吊环位置和预留插筋位置偏差较大,无法按照设计进行相邻折板间的焊接固定。以首先塌落的第三块折板为例,在每块折板上各有吊环和插筋13 对,而能搭接焊的只有 3 对,其他均偏移 50～150 mm,不能用搭接焊固定。

(2)偏差问题处理不当。经设计单位同意,对上述错位偏差问题的补救措施是用 φ12、长 150～200 mm 的一根钢筋把两个吊环连接焊牢,这样形成一根链杆上有两个铰结点,但并未起到固定补强作用。插筋偏移 50～150 mm 后,没有搭焊固定。

(3)结构吊装。吊装人员无折板施工经验,又未认真进行技术交底,即进行结构吊装。4月 12—17 日吊完折板后,至 4 月 24 日发生事故的一周多时间内,没有对折板上的花篮螺栓进行及时调整,致使折板的脊缝、底缝不平直,缝宽不均匀,使折板存在不稳定的因素。同时,也未及时将折板之间的吊环焊接,以及进行脊缝、板缝的灌浆。

(4)温度影响。当天气温高达 30℃,折板上温度超过 50℃,在高温影响下折板发生变形,也是折板侧向失稳的一个因素。

案例 5.20

1. 工程事故概况

某工地的 24 m 预应力钢筋混凝土屋架,在扶直后检查发现有 4 榀屋架下弦杆产生较大的平面外弯曲(侧向弯曲),其数值已超过容许值($L/1000$),最严重的一榀的弯曲值 f_2(见图 5-29)达 105 mm。

2. 原因分析

通过对工地现场和制作工艺的调查,发现预应力筋位置错位,其主要原因有以下两个:

(1)制作屋架的底模高低不平。

(2)下弦杆预留孔位偏差较大,见图 5-30。

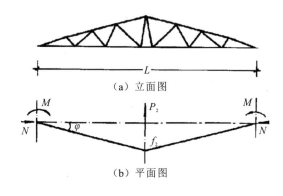

图 5-29　屋架平面外弯曲示意图

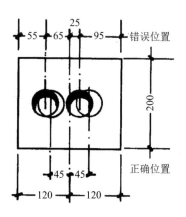

图 5-30　屋架下弦预留孔错位

三、预应力钢筋张拉质量事故

预应力钢筋张拉和放张的常见质量事故及其产生的原因见表 5-18。

案例 5.21

1. 工程事故概况

湖南省某体育中心运动场西看台为悬挑结构,建筑面积 1200 m²,共有悬臂梁 10 榀,梁长 21 m,悬挑净长 15 m,采用无黏结预应力混凝土结构,每榀梁内配 5 束共 25 根 ϕ^j_{15} 钢绞线,固定端采用 XM 锚具,钢绞线束及固定端锚具在梁内的布置见图 5-31。

悬臂梁施工中,在浇混凝土前,建设单位、监理单位、施工单位三方共同检查验收预应力筋与锚具的设置情况,一致认为符合设计要求后,浇筑 C40 混凝土。浇混凝土过程中,为了便于检查固定端锚具的固定情况,施工单位建议在固定端锚板

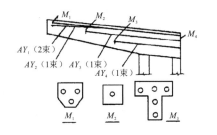

图 5-31　梁内预应力筋及锚具配置示意图

前的梁腹上预留 200 mm×300 mm 的孔洞,但因故未被采纳。当梁混凝土达到设计规定的 70%设计强度时,开始张拉钢绞线。在试张拉的过程中,发现固定端锚具打滑,锚具对钢绞线的锚固不满足张拉力的要求。试张 10 根中有 7 根不符合设计要求,其中有 4 根钢绞线的滑移长度,据测算已滑出固定端锚板。

表 5-18 张拉或放张常见事故原因

序号	类别	原因
1	张拉应力失控	1. 张拉设备不按规定校验; 2. 张拉油泵与压力表配套用错; 3. 重叠生产构件时,下层构件产生附加的预应力损失; 4. 张拉方法和工艺不当,如曲线筋或长度大于 24m 的直线筋采用一端张拉等
2	钢筋伸长值不符合规定(比计算伸长值大 10%或小 5%)	1. 钢筋性能不良:如强度不足弹性模量不符合要求等; 2. 钢筋伸长值量测方法错误; 3. 测力仪表不准; 4. 孔道制作质量差,摩阻力大
3	张拉应力导致混凝土构件开裂或破坏	1. 混凝土强度不足; 2. 张拉端局部混凝土不密实; 3. 任意修改设计,如取消或减少端部构造钢筋
4	放张时钢筋(丝)滑移	1. 钢丝表面污染; 2. 混凝土不密实、强度低; 3. 先张法放张时间过早,放张工艺不当

2. 原因分析

看台外挑长度大,配筋密集,仅预应力筋每榀梁就有 5 束 25 根,混凝土浇筑后的振捣中,强行在密集的钢筋中插入振动棒,难免触碰钢绞线,导致已安装的锚环与夹片松动,水泥浆渗入到锚环与夹片的间隙中的问题更加严重。

钢绞线的固定端设计构造不尽合理,如锚固端选用压花锚具,或将锚具外露,均可避免此事故。施工也不够精心。

案例 5.22

1. 工程事故概况

四川省某厂屋架跨度为 24m,外形为折线形,采用自锚后张法预应力生产工艺,下弦配置两束 4 ϕ 14、44Mn₂Si 冷拉螺纹钢筋,用两台 60t 拉伸机分别在两端同时张拉。

第一批生产屋架 13 榀,采取卧式浇筑,重叠四层的方法制作。屋架张拉后,发现下弦产生平面外弯曲 10～15 mm。

2. 原因分析

(1)对拉伸设备重新校验,发现有一台油压表的校正读数值偏低,即对应于设计拉力值 259.7kN 的油压表读数值,其实际张拉力已达到 297.5 kN,比规定值提高了 14.6%。由于两束钢筋张拉力不等,导致偏心受压,造成屋架平面外弯曲。

(2)由于张拉承力架的宽度与屋架下弦宽度相同,而承力架安装和屋架端部的尺寸形状常有误差,重叠生产时这种误差的积累,使上层的承力架不能对中,而加大了屋架的侧向弯曲。

(3)个别屋架由于孔道不直和孔位偏差,使预应力钢筋偏心,加大了屋架的侧弯。

四、预应力构件裂缝变形质量事故

在预应力混凝土结构施工中,当施加预应力后,常在构件不同部位出现各种各样的裂缝。造成这些裂缝的原因是多方面的,严重时将危及结构的安全。

1. 锚固区裂缝

在先张法或后张法构件中,张拉后端部锚固区产生裂缝,裂缝与预应力筋轴线基本重合。产生的原因主要有:

(1)预应力吊车梁、桁架、托架等端头沿预应力方向的纵向水平裂缝,主要是构件端部节点尺寸不够和未配置足够数量的横向钢筋网片或钢箍。

(2)混凝土振捣不密实,张拉时混凝土强度偏低,以及张拉力超过规定等,都会引起裂缝的出现。

2. 端面裂缝

在预应力混凝土梁式构件或类似梁式构件(折板、槽板)的预应力筋集中配置在受拉区部位,在这类构件中建立预压应力后,在中和轴区域内出现纵向水平裂缝(见图5-32)。这种裂缝有可能扩展,甚至全梁贯通,而导致构件丧失承载能力。

产生这种现象的主要原因是由于锚具或自锚区传来的局部集中力,使梁的端面产生变形,从而在与梁轴线垂直方向也出现局部高拉应力。

3. 支座竖向裂缝

预应力混凝土构件(吊车梁、屋面板等)在使用阶段,在支座附近出现由下而上的竖向裂缝或斜向裂缝(见图5-33)。

产生的主要原因:先张法或后张法构件(预应力筋在端部全部弯起)支座处混凝土预压应力一般很小,甚至没有预压应力。当构件与下部支承结构焊接后,变形受到一定约束,加之受混凝土收缩、徐变或温度变化等影响,使支座连接处产生拉力,导致裂缝的出现。

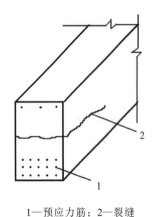

1—预应力筋;2—裂缝

图 5-32 端面裂缝

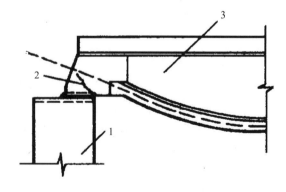

1—下部支承结构;2—裂缝;3预应力构件

图 5-33 竖向裂缝

4. 屋架上弦裂缝

平卧重叠制作的预应力混凝土屋架,在施加预应力后或扶直过程中,上弦节点附近出现裂缝,扶直后又自行闭合。

主要原因:

(1)施加预应力后,下弦杆产生压缩变形,引起上弦杆受拉。

(2)在扶直过程中,当上弦刚离地面,下弦还落在地面上时,腹杆自重以集中力的形式一半作用在上弦,另一半作用在下弦,上弦相当于均匀自重和腹杆传来的集中力作用下的连续梁,吊点相当于支点,使上弦杆产生拉力,导致裂缝的出现。

案例 5.23

1. 工程事故概况

某车间有 30 t 和 50 t,长 12 m 的预应力混凝土吊车梁 168 根,预应力筋为 HRB400 级 4 Φ12 钢筋束,用后张自锚法生产。吊车梁制作后未及时张拉,在堆放期间,发现上下翼缘表面有大量横向裂缝,一般 10 余条,多的达 60~70 条,裂缝宽度一般为 0.1~0.5 mm(如图 5-34)。

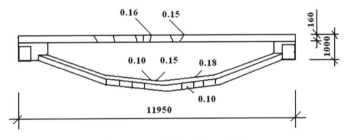

图 5-34 吊车梁裂缝示意图

该批吊车梁张拉后,在梁端浇灌孔附近沿预应力钢筋轴线方向普遍出现纵向裂缝,裂缝首先出现在自锚头浇灌孔处,然后向两侧延伸至梁端部及变截面处,缝宽一般为 0.1 mm 左右。

2. 原因分析

(1)横向裂缝。梁块体长期堆放,环境温度、湿度变化对梁底的影响较小,而对表面,尤其是上下翼缘角部的影响较大。这种温度、湿度差造成的变形,受到下部混凝土的自约束和底模的外约束,以致在断面较小的翼缘处产生干缩裂缝与温度裂缝。该工地曾经测定梁块体的温度变化情况,一天中梁表面与底面的温度差最大可达 19℃,由此产生的温度应力,再加上混凝土的干缩应力的长期作用,是这批构件产生横向裂缝的主要原因。

(2)梁端部裂缝。梁端部裂缝主要是因张拉力过高,在断面面积削弱很大的情况下(有自锚头预留孔、浇灌孔和灌浆孔),孔洞附近应力集中,在张拉时,梁端混凝土产生较大的横向劈拉应力,从而导致混凝土开裂。

案例 5.24

1. 工程事故概况

某钢厂车间采用了跨度为 21 m、24 m 的预应力混凝土拱形屋架 92 榀。屋架端部节点侧面产生了多条裂缝,宽度 0.05~0.3 mm,个别裂缝宽度达 0.9~1.0 mm。裂缝纵向长度一般小于 500 mm,个别大于 600 mm。

2. 原因分析

(1)施工中将屋架端部锚板厚度改小,由原 14 mm 改为 8 mm。

(2)施工中无故取消端部承压钢板两侧三角形加劲钢板。

(3)将预应力钢筋预留孔道由原设计的 φ50 mm 扩大为 φ60 mm。

(4)将孔道周围的螺旋筋由 φ8 长 400 mm 改为 φ6 长 200~300 mm。

经荷载试验,屋架抗裂安全度降低了约 20%,强度也有一定程度的降低。

案例 5.25

1. 工程事故概况

南京市某高层建筑有两层地下室,其梁板结构中含有黏结和无黏结预应力梁 6 根,最长的两根梁全长为 72.9 m。梁截面为"T"形,肋宽 1.20 m,梁全高 1 m(含现浇板厚 300 mm)。混凝土强度等级为 C40。地下室梁板采用泵送商品混凝土。浇后 10 d 拆梁侧模,14 d 拆梁底模,此时预应力筋尚未穿筋张拉。拆底模时,混凝土试块强度为 46.1 MPa。拆梁底模支撑的方法是:边拆除钢管支撑,边顶设方木支撑。

拆模时发现梁板平面位置中部附近有 1 条南北方向的直裂缝,因此全面检查大梁的裂缝情况,2 根最长的梁裂缝有以下特征:

2 根梁侧面共有裂缝 28 条。梁两端第 1 跨裂缝很少(仅 1 个侧面有 1 条,梁跨中附带裂缝数量较多,一般每跨有 4~8 条。裂缝大多数从板底部延伸至梁底以上 70~100 mm 处,个别梁与板的裂缝连通。裂缝中间宽,两端细,基本与梁底垂直。

发现裂缝后连续观测 1 周,裂缝数量增加,经过 14 个月后再检查,开裂最严重的中间两跨梁侧面除了 2 条裂缝宽 0.15 mm 外,其余均为 0.05~0.10 mm。

2. 原因分析

(1)混凝土收缩受到强大的约束。从梁裂缝特征分析,其位置在梁长的中部附近较多;裂缝数量较多,宽度不大;裂缝方向与梁轴线垂直,其形状是两端细中间粗;裂缝数量随时间增加等,都具有典型的梁收缩裂缝特征。

(2)设计构造。该梁为现浇框架梁,全长 72.9 m,施工时长期暴露在大气中,未设伸缩缝,不符合《混凝土结构设计规范》(GB50010—2002)的规定。设计虽在 700 mm 高梁肋的每侧设置了 2Φ18 构造钢筋,但还是不能防止强大的收缩应力而导致裂缝。出现收缩裂缝后,再张拉预应力筋,裂缝中一部分闭合,一部分依然存在。

(3)施工。该梁混凝土的水泥用量为 541 kg/m³(这与设计强度高也有关),坍落度 18 cm,混凝土收缩较大。施工虽然养护 14 d,但是梁侧表面不是覆盖后浇水,对防止早期收缩的效果不明显。该梁为预应力梁,拆底模时混凝土强度虽已达到设计强度的 115%,但因尚未建立预应力,违反《混凝土结构工程施工质量验收规范》(GB 50204—2018)第 4.3.2 的(模板及其支架的拆除时间和顺序应根据施工方式的特点确定)规定,这是导致梁板出现连通裂缝的原因之一。施工时虽采取边拆钢管支撑边顶方木支撑的措施,但是因为该梁和板的自重达 80 kN/m,钢管支撑拆除后,自重及施工荷载在梁内产生较大的应力,导致混凝土开裂和梁产生挠度,再顶方木支撑,已无济于事。

(4)其他原因。该梁截面的最小尺寸已超过 1 m,混凝土因水泥水化热产生的温度升高,可形成一定的内外温差,由此产生的温度应力也可促使混凝土开裂或加剧裂缝的产生和发展。

案例 5.26

某公路特大型桥坍塌事故。

某公路线上一座钢筋混凝土特大型桥,由某公路工程公司承建,1996 年 12 月 20 日上午 9 时 20 分,在进行箱型底板混凝土浇筑时,桥梁支架突然坍塌,致使在桥面上施工的人员坠入 74 m 深的沟底,造成 32 人死亡、14 人重伤的特大事故。

1. 工程事故概况

此公路工程是省道某线公路的改建工程,全长 78 km,其中一期工程 52 km,二期工程 26 km。一期工程 1993 年 5 月正式开工。后因资金困难,经省外经贸委批准,改由市公路建设开发公司、日本某大学准备会有限公司和某工程有限公司三家成立该公路发展有限公司负责投资建设。工程总投资 3.5 亿元人民币。1995 年 3 月,公路发展有限公司与某工程有限公司签订了工期 1 年的二期工程承包合同。到 1996 年 5 月,因该公司并无资质证书,不具备组织施工能力,终止了承包合同,施工人员退场。后该工程由市公路工程公司(资质暂定为二级)总承包。该市公路局成立二期遗留工程施工指挥部再次开工。工程质量由省公路工程质量监督站(隶属于省交通厅)委托该市公路工程质量监督站进行全面质量监督。

该大桥长 163 m,宽 12 m,跨度 100 m,为单跨箱型混凝土拱桥,属特大型桥。山谷底至桥拱顶垂直高度 74 m。1996 年 4 月工程有限公司退出施工现场时,一方桥台工程已按预制吊装方案建好,另一方桥台工程尚未完成。

市公路工程公司承接施工任务后,以工期紧,预制吊装构件场地小等原因,向公路发展有限公司提出将预制吊装施工方案改为支模现场浇筑施工方案。

公路发展有限公司委托市公路局设计室要求变更设计。该设计室提交了混凝土箱型拱桥的上部结构由原预制吊装设计改为现浇施工设计的方案及图纸。大桥现浇施工的支架及钢丝绳吊架的设计制作由某公路局车船修配厂承担。

9 月施工负责人等到厂里催货时,建议厂方对支架结构进行修改,该厂按其建议作了修改。10 月,公路发展有限公司组织召开有设计、施工、质监、监理等有关单位人员参加的大型施工图纸交底会审会,对施工单位提出了具体的施工和技术要求。但施工单位未按设计施工,而是根据草图浇筑了钢管立柱临时支架的基础。

11 月 12 日,进行了钢管临时立柱的现场安装,并对支柱横梁安装在现场进行修改补强作业。12 月 18 日,钢管柱支承及贝雷架平台、模板支架、模板及拱箱底板、肋板钢筋均架设和绑扎完毕。12 月 19 日上午 9 时,施工单位从桥的两端同时向桥中间用小灰桶倒送混凝土,对桥面拱箱底板(厚度 12 cm)进行浇筑作业。10 时 30 分,一个方向的混凝土输送泵发生故障,为求两端进度一致,现场指挥临时决定调集部分人员由另一个桥台方向传递混凝土到对方。下午 4 时,一方桥台的混凝土泵故障排除后,恢复原作业办法,此时该方向进度比另一方向慢近 2 m,施工非对称均衡,当晚 10 时,两端各浇筑了桥长的 1/4,开始从中间向两端浇筑。在浇筑约 12 m 后因拱面斜度大,又改为从两端向中间浇筑。11 时左右,靠一方桥 1/4 处模板及钢筋发生翘起,上凸 3~5 cm,现场施工负责人指挥暂停两边浇筑,组织 20 多个民工上去踩,结果另一边翘起,又用四块预制板往下压,后又在模板上钻孔用钢筋将凸起模板与贝雷架连接,用三个手动葫芦拉紧。同时,组织 24 名民工到模板下(拱顶处)上调模板支撑螺栓,到 20 日凌晨 2 点才恢复浇筑施工。9 时 20 分,当拱桥板浇筑混凝土尚差 2~3 m 就要合拢时,支架及桥面突然坍塌,正在桥面作业的 90 多人随桥面坍塌坠入 74 m 深的沟底,造成 32 人死亡、14 人重伤的特大事故。

2. 事故原因

(1)直接技术原因

施工支架设计强度低,稳定性不够,不能承受大桥施工时的荷载,使支架失稳倒塌。

①大桥施工的支承架没有整体结构设计图,更没有进行支架整体强度及稳定性计算。生产厂家的设计图和计算书仅是局部的,不是一套完整有效的设计图和计算资料。施工单位在没有支架整体设计图纸的整体强度及稳定性计算的情况下,就组织施工,这是一种渎职行为。生产厂家设计制作的支架支撑及连接附件,是根据桥梁分公司提供的方案和有关数据简单验算后设计制作的。事故发生后经验算,这种支架支撑的承载能力仅是实际荷载的1/3。桥梁分公司采用单片贝雷架拼接成大跨梁做支架平台,对贝雷架之间的连接可靠性及整体刚度没有进行计算,造成平台支架在施工荷载下产生过大的弯曲变形,应力超过钢材的屈服强度极限,贝雷架稳定系数小于规范规定,致使支架承载能力不能满足施工荷载要求。

②施工支架的支撑部分稳定性差。支架两边各竖立 3 根并排的钢管柱,其相互连接仅靠两根斜撑,立柱、斜撑和主桁架不是稳固的整体,其相互连接属几何可变体系(不稳定结构形式),任何一个部位发生较大的变形都可导致整个结构的失稳。钢管柱基础为 1.5 m×1.5 m×0.6 m,用混凝土浇筑在岩石表层,未采取任何防止水平滑动的锚固措施,支架倒塌时钢管基础即与岩石分离。

③浇筑桥拱底板混凝土的过程中,没有严格按均匀、对称浇筑的施工规范要求进行,造成拱盘受力不均,模板多处、多次变形,因变形引起的位移对支撑模板的门式脚手架产生水平力,而用门式脚手架搭设的结构不能承受水平力。

④原设计的立柱没考虑与工字钢托架的连接,在安装钢管立柱时,由于没有整体设计图,无法连接,不得不临时在现场将立柱割断切孔重新焊接,使支架承载力受到破坏,达不到原设计要求。

⑤承担大桥施工的公路工程二公司没有制定一个切合实际的施工方案,只有一个施工组织设计说明,且内容不全、规定不细,仅是施工程序的设想和计划。施工中,没有管理人员、作业人员的分工;没有支架搭设、桥面浇筑方案的具体方法、步骤、规定;没有安全防范技术措施,对临时招来的农民工,未进行任何岗前培训。

在浇筑混凝土过程中,曾多次多处出现模板、钢筋严重翘起、变形的事故征兆,施工技术人员因怕出事逃离现场,而现场主管人员不采取有效措施,而是强行施工,还让几十名工人踩压翘起的模板,违反常规,乱干、蛮干。

(2)管理原因

①该公司管理混乱,无视安全,蛮干乱干。该公司 1995 年 11 月 10 日在某大桥施工中,曾发生过因违反操作面规程,导致贝雷架失稳倒塌,造成 5 人死亡、6 人受伤的重大伤亡事故。但对这起事故未能严肃认真处理,从中吸取教训,致使一年后又发生了这次大桥特大事故。

②施工现场没有安全员,安全生产责任制不落实,电工、电焊工、机械工无证上岗,作业人员不懂安全操作规程,事故责任人分公司经理说:我们经理和副经理之间安全责任没有明确。

③由不具备资质条件的单位设计和施工,该公路的建设单位先是市交通委员会成立的

"某公路改建指挥部",后为中外合作的"公路发展有限公司",除一期工程有少量工程采取不规范的招标承包外,绝大部分工程包括工程勘察设计、施工、监理,都未按规定进行招投标。公路发展有限公司明知某工程有限公司无施工资质仍将工程交其施工,致使工程质量差,工期一拖再拖。解除施工合同后,在选择新的施工队伍时仍不进行招投标,直接把工程施工任务交给暂定二级资质的市公路工程公司。

④违规修改设计,公路改建指挥部委托丙级设计资质、未在广东注册的江西赣州公路局勘察设计室进行勘察设计,而后公路发展有限公司委托丙级资质市公路局设计室变更设计,也未经原设计单位同意。

⑤生产厂公路局车船修配厂违规,超出经营范围承接支架设计制作任务。在设计制作中,只根据局部的要求和计算数据,支架几何尺寸和强度均达不到要求。在安装中出现支架钢管立柱切口位置与工字梁尺寸不符时,该厂仍指导对钢管立柱切割及重新焊接。由于非专业人员焊接,焊接错位,质量严重受到影响。

⑥江西赣州公路局设计室(设计资质丙级)1993 年 11 月承担特大型桥的设计,属于越级设计。市公路局设计室(设计资质丙级)1996 年两次承担特大型桥优化设计和变更设计任务,属越级设计,且变更设计未征得原设计单位同意。

⑦监理工作不到位。监理单位与业主签订了合同,要审查施工单位编制的详细施工组织设计方案(包括施工技术方案和施工进度计划),在桥梁图纸会审交底会的会议纪要中,也提出要对施工单位的施工支架及贝雷架搭接整体方案及图纸,支架拱架及各构件计算结果,以及浇筑方案、拱架变形控制、落架方法等进行监督核查。但在施工中,施工单位既没有提交施工设计图纸资料,也没有提交施工支架方案,监理也未采取有效措施。该公路的监理实际上是先由地质部西安工程勘察设计院承接,因其没有监理资质,无法与甲方签定合同,才找另一个康厦监理公司代其签订了合作监理的协议书。

监理人员缺乏施工现场经验;不少是外聘退休工程技术人员,年纪较大,没有监理证书。现场监理人员也没有按监理规范对施工工序和进度进行把关和控制。

案例 5.27

某市自来水公司配水厂一号水池是建在山上的三个水池之一,有效容积为 9324m³,1979 年 12 月 11 日验收,1980 年 1 月 12 日交付使用,1989 年 6 月 20 日水池池壁突然崩塌造成 39 人死亡,6 人受伤的特大事故。

1. 工程事故概况

一号水池参考北京燕山石油化工总厂 1.5 万 m³ 半地下式清水池图纸设计,该水池设计采用地上式预应力装配式钢筋混凝土圆形结构,池壁由 132 块(长 5.62 m×宽 1.0 m×厚 0.25 m/块)预制钢筋混凝土板拼装,板块之间的接缝处用 C30 细石混凝土二次浇筑,板壁外缠绕 266 根 $\phi^s 5$ 的高强钢丝,再喷射 3 cm 厚的 1∶2 水泥砂浆保护层,保护层外砌筑 37 cm 厚普通黏土砖保温墙,池壁内设计未做防渗层,只在接缝处向两侧各延伸 5 cm 范围内刷两道素水泥浆,水池内径 46.9 m,外径 47.4 m,高 6.82 m,有效容积 9324 m³,该水池 1978 年 12 月施工完毕,12 月 11 日验收工程质量被评为优良,1980 年 1 月 12 日交付自来水公司正式使用。1989 年 6 月 20 日下午 2 时 30 分,该水池西南侧池壁突然崩塌了一处长 33.48 m,高 5.84 m 的缺口,水池实际贮水 7774 m³,有 6561 m³ 水从缺口涌出,在短短的十几分钟内大水冲断了山坡上向市区供水的主管道,冲走正在渣坡上拣废铁的部分人员,淹没了地处山下的阳泉钢铁公司主要生产区,造成 39 人死亡,6 人受伤的特大人身伤亡事故,导致市区 70% 的工业和生活用水中断,阳泉钢铁公司四座高炉中的三座停产,18 间民房冲毁倒塌。这次事故直接经济损失 192.54 万元。是我国建筑史上罕见的倒塌事故。

2. 水池崩塌直接原因

(1)施工质量原因

水池绕钢丝严重锈蚀,池壁 240 根绕丝断裂均发生在壁板接缝处,通过对分理出来的 154 根绕丝断头测量断面锈蚀率达 100%,锈蚀量达 63%,且同一根绕丝在贴靠水池砂浆保护层处锈蚀较轻,而贴靠水池接缝混凝土处锈蚀严重,由于绕丝严重锈蚀,有效截面大大减少,抗拉强度降低,在池内水压的作用下绕丝脆性断裂,导致池壁崩塌。

(2)造成事故的其他原因

①池内水温过高,该水池使用的是从 27 km 外的娘子关电厂提取的冷却水,初期电厂冷却水经过一次循环,通过混凝土管道输入池内后水温只有 29℃,后电厂为节能降耗,对冷却水进行了二次甚至三次循环,使输入池内的水温增高到 41℃,由于水温的增高,加剧了水的电化学反应程度。增强了对池壁的腐蚀能力,导致池壁结构过早腐蚀破损。

②施工质量差,水池建于文革后期,管理粗放,施工人员业务素质较差,施工手段比较落后,加之当时城市用水十分困难,各方面对供水工程要求十分迫切,质量问题主要表现在:预制板接缝面未见打毛痕迹,清洗不彻底,个别部位留有泥土,预制板接缝混凝土振捣不实,有蜂窝麻面。从现场取样测试,接缝混凝土抗压强度 16.8 N/mm²,达设计要求的 56%,抗渗等级原设计要求为 S8,实际仅达 S3,砂浆保护层碳化深度 9～15 mm,水池绕丝原设计 266 根,实际仅有 240 根。加之接缝混凝土质量不高,使池内水及其蒸汽长期浸入池壁内部,对绕丝产生电化学反应,造成绕丝有效断面缩小,抗拉强度降低,导致脆性断裂。

③设计考虑不周,该水池作为地上式建筑受地形、地区、投资和其他客观条件制约,但是对于这样一项当时在国内尚无先例的建筑设计,却未能提出相应的安全防范措施。设计在抗拉抗裂强度上仍能满足使用要求,但没有充分考虑到当时的施工能力和施工水平,没有增加二道防线。设计对板壁接缝处的防渗措施不力,只要求采用同级标号的混凝土,在池壁内侧应做整体或带状 2 cm 厚防渗层,而设计只要求在接缝处向两侧各延伸 5 cm 的范围内刷两道素水泥浆,绕丝外应喷 M30 水泥砂浆保护层而设计只要求喷 1∶2 水泥砂浆,强度达不到 M20。

④该水池交付使用后,按常规应在使用过程中进行检查,但在客观上没有可行的检查手段,绕丝严重锈蚀仍未能及时发现,也是酿成事故的原因之一。

3. 结论

某市自来水公司一号水池崩塌的直接原因是水池绕丝严重锈蚀,抗拉强度降低,脆性断裂,但贮水温度增加,加剧了水池电化学反应,增强了对池壁的腐蚀能力;施工质量差,接缝混凝土抗渗强度等级均达不到设计要求,绕丝由 266 根变为 240 根;设计考虑不周,对此国内尚无先例的建筑未提出相应的安全防范措施,没有充分考虑到当时的施工能力和施工水平,没有增加二道防线;使用期间因无可行的检查手段,未能及时发现绕丝的锈蚀也是崩塌的原因之一。

案例 5.28

1. 工程事故概况

白石电站位于逊克县城东南 90 km 处库尔滨河中游,该工程由绥化市水利建筑工程公司承建,1988 年 5 月开工,预计 1990 年 11 月底交付使用。在电站溢流坝施工中,1990 年 8 月 28 日 17 时 30 分桥面混凝土体与支撑部分及四榀钢桥架同时塌落,造成一次 8 人死亡,8 人受伤的特大恶性伤亡事故。

电站枢纽工程由浆砌石重力坝、溢流坝引水建筑物、电站厂房等构成。重力坝长 28 m,最大坝高 21.7 m;溢流坝全长 72 m,分五孔,每孔净宽 12 m;电站主体工程量为 17 万 m³,其中土方 8.9 万 m³,石方 6.1 万 m³,混凝土 2.03 万 m³。

2. 倒塌原因

经地县两级联合调查组的调查及省有关部门参与指导认定:

(1)事故发生的直接原因有两个,一是支撑不牢,二是桁架失稳。其理由是:

①溢流坝上部交通桥的施工是靠每边桥墩预埋四根牛腿支撑四榀钢结构桁架,在桁架上用木杆支撑模板,进行浇筑桥梁及桥面混凝土。采用这种形式施工的交通桥共五孔,每孔净宽 12 m。第一孔已浇筑完,第二孔在浇筑到 10 m 时塌落,第三、第四孔已支模完毕待浇筑。据查,已塌落的第二孔在钢桁架上用小木杆支撑模板,小木杆每根长 0.5 m,分四排,每排 17 根,计 68 根,查已浇完支撑未拆的第一孔 60 根支撑小杆中,有不同程度倾斜的近 15%,查未浇筑的第三、第四孔中支撑倾斜的占 8%,这充分说明,塌落的第二孔木支撑中也存在同样的问题。由于木支撑支立不直,同时小木杆的木楔子规格不规矩,又未执行操作规程。加之纵向又很少有拉杆,横向斜撑只用木条和铁钉连接,整体稳定性能不好,尚且存在支撑木杆直径过细、材质不佳等问题,在浇筑过程中,动荷载使木支撑倾斜,致使混凝土脱落。

②钢桁架失稳。桥架上下弦杆角钢接头处缘板均未焊接,只靠一根角钢受横向荷载,使横向刚度不足。四榀桁架之间只用两根木杆、铁丝连接,在构造上没有拉杆固定,不能形成一体共同作用,当上部荷载较大时,发生横向弯曲,瞬间脱落。

(2)施工管理松弛,工程质量失控。发生事故主要原因是该工程公司安全管理不善,安全管理水平低,该施工队伍存在"三缺"和"三低"的现象,即:缺少领导指挥力量,缺少工程技术人员,缺少技术骨干工人;管理水平低,安全意识低,技术素质低。施工技术资料不全,内业资料缺乏,该有的没有、有的也是残缺不全,不能达到规范的要求;各种安全措施几乎没有,不能执行有关建筑规程规定的"三保"利用。所以造成工程质量失控。

(3)间接原因。施工队伍素质低劣,公司将骨干队伍分散到几个工区,在白石电站工区的 350 名工人中,本公司的队员仅有 12 名,其他的人员均是从外地招用的农民工,这些农民工在上岗前没有进行"三级"安全教育和必要的技术培训,不足一年工龄的占 2/3 还多,并且还有一些年龄小的人员上岗。

案例 5.29

安义县"9404"商品房坐落在县城阳梅头开发小区,是一幢在建工程,于 1995 年 4 月 6 日正在浇第七层楼面混凝土时,突然整体坍塌,造成多人伤亡的重大事故。

1. 工程事故概况

安义县"9404"商品房系 7 层砖混结构住宅工程,下部有 1.8 m 高的杂物间;住宅每层高

3 m,建筑物总高为 22.8 m,总建筑面积为 2980 m²;主要开间为 3.6 m;杂物间砖墙为 365 mm 厚,其余均为 240 mm 厚砖墙,三层以下(含三层)设计为 MU10 砖,M5.0 砂浆,其余均为 MU7.5 砖,M2.5 砂浆;楼面全部为现浇平板,设计用 φ6 及 φ5 冷轧带肋钢筋,混凝土为 C20;每层设有钢筋混凝土圈梁和构造柱;基础两端为挖孔桩基,其余均为浅埋钢筋混凝土带形基础。

该工程由安义县城建综合开发公司投资开发,安义县规划设计院设计,安义县南安建筑安装公司施工。1994 年 12 月 23 日破土动工,1995 年 1 月施工基础曾因质量、设计等原因返过一次工,并按修改后的设计进行施工;在 2 月 23 日浇完一层楼面混凝土后,则分别在 3 月 3 日、3 月 19 日、3 月 25 日、4 月 1 日浇完了 2～6 层楼面混凝土,4 月 6 日浇第七层楼面混凝土,当浇至约从东面开始二个开间时,房屋整体坍塌;第五、第六层模板及支撑尚未拆除,第四层楼板模板及支撑于 4 月 2 日拆除,用于第七层楼板安装模板。

2. 倒塌原因

(1)建设单位方面。安义城建综合开发公司,对建设项目没有按规定完善报建手续。在未取得正式报建文件就自行进行议标。选择的施工单位亦无正式资质等级证书,没有组织设计和施工单位进行技术交底和图纸会审,开发公司本身未建立质保体系、配备相应的人员进行质量管理。该工程又未正式办理质量监督手续。开发公司从项目报建、队伍选择、质量管理都严重违反国家规定。

(2)设计方面。设计单位没有地质勘察资料就进行设计并发送施工;结构设计新老规范混合使用;基础变更设计无校审人员签名,亦无图签。

图纸标注说明不清、错漏较多、校审不认真。现浇平板厚度均无注明,部分负筋未绘出,地下层柱与基础锚固未作交待;楼面钢筋采用冷轧带肋钢筋,负弯矩配筋不足,F 轴空间墙砌体强度不够等。

(3)施工方面。安义南安建筑公司没有正式资质等级证书,"9404"工程未领取施工许可证就自行组织施工。南安建筑公司是个只有几个人的单位,无固定的技术力量,全部施工由涂某负责(个人承包),施工技术是以包工不包料的各工种的承包者负责。

施工中盲目追求进度,无施工组织设计和保证质量的技术措施,一般七天完成一层结构工程,如四层楼面混凝土龄期仅五天就浇筑第五层楼面混凝土,六层楼面混凝土龄期仅四天就浇第七层楼面混凝土。混凝土 12 h 刚终凝,尚未达到允许上部承受轻微震动强度,就开始砌墙。从坍塌后的构件检查发现,钢筋基本与混凝土没有黏结。

混凝土没有做配比试验,施工时采用"经验"配比。经 4 月 10 日(坍塌后 4 天)现场回弹检测第四层楼面混凝土强度 12.1 MPa,仅达 60%。

板中的负弯矩钢筋是随浇随放,经坍塌现场抽检,四、六层负弯矩钢筋严重不足,长度不符合要求,位置不正确,钢筋间距比原设计大 1～5 倍;抽检 φ6 冷轧带肋钢筋为不合格品。以上因素导致楼板承载能力大大降低。

楼板混凝土未按规定进行试块试验、达到允许拆模强度后方可拆模。第四层楼面混凝土 13 天龄期即拆模板(当时南昌气温最低约 5℃,最高约 10℃左右,且延续 10 余天),上部各层模板仍支承在第四层楼面上,而第五层楼面混凝土在龄期仅七天,第六层楼面混凝土仅一天即拆模,楼板内钢筋又系冷轧带肋钢筋,破坏特征为脆性断裂。

砖墙使用的砖及砂浆达不到设计标准。经现场抽样试验,砖除一、六层为 MU7.5 外,其余均为低于 MU7.5 的等外品;砂浆未进行试配,经现场抽样回弹检测强度,除地下层(杂物间)为 2.7 MPa 外,其余均低于 1.0 MPa;原设计要求三层及三层以上为 MU10 砖 M5 砂浆,其余均为 MU7.5 砖、M2.5 砂浆,因此砖墙轴心受压强度降低 50% 以上;墙体从尚存部分观察检查,砌筑质量差、灰缝厚度大、接槎不良,未放置内外墙连接钢筋。

原材料质量差,从工地原检测的几组砖及钢筋的报告中,已发现砖达不到 MU10,钢筋达不到合格要求,但仍继续用在工程上,既未注明使用部位,亦没有采取任何措施。

整个已完成的结构部分工程,施工不按程序、不遵守规程、盲目乱干、工地无质量检查制度,施工人员技术素质极低,结构工程质量低劣。

(4)管理方面。县主管部门不按程序管理。对该项工程在未办理正式报建手续、不经招投标管理、施工队伍无资质等级证书,未领取施工许可证而自行施工。

县质量监督站未办理正式监督手续,且又派员进入施工现场检查,在现场发现的问题,无跟踪检查落实结果。

3. 结论

安义县"9404"商品房整体坍塌的主要原因是:施工盲目赶进度、砌体质量低劣、混凝土强度低,楼板内负弯矩钢筋比设计量少 50%～80%,拆模时间早,造成现浇楼板裂断,引发墙体倾斜而使整体坍塌。设计单位没有地质勘探资料就进行设计并发送施工图纸,有的构件且标注说明不清,错漏较多。工程从立项、设计到施工都没有按照基建程序办事,是造成该项工程整体坍塌的根源。

案例 5.30

1. 工程事故概况

1989 年 3 月 7 日上午 11 时 5 分左右,彭泽县电影公司新建住宅的一户配套厨房发生一起人员伤亡的倒塌事故。

该住宅厨房为一层砖混结构,由彭泽县设计室设计,县建筑公司一名工人施工(个体)。建筑面积为 12 m²,地面为架空钢筋混凝土梁板,建筑层高 3.3 m,外墙三斗一眠,内墙为半砖墙,东、南两侧由混凝土梁支承,北侧坐落在毛石挡土墙上,屋顶板尚未施工,梁两端一头搭在扶墙柱上,一头搭在毛石挡土墙上,两端搭接长度超不过 24 cm,梁板是 1989 年元月 15 日浇注。3 月 7 日拆模时突然梁断倒塌,整间全部垮至地面,梁板大部分粉碎,有少数不规则混凝土块,钢筋大部分脱离混凝土,仅一梁(L3)下半部混凝土仍包住钢筋。事故造成 1 人死亡,重伤 1 人,造成直接经济损失 18700 元。具体详见图 5-35。

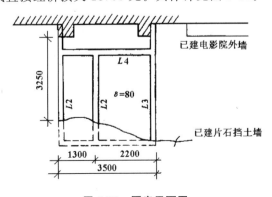

图 5-35　厨房平面图

2. 原因分析

(1)从设计复核(图 5-36)。根据现场目睹者提供的情况,事故是从右边 $L2$ 梁跨中首先破坏再整个垮下,从荷载看也是该梁较大。按设计的 C20 混凝土和 II 级钢复核:

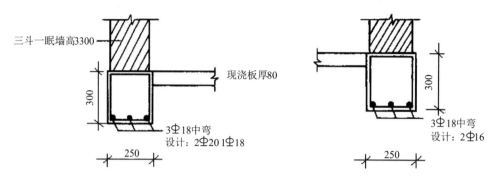

三斗一眠墙高3300
现浇板厚80
300
3Φ18中弯
设计:2Φ20 1Φ18
250

300
3Φ18中弯
设计:2Φ16
250

图 5-36　梁截面图

①梁跨中弯矩:$M = 30.7$ kN·m

需要钢筋截面:$A = 5.06$ cm²

实际 3Φ8 钢筋截面:7.63 cm² > 5.06 cm² 足够安全

②最大剪力:$V_{max} = 58.3$ kN

$kV = 1.55 \times 58.3 = 90.4$ kN

混凝土和箍筋能承担的剪力 $V_{kh} = 90.6$ kN > 90.4 kN

计算可不配弯起钢筋,而设计有 1Φ18 弯筋。

③挠度:允许挠度 $\dfrac{e}{200} = 1.62$ cm

设计挠度为 0.61 cm < 1.62 cm 符合要求。

(2)从施工操作复查。混凝土配合比:据现场施工队邬队长介绍,混凝土的配合比是根据当地经验配制的,该工程混凝土实际配合比是每拌水泥一包(合一担半),砂三担半,石子六担。

以上体积比为 1.5 : 3.5 : 6 即 1 : 2.33 : 4,折成重量比,1.5 担 = 50 kg,要

$$\frac{1300}{50} = 26 \text{ 包} = 1 \text{ m}^3, \qquad 50 \text{ kg} = \frac{1}{26} \text{ m}^3 = 0.0385 \text{ m}^3$$

每担 $\dfrac{0.0385}{1.5} = 0.0257$ m³,得,

砂每担重　　　　　　　　　　$0.0257 \times 3.5 \times 1450 = 130$ kg,

石子每担重　　　　　　　　　$0.0257 \times 6 \times 1550 = 230$ kg,

折成重量比为:1 : 2.6 : 4.78

以单位混凝重为 2400 kg/m³,根据目测混凝土内气泡分析单位用水量接近 180 kg/m³,则

$$2400 - 180 = 2220 \text{ kg}$$

水泥用量 $\dfrac{2220}{(1 + 2.6 + 4.78)} = 265$ kg/m³。

$$\text{水灰比} = \frac{180}{265} = 0.68$$

若实用 27.5 级水泥，按水灰比 $= \dfrac{\text{水泥标号} \times \text{系数}}{\text{水泥标号} \times \text{系数} \times 0.5 + \text{混凝土强度等级}}$，即

$$0.68 = \frac{325 \times 0.55}{325 \times 0.55 \times 0.5 + X}$$

$$X = \frac{178.75}{0.68} - 89.78 = 73 \text{ 号（C7.5）}$$

说明操作中水灰比较大，即使 27.5 水泥能保证 27.5 等级，亦难以达到 C20 混凝土的要求。即使如此，由于钢筋用量富余，该工程不至于倒塌。

3. 倒塌原因

（1）据现场倒塌混凝土粉碎及钢筋黏结情况看，倒塌的直接原因是混凝土强度极低造成的，在现场未粉碎的混凝土块用回弹仪试测，读数极低（最高 13.5，最低 0）查不出强度，连起码的强度等级都达不到，而造成混凝土强度等级极低的原因是由于水泥质量所引起的，因此，县水泥一厂应对此次事故负主要责任。

（2）另外设计部门没有按现场实际尺寸进行设计，设计布局不合理，不应在观众厅扶墙柱搭接混凝土梁。严重影响了生命线工程的使用功能。

（3）施工人员在施工中发现设计图纸与实际施工尺寸不吻合时稍有改动，没有及时与设计部门取得联系，混凝土的配比水泥用量少。

（4）建设单位未能按上级有关部门对建筑施工有关规定，办理质检手续，同时也未与承建单位签订正式合同书（急于施工）。

4. 结论

该厨房倒塌的直接原因是县水泥一厂所产水泥质量存在的问题，造成混凝土强度等级极低而引起倒塌。

第六节　现浇钢筋混凝土框架工程常见的质量问题

现浇钢筋混凝土框架结构工序多，难度大，技术和管理要求高。

现浇钢筋混凝土框架结构在施工中出现的质量问题，除了钢筋混凝土工程施工中常见的如混凝土强度不足、钢筋用量偏低等质量事故外，就其框架结构本身的特点而言，框架结构是由梁、板、柱等基本构件组成的，框架结构可能出现的质量缺陷或事故主要是柱、梁、板等构件的施工质量缺陷或事故和各构件之间刚性连接节点不牢固的质量缺陷或事故。下面主要就柱、柱梁连接等施工中常见质量缺陷或事故做一简要分析。

一、柱平面错位

多层框架的上下层柱，在各楼层处容易发生平面位置错位，特别是在边柱、楼梯间柱和角柱更是明显。如图 5-37 所示。造成上述现象的主要原因：

（1）放线不准确，使轴线或柱边线出现较大的偏差。

（2）下层柱模板支立不垂直、支撑不牢或模板受到侧向撞击，均易造成柱上端移动错位。

（3）柱主筋位移偏差较大，使模板无法正位。

二、柱主筋位移

柱主筋位移,在钢筋混凝土框架结构施工中极易发生,钢筋的位移严重地影响了结构的受力性能。造成柱主筋位移的主要原因:

(1)梁、柱节点内钢筋较密,柱主筋被梁筋挤歪,造成柱上端外伸主筋位移。

(2)柱箍筋绑扎不牢,模板上口刚度差,浇筑混凝土时施工不当引起主筋位移。

(3)基础或柱的插筋位置不正确。

三、柱弯曲、鼓肚、扭转

在柱的施工中,柱容易发生弯曲、截面扭转、鼓肚、窜角等质量缺陷,如图 5-38、图 5-39 所示。

造成柱弯曲的主要原因:模板刚度不够,斜向支撑不对称、不牢固、松紧不一致,浇筑混凝土时模板受力不一,造成弯曲变形。

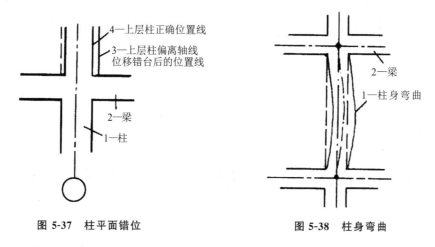

图 5-37　柱平面错位　　　　　　　　图 5-38　柱身弯曲

造成柱截面扭转的主要原因:放线误差,支模未能按轴线兜方,上下端固定不牢,支撑不稳,上部梁板模板位置不正确和浇筑混凝土时碰撞等因素,均可能造成柱身扭转。

造成鼓肚、窜角的主要原因:柱箍间距过大或强度、刚度不足;一次浇筑过高、速度太快,振捣器紧靠模板,使混凝土产生过大的侧压力等引起模板变形;柱箍安装不牢固等。

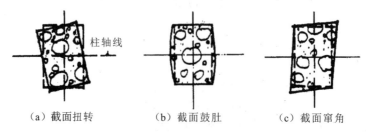

　（a）截面扭转　　　　　（b）截面鼓肚　　　　　（c）截面窜角

图 5-39　柱截面扭转、鼓肚、窜角

四、梁柱交接部位质量事故

梁柱节点是框架结构极重要的部位,该部位的质量对于保证框架结构有足够的强度至关重要。在梁柱节点部位常见的质量事故有混凝土振捣不密实、主筋锚固达不到设计要求、箍筋遗漏等。造成上述事故的主要原因有:

(1)钢筋太密,浇筑混凝土的漏振均会引起该处混凝土的不密实。

(2)主筋设计错误或施工错误等均会造成主筋锚固不够。

(3)由于该节点三个方向梁柱交叉,钢筋集中,加之受传统施工工艺和顺序的影响,绑扎箍筋的不方便,因此,施工中往往造成箍筋遗漏。

五、梁板施工质量缺陷

梁板施工质量缺陷主要有钢筋位置不正、楼板超厚等。主要原因是:

(1)主次梁在柱头交接处钢筋重叠交叉、排列不当时,钢筋容易超过板面标高,这时,要保证板厚,否则就露筋,要保证钢筋的保护层厚,必然使楼板加厚。

(2)板内各种预埋管线过多,也可能形成露筋或板厚的质量通病。

(3)施工顺序安排不当。特别是电气工和钢筋工的工序。先绑负筋时,部分电气管道压在上面,使负筋位置降低,影响结构承载力。

(4)设计不合理。

上述介绍的工程质量缺陷和事故在第五章钢筋混凝土工程中的工程实例作了分析。

案例 5.31

1. 工程事故概况

某百货商店工程是一幢中部为 4 层,两侧为 3 层的现浇框架结构工程。1996 年 4 月在完成基础工程后,开始上部结构的施工,当主体结构和部分装饰工程均已完成时,于 1997 年 6 月 30 日突然发生局部倒塌,各层倒塌情况的平面示意图见图 5-40。

2. 原因分析

设计方面的问题:

(1)倒塌部分的次梁多数为两跨连续梁,在框架计算中,把连续梁当做简支梁来计算支座反力,并以此支座反力作为次梁对于框架的作用荷载,次梁支座传到框架上的荷载少算了25%,造成框架内力计算值偏小;此外框架底层柱实际高度为 6m,而计算简图中取柱高为5.8m,也使结构偏于不安全。

(2)该工程框架设计中,内力计算组合没有按照设计规范规定的活荷载应采用最不利组合的方法进行计算。

(3)荷载计算问题。框架设计中,有的荷载漏算或取值偏小。例如四层部分屋面干铺炉渣找坡层,平均厚度为 7 cm,计算中仅取 4 cm。又如所有梁的自重均未计入梁的抹灰层的重量。

(4)施工图纸有些问题未交待清楚,有的还有差错。例如墙厚尺寸不清,有的墙厚在各图纸中还有矛盾;特别需要指出的是倒塌部分的次梁伸入墙内的支承长度问题,图纸中不明

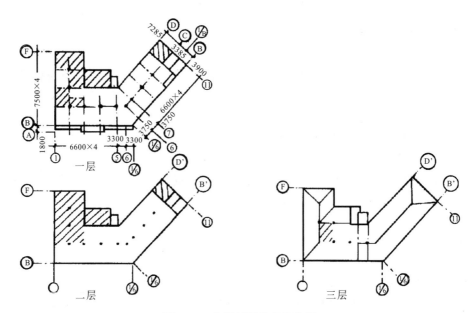

图 5-40　各层倒塌情况示意图

（图中画斜线部分为倒塌部位）

确，实际的支承长度为 24 cm，事故发生后，才知道应为 37 cm。

（5）框架配筋不足：倒塌的 KJ-1 框架施工图中，有 10 处图中配筋量少于需要的配筋量。例如Ⓑ轴线的一层梁，支座配筋少 44％，二层梁支座配筋少 45％；Ⓒ～Ⓓ轴线间四层梁中配筋少 18％（此梁已跨塌）；Ⓓ轴线一层梁支座配筋量少 24％，二层梁支座配筋量少 21％（此梁已垮塌）等。KJ-1 框架施工图中部分断面配筋量与计算需要的配筋量对照情况见图 5-41。

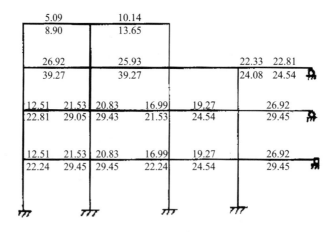

图 5-41　框架部分杆件配筋量对照图

（图中横线以上为施工图配筋，横线以下为计算需要配筋量，单位:cm²）

施工方面的问题：

（1）混凝土浇筑质量低劣。主要是框架柱有严重孔洞、烂根和出现蜂窝状疏松区段（50 cm 和 100 cm 高的无水泥石子堆）。例如框架 KJ-1 二层柱上麻面、孔洞严重，此段高达

50 cm,深 12 cm,混凝土捣固很不密实。柱断塌后明显可见,断裂破坏处钢筋被扭成卷曲状。柱被破坏成三段,下段是柱根部,高约 85 cm,混凝土面上可以看到多条明显的竖向裂缝,说明该柱因承载能力不足而破坏。中段长约 90 cm,全段横截面最大处的底边宽为 32 cm,上边宽为 20 cm(设计柱断面为 40 cm×40 cm)。柱的上段完全粉碎,只剩一块混凝土挂在钢筋上,柱钢筋被扭弯。

(2)混凝土实际强度低。该工程大部分混凝土没有达到设计强度,见表 5-19。

表 5-19　低于设计强度的混凝土情况一览表

结构部位	一层框架	KJ-1 框架	三、四层框架	二层框架	二层框架	已倒塌部分	一、二层框架
构件名称	柱	4 根柱	柱	柱	梁	梁	圈梁
设计强度	C28	C28	C18	C18	C18	C18	C18
实际强度	17.2	19.6～27.7	12.4～17.4	11.1	14.8	12.5～18.0	<10.0
检验方法	试块	回弹仪	回弹仪	回弹仪	试块	回弹仪	回弹仪
检验龄期	41 天				42 天		
备　注				已倒塌		已倒塌	

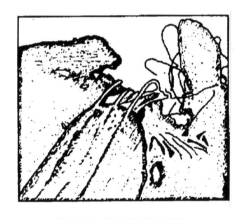

图 5-42　次梁从墙中脱落

此外,3～4 层框架没有试块试验报告单。

(3)部分次梁从墙中全部脱落。3 层Ⓔ轴线上次梁和左右邻近次梁从③轴线墙中全部脱落,见图 5-42。

(4)钢筋工程问题。经检查发现钢筋位置不准,圈梁转角部位钢筋搭接长度不够。

(5)施工超载。3 层屋顶的一部分在施工过程中做上料平台用,且堆料过多,倒塌时屋顶堆有脚手杆 49 根和屋面找坡用的炉渣堆等。

(6)构件超重。经检查大部分预制空心板都超厚,设计为 18 cm,实际为 19～20.5 cm。

(7)乱改设计。未经设计单位同意,屋面坡度由 2%改为 4%;地面细石混凝土厚度由 4 cm改为 6 cm;水泥砂浆找平层由 1.5 cm 改为 3 cm,这就使静荷载由原设计的 1392 N/m² 增加到 1911 N/m²,比原设计增加 37%。而 4 层则由 549 N/m² 增加到 1215 N/m²,增加了 120%。

(8)炉渣层超重。倒塌时期正值雨季,连连阴雨天使屋面炉渣层的含水率达饱和状态,炉渣的实际密度达 1037 kg/m³,超过设计值 30%。

(9)砌筑工程质量差。砖与砌筑砂浆强度均未达到设计要求,见表5-20。

表 5-20　低于设计规定的砖与砂浆情况一览表

项目	材料					
	砖	砌筑砂浆				
设计强度(N/mm²)	10.0	10.0		5.0		
所用部位	一层柱	一层	二层	一层	二层	三、四层
实际强度(N/mm²)	7.5	3.8	4.5	1.7	2.3	无试块

砌体组砌方法不符合施工规范的要求。例如很多部位砂浆不饱满、通缝较多等。

设计要求埋置的拉结或加强钢筋,施工中漏放或少放。例如转角处没有埋置转角钢筋,设计要求每三皮砖放一层钢筋网,实际有的四皮砖,有的六皮砖才放置一层钢筋网。

第七节　特殊工艺钢筋混凝土框架工程

一、液压滑升模板工程

滑升模板是一种工具式模板,用于现场浇筑高耸的构筑物和高层建筑等,如烟囱、筒仓、电视塔、竖井、沉井、双曲冷却塔和剪力墙体系及筒体体系的高层建筑等。目前我国有相当数量的高层建筑是用滑升模板施工的。

滑升模板的施工,是在建筑物或构筑物的底部,沿其墙、柱、梁等构件的周边组装高1.2m 左右的滑升模板,随着向模板内不断地分层浇筑混凝土,用液压提升设备使模板不断地沿埋在混凝土中的支承杆向上滑升,直到需要的浇筑高度为止。用滑升模板施工,可以节约模板和支撑材料、加快施工速度和保证结构的整体性。但模板一次性投资多、耗钢量大,对建筑的立面造型和构件断面变化有一定的限制。滑升模板施工是一项技术性十分强的施工,施工不当就会造成建筑外形、位置、结构破坏等质量事故,甚至造成滑升系统倾覆、坍塌、建筑物或构筑物倒塌等重大质量事故。

下面分别就滑升模板在建筑物和构筑物的施工中常见质量缺陷做相应分析。

(一)构筑物滑模施工

滑模施工的常见构筑物主要有:烟囱、筒仓、电视塔、水塔等。在这些构筑物的滑模施工中,常见的质量缺陷主要有:滑升扭转、滑升中心水平位移、水平裂纹等。

1. 滑升扭转

滑升施工时,在滑升模板与所滑结构竖向轴线间出现螺旋式扭曲,如图5-43所示。这不仅给筒体表面留下难看的螺旋形刻痕,而且使结构壁竖向支承杆和受力钢筋随着结构混凝土的旋转位移,产生相应的单向倾斜及螺旋形扭曲,改变了竖向钢筋的受力状态,使结构承载能力降低。造成滑升扭转的主要原因:

(1)千斤顶爬升不同步,造成部分支承杆过载而弯折倾斜,致使结构向荷载大的一方倾斜。

(2)滑升操作平台荷载不均,使荷载大的支承杆发生纵向挠曲,出现导向转角。

（3）液压提升系统布置不合理，各千斤顶提升之间存在提升时间差，先提升者过载，支承杆出现过载弯曲。

（4）滑升模板设计不合理，组装质量差。

2. 滑升中心水平位移

滑升中心水平位移是指在滑升过程中，结构坐标中心随着操作平台产生水平位移。其主要表现为整体单向水平位移，如图 5-44 所示。

（1）千斤顶提升不同步，使操作平台倾斜，在操作平台自重力水平分力作用下，操作平台向低侧方向移动。

（2）操作平台上荷载不匀，如平台一侧人员过分集中，混凝土临时堆放点选择不当，以及混凝土卸料冲击力等，都会造成操作平台倾斜，促使中心位移。

（3）风力等外力影响。

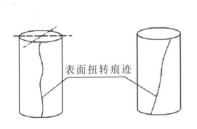

图 5-43　滑升扭转示意图

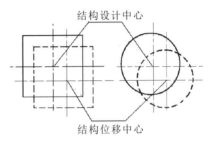

图 5-44　中心水平位移示意图

3. 水平裂纹

在滑升施工中，水平裂纹是很容易出现的质量问题。重则引起结构断裂性破坏，轻则在结构表面上造成微细裂纹，破坏混凝土保护层，影响结构使用寿命。

造成水平裂纹的主要原因：

（1）模板与结构表面的摩阻过大。构筑物滑升模板时，摩阻力包括模板与混凝土之间的黏结力、吸附力、新浇混凝土的侧压力，由于千斤顶不同步模板出现倒锥现象或倾斜等而增加的摩阻力。在正常情况下，模板滑升摩阻力与外界气温高低、混凝土在模板内的停留时间有关。在滑升施工中，施工程序、混凝土浇筑方法、施工组织等都和停留时间有关。只要以上某一环节安排不当，使模板内混凝土停留时间过长，加大了摩阻力，都可能造成滑升水平裂纹。

（2）模板设计不合理，刚度较差，在施工动载、静载、附加荷载（如纠偏荷载的作用下）模板结构变形，也可能会造成滑升水平裂纹。

（二）高层和多层建筑滑模施工

高层或多层建筑滑模施工有多种施工方法，如分层滑升逐层现浇楼板法、分层滑升预制插板法以及一次滑升降模法等。但在施工过程中，常见的质量缺陷主要有滑升中心水平位移、水平裂纹、表面黏结、框架结构中的柱子掉角等。滑升中的水平位移、水平裂纹产生的原因在前面已做了分析，下面主要分析柱掉角、表面黏结的原因。

1. 柱掉角

在框架结构的滑模施工中，其施工的质量缺陷主要反映在柱子上。

柱掉角并不是一开始就发生的,而是随着滑升的不断进行而逐步趋向严重。一般滑升刚开始,柱角部位开始出现水平裂纹,随着时间的推移,水平裂纹间距变小,最后出现柱角混凝土成段拉坏,演变为掉角,使柱角主筋暴露。产生这种现象的主要原因:

(1)柱角混凝土实际上是柱面主筋的保护层,其内聚力较小,受到柱面两侧摩阻力的作用,在模板提升时黏结力及摩阻力远较平面滑升部位大,加上初期混凝土强度很低,致使柱角部位混凝土拉裂脱落。

(2)在柱角部位,模板极易黏结灰浆、混凝土等黏结物,加大了摩阻力,极易造成柱角拉裂或掉角。

(3)被拉裂的混凝土碎渣,被柱子钢筋阻止在模板内,形成夹渣,成为模板与低强度混凝土之间的扰动因素,进一步损害了柱面质量。

2. 表面黏结

模板与混凝土黏结,使得结构的表面质量不佳。在滑模施工中,往往容易造成表面混凝土与模板的黏结,以至于带脱保护层,这些剥落体在模板内随模板上升,在新浇混凝土表面进行滚动,造成柱混凝土保护层疏松或剥落。造成这种现象的主要原因是:

(1)停滑措施不及时或不适当,引起模板黏结。

(2)各部位浇筑速度不一致,造成不同部位混凝土凝固时差,使脱模措施不能全面收效。

(3)模板上黏结物过多,未及时清理。

案例 5.32

1. 工程事故概况

某市纺织商厦坐落在市区中心,建筑面积 8400 m²,钢筋混凝土 7 层框架结构,总建筑高度为 22.4 m,采用滑模施工技术。正当滑模施工到第五层主体时,发生了操作平台倾覆的重大质量事故。

2. 原因分析

通过现场调查和检查有关施工记录和资料,造成操作平台倾覆的主要原因是因支承杆失稳造成的,而且是模板以下支承杆的失稳引起的。支承杆失稳的主要原因:

(1)在滑升过程中,支承杆的安装本身不垂直。

(2)在施工过程中,操作平台上堆载过大,严重偏心。如一侧堆放了 75 kg 的氧气瓶等。

(3)提升系统提升不同步,造成部分支承杆过载而弯折倾斜。

(4)在提升过程中,模板上黏结上灰浆、混凝土等黏结物时,强行提升,使支承杆失去稳定而弯曲。

案例 5.33

1. 工程事故概况

秦皇岛港码头区某水塔工程是一座新建钢筋混凝土倒锥壳供水设施。在水塔滑模施工过程中发生倾覆塌落。

该水塔为 100 m³ 倒锥壳钢筋混凝土水塔,塔身直径 2.4 m,系筒壁结构,壁厚为 180 mm,混凝土设计强度为 C20,施工时按 C40 施工,水塔总高度为 29.42 m,筒壁竖向配筋为 22 排Φ14@200,塔身施工采用滑模施工工艺,同时在筒壁施工中按要求配 16 Φ25 钢筋兼作滑模支承杆,水塔待塔身施工完毕后,在地面预制,然后提升到位。滑模装置见图 5-45。水塔的立面图及剖面图见图 5-46、图 5-47。

　　水塔于 1987 年 4 月正式开工，1987 年 5 月 7 日施工进度达到塔身高度 17.5 m 时，当施工单位滑模班组施工交接时，下一班组在没有任何异常的情况下正常施工，这时滑模架突然倾覆，造成多人伤亡。

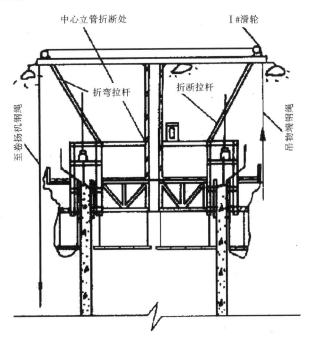

图 5-45　滑模装置图

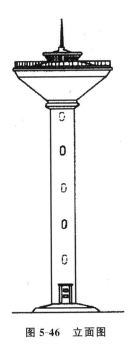

图 5-46　立面图

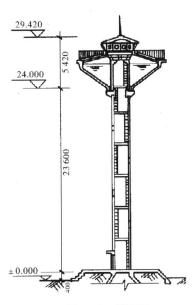

图 5-47　剖面图

2. 原因分析

水塔事故发生后,迅速成立了联合调查组对事故进行调查处理。调查组分别对设计文件、基础连接、机具结构、施工工艺流程、混凝土质量、钢筋抗拉强度、施工操作细则等进行了全面审查、分析、研究、试验,对参与施工的 46 人进行了询问,分析原因如下:

(1)机具运转故障。从现场调查发现,水塔在 17.5 m 高度折断,走边丝跳槽被卡在天梁 I 号滑轮上,中心立管在焊口处折断,斜拉梁两断两折。上述情况的发生,是在某种外力作用下才导致滑模机具的倾覆,而这种外力的产生是由于走边丝跳槽被卡在滑轮上,造成卷扬机钢绳受力状态改变,当时模具正在滑升过程中,滑模架上承受走边丝的压力,下受八组 16 个千斤顶(每个 35 kN,共 560 kN)的向上顶力,致使机具杆件承受不了,造成滑模架中心立管焊缝处折断(φ140 钢管),两侧 4 根拉杆(φ90 钢管)两断两弯,使滑模机具突然倾覆,失去平衡,从而导致这场事故。

(2)施工现场管理松懈。事故发生后的多方调查发现,现场质量管理制度不健全、落实不力等是事故发生的一个主要原因。如:当班卷扬机操作工无证上岗,卷扬机房内无照明措施,天梁滑轮及钢丝绳检查制度不健全,施工现场无安全检查员等。本应杜绝和消除的机械故障因管理工作不到位导致这次事故的突发。

二、预制钢筋混凝土框架结构

预制装配钢筋混凝土框架结构施工不当,会影响梁、板、柱的质量,质量关键在于把好梁柱节点施工质量关。

梁柱节点出现质量事故,会严重影响到整个框架结构的整体性和刚度。

节点质量事故主要有:

柱与柱、柱与梁、梁与梁之间的焊接质量差,以及箍筋加密不符合设计要求。图 5-48 显示了梁柱节点处理的构造。

预制框架柱施工的质量事故主要有:柱平面位置扭转、柱安装垂直偏差、柱安装标高错误等。

造成柱平面位置扭转的主要原因:吊装中弹线对中不准确;定位轴线不准等。

造成柱垂直偏差的主要原因:安装时校正不对;焊接顺序和质量影响了柱的垂直度。

造成柱标高误差的主要原因:预制柱长度误差大,安装前未及时检查处理;定位钢板标高误差等。

案例 5.34

1. 工程事故概况

1998 年春的一个夜间,一阵大风将某市焦化厂工地正在施工的皮带运输机转运站的装配式钢筋混凝土框架刮倒。框架顶标高 38.7 m,平面尺寸为 8.7 m×8.7 m 的 6 层框架,见图 5-49。框架是预制框架结构。结构吊装于 1998 年初冬完工,梁与柱节点未焊接,接头的混凝土也未浇筑,就这样放置了一个冬天。事故发生时风力估计有 8 级,框架的 4 根柱子在离地面 80~120 cm 处断裂,柱向顺风方向倾倒。倒下后迎风面柱的主筋被拉开,背风面的主筋弯成 90°。柱顶的梁被甩出,其余的梁大部分在梁端处与柱牛腿拉开。

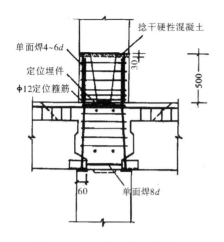

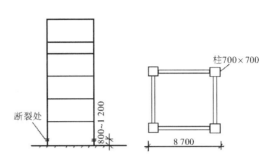

图 5-48　梁柱节点处理构造　　　　　　　图 5-49　框架断裂示意

2. 原因分析

事故发生后,有人认为是风刮倒的。但经过实际调查后,确认是一宗施工责任事故,是施工过程中忽视结构的整体稳定而造成的。

设计要求:柱、梁吊完一层,应将节点上下钢筋和预埋铁件焊接完成,并即浇灌节点混凝土,使梁、柱节点形成刚性接头,然后才能吊装上一层框架。当时由于土建施工与吊装施工是两个单位,协调配合不好,使结构处于不稳定状态,且长期无人过问,由于这场大风,才使问题暴露出来。

案例 5.35

1. 工程事故概况

四川省某厂电站主厂房为一装配式钢筋混凝土框架结构,梁、柱为刚性接头,钢筋采用V 形坡口对焊,见图 5-50。梁主筋为两根通长受拉钢筋,受压区有三根非通长的负弯矩钢筋,见图 5-51。每根梁一次焊成,焊完后发现在 7 m 标高的平台处有程度不同的裂缝,其长度、宽度与焊接间隔时间和焊缝大小有关,焊接间隔时间越短,焊缝越大,裂缝越严重。

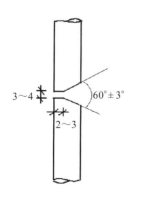

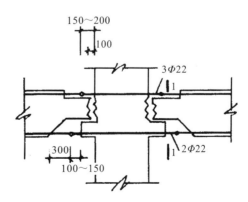

图 5-50　钢筋 V 形坡口焊　　　　　　　图 5-51　梁柱节点图

2. 原因分析

主要是每根梁一次施焊完毕,热量集中,温度过高,冷却后梁的收缩受到框架柱的约束,使梁产生裂缝。

案例 5.36

海亨毛纺织责任有限公司羊毛衫车间全部框架拆除重建。

1. 工程事故概况

该车间设计为5层(局部为6层),无黏结预应力混凝土井字梁结构,基础为桩基。建筑面积7500余平方米。设计单位为海盐县建筑设计所,设计审核单位为嘉兴设计院,施工单位为浙江萧山建工集团总公司第四分公司。1996年9月16日,该工程施工至三层结构平面的8~12轴(3~8轴尚未浇筑)时,海盐县建筑工程质量监督站发现二层楼面8月18日浇捣混凝土时留的一组试块强度仅为18.2 MPa(设计混凝土强度等级为C35),引起了各部门的重视,海盐县建筑工程质量监督站遂对该工程进行全面回弹检测,回弹结果显示,该工程混凝土强度回弹值与设计值相差较大。1996年10月30日和31日,施工单位委托浙江省建筑工程质量监督检验站对该工程的混凝土强度进行了钻芯取样检测,结果显示:底层柱混凝土平均强度为29.7 MPa,最小值仅为19.8 MPa,标准差为5.90 MPa,变异系数为19.8%。二层结构柱帽区混凝土平均强度为21.5 MPa,最小值仅为12.7 MPa。标准差为6.58 MPa,变异系数为30.5%。在对该工程底层框架混凝土的强度进行检测并取得检测结果的基础上,经专家小组讨论,最终施工单位做出全部框架拆除重建的决定。基础混凝土经检测符合要求予以保留。

2. 事故原因

在整个施工过程中,没有履行严格的招投标制度,技术管理松懈。项目经理对工程的施工知识知之甚少,其他技术人员也没有得到相应的配备。进入主体施工后,在对混凝土浇捣前的原材料控制上,工程的实际造价偏低,偷工减料,采用了过期的水泥。砂石的粒径也没有控制好,混凝土的配合比没有试配,浇捣时各种原材料没有严格计量等。管理的混乱、技术力量的不足,最终造成了这起工程质量事故。

案例 5.37

丰南县胥各庄镇铁南水泥厂料仓倒塌事故:该水泥厂始建于1985年8月,1992年1月实施由普立窑改为机立窑的技改项目,1993年4月4日12时20分,机立窑生产线西侧4个料仓突然倒塌,造成直接经济损失56万元的重大事故。

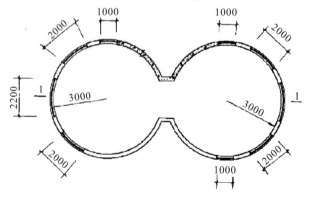

图 5-52　料仓平面图

1. 工程事故概况

整个技改项目包括砖筒料仓 11 个,高度均为 18 m,直径为 6 m,料仓平、立、剖面见图 5-52、图 5-53、图 5-54、图 5-55。厂房为钢筋混凝土框架结构,土建工程造价为 109 万元,该工程于 1992 年 3 月由厂内主要领导私自指定三支零散建筑队施工,套用图纸,当年 10 月竣工,该工程施工过程中县建委先后对该工程停工三次,但没彻底解决问题,工程竣工后,未经验收,1993 年 4 月 4 日上午 11 时许,位于生产线西侧的 4 个料仓装料 14 m 高(料为石灰石)准备试生产,12 时 20 分突然倒塌,幸值中午时分,附近无人,没有造成人员伤亡,但直接经济损失达 56 万元之巨。

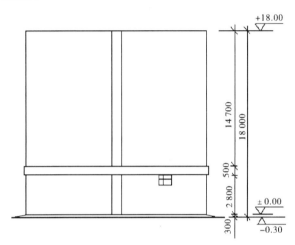

图 5-53　料仓南立面图　(1∶100)

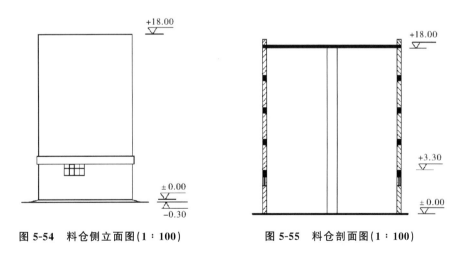

图 5-54　料仓侧立面图(1∶100)　　　　图 5-55　料仓剖面图(1∶100)

2. 倒塌原因

该料仓的倒塌原因是多方面的:

(1)施工图不符合规定要求,该工程私自套用丰南县第二水泥厂的图纸,并且残缺不全,此图的主要技术要求,材料使用等都没明确,既无设计单位标签,又无设计人的签字,是一套非法图纸,不能作为施工的依据。

(2)建设单位擅自变更图纸,原图纸本来就不能作为施工的依据,擅自变更就破坏了原设计的整体一致性,加大了危险系数,原图中料仓高度为 15.5 m,直径 7 m,建设单位擅自将高度改为 18 m,直径 6 m,料仓 4 m 标高以下的支承结构原图为钢筋混凝土结构,被改成了砖砌体,并在底部随意增开了两个 2 m 宽的洞口,相应地减少了砖支筒的承载力,是料仓装料后倾刻倒塌的直接原因。

(3)料仓地基承压强度严重超出地耐力的允许值,铁南水泥厂所在地,地基承载力为 100 kPa,如料仓装料满载时,可达到 800 kPa,使料仓立即处于破坏状态。

(4)混凝土、砂浆强度达不到设计要求,施工质量低劣。在施工过程中,建设单位指定使用启新水泥厂的粉尘与本厂生产的 27.5 级水泥搭配使用,致使混凝土强度太低,据测定,倒塌的 4 个料仓,混凝土强度平均值为 10.85 MPa,仅达设计等级 C20 的 54.3%,砂浆平均强度为 2.61 MPa,达到设计的 21.6%,由于厂方资金紧张,在原材料的供应上力不从心,缺这少那,是勉强凑合才完工的。施工质量低劣主要表现在,组砌不合理,490 mm 墙改为 240 mm 墙并列,砂浆饱满度较差,混凝土中夹砖等。

(5)违反建筑市场的有关规定,不按基建程序办事。这一事故是一起重大的责任事故,建设单位不服从建设主管部门的管理,我行我素,只重工程进度,缺乏科学的严肃态度,存有侥幸心理,盲目蛮干,建设单位对施工现场监管不力,是主要责任者,施工单位急功近利,粗制滥造,对这起事故负有重要责任。

3. 结论

铁南水泥厂料仓倒塌的直接原因,是建设单位盲目指挥,不按基建程序办事,随意改动图纸,提供不合格建材,且施工质量低劣。事故发生后,有关责任者已分别受到行政及法律处分,对那些不按基建程序办事、扰乱建筑市场行为的制造者敲了一次警钟。

思考题

1. 构筑物滑模施工中主要的质量缺陷有哪几种?
2. 预制装配式钢筋混凝土框架施工中主要质量事故或缺陷有哪些?
3. 高层和多层建筑中滑模施工中的主要质量事故或缺陷有哪些?
4. 现浇钢筋混凝土框架结构施工的主要质量事故或缺陷有哪些?
5. 带形基础、杯形基础模板施工中常见的质量缺陷有哪些?产生的原因是什么?
6. 梁、深梁、圈梁模板施工中常见的质量缺陷有哪些?产生的原因是什么?
7. 楼梯模板施工中常见的质量缺陷有哪些?产生的原因是什么?
8. 柱模板施工中常见的质量缺陷有哪些?产生的原因是什么?
9. 通过对模板工程中工程实例的学习,你掌握了几个重点防范问题?
10. 钢筋制作安装中易出现哪些质量事故?
11. 混凝土强度不足的主要原因有哪些?
12. 混凝土结构错位变形事故有哪些类别?
13. 预应力筋、锚夹具事故有哪些特征?产生的主要原因是什么?
14. 预应力筋张拉和放张事故的常见原因有哪些?
15. 预应力构件裂缝有哪些类型?各自产生的原因是什么?

第六章　结构安装工程

【教学要求】
　　结构安装工程包括钢筋混凝土结构安装工程和钢结构安装工程。结构安装工程的质量对整个建筑物的质量有至关重要的影响,不仅直接影响建筑物的强度、刚度,一旦出现问题会导致重大人员伤亡事故。本章结合实际案例阐述了避免出现事故的关键点。
【教学提示】
　　在钢筋混凝土结构安装工程中,主要分析了构件堆放时易发生质量事故;预制构件安装时常见的质量事故及原因;在钢结构工程中,分析指出了钢结构连接质量特别是焊连接质量导致事故的原因。对钢网架结构工程质量事故产生的原因也做了分析。

第一节　装配式钢筋混凝土结构吊装工程

　　在装配式厂房、多层预制框架等施工中,其主要承重结构柱、吊车梁、梁、屋架、屋面板等构件大多采用工厂预制,或现场预制。承重构件的吊装安装质量是施工的关键。

　　各种预制构件因构造不同,安装方法及其工艺也不同,发生的质量事故或缺陷也不尽相同,造成的原因也各种各样。

一、构件堆放时发生裂纹、断裂或倒塌

　　主要原因:

　　(1)构件强度不足,支点不符合要求,构件重叠层数过多。

　　(2)地基不平,未经夯实或雨季没有排水措施,地基浸泡下沉。

　　(3)临时加固不牢。

二、柱安装质量事故

　　(一)轴线位移

　　柱的实际轴线偏离标准轴线的主要原因:

　　(1)杯口十字线放偏。

　　(2)构件制作时断面尺寸、形状不准确。

（3）对于多层框架 DZ₁ 型和 DZ₂ 型柱，安装时如采用柱小面的十字线，而不采用柱大面的十字线，易造成柱扭曲和位移。

各层柱未围绕轴线，而以下层柱几何中心线为起点校正，造成累积误差，见图 6-1（b）。

例如某 14 层（地下二层）的预制短柱式框架结构科研楼。总高 47.6 m，设计允许吊装误差，沿全高不得大于 20 mm；每层柱的垂直允许偏差为 5 mm。施工中，每层柱安装都严格检查，满足了设计要求，但全部吊装结束，验收时发现，最上一层柱轴线偏离标准轴线误差最大 50 mm，远远超过了设计要求。其主要原因是没有按图 6-1（a）那样每层进行误差调正。

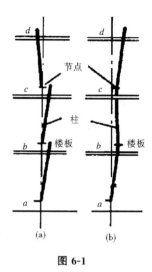

图 6-1

（4）对于插进杯口的柱，如单层工业厂房柱，不注意检验杯口尺寸，如杯口偏斜，柱与杯口内无法调正，或因四周楔块未打紧，在外力作用下松动。

（5）多层框架柱与柱连接，依靠钢筋焊接，钢筋粗，偏移后不宜移动，会使柱位移加大。

（二）柱运输或安装时出现裂缝

柱的裂缝超过允许值的主要原因：

（1）吊装构件的混凝土强度没有达到设计强度的 70%（或 100%）。

（2）设计时忽略了吊装所需的构造钢筋。没有进行吊装验算或采取必要的加固措施。

（3）在运输或安装过程中受到外力的碰撞。

（三）柱垂直偏差

柱产生垂直偏差的因素较多，吊装施工、环境（如风力、日光照射等）因素都可能影响到柱的垂直偏差。产生的主要原因：

（1）测量中的误差或错误。

（2）柱安装后，杯口混凝土强度未达到规定要求就拔去楔子，由于外力的作用造成柱的垂直偏差。

（3）双肢柱由于构件制作误差或基础不平，只能保证单肢垂直偏差，忽略了另一肢的垂直偏差。

（4）柱与柱、柱与梁因焊接变形使柱产生垂直偏差。

三、梁安装中的质量事故

（一）梁垂直偏差

梁垂直偏差的主要原因：

（1）梁侧向刚度较差，扭曲变形大。

（2）梁底或柱顶不平，缝隙垫得不实。

(3)两端焊接连接因焊接变形产生的垂直偏差。

(二)梁位移

梁产生水平位移的主要原因:

(1)预埋螺栓位置不准、柱安装不垂直、纵横轴线不准等。

(2)外力的作用使梁位移。

四、屋架安装质量事故

(一)屋架垂直偏差

造成屋架垂直偏差超过允许值的主要原因是屋架制作或拼装过程中本身扭曲过大;安装工艺不合理,垂直度不易保证。

(二)屋架开裂

造成屋架裂缝的主要原因:

(1)屋架扶直就位时,吊点选择不当。

(2)屋架采取重叠预制时,受黏结力和吸附力影响开裂。

(3)预应力混凝土构件孔道灌浆强度不够。

(4)吊装中屋架受振或碰撞开裂。

(三)下弦拉杆受力不均

下弦拉杆受力不均的主要原因:在拼装过程中,吊点选择不合理,使下弦杆受压,当屋架安装到设计位置时,屋架两端支点摩擦力较大,依靠屋架本身自重不能使下弦杆拉直。

案例 6.1

1. 工程事故概况

某发电厂第二期扩建工程施工期间,主厂房 E 轴线 12 根预制钢筋混凝土柱与 53 块板式梁,在八级大风的袭击下,由南向北发生倒塌事故。

该主厂房扩建面积为 11 个柱距共 66 m(⑨轴至⑳轴),横向一跨(Ⓓ轴至Ⓔ轴),跨度 30 m,面积 1980 m²,如图 6-2 所示。

主厂房 E 轴共有 12 根预制钢筋混凝土双肢柱,柱距 6 m,柱外形断面尺寸为 500 mm×2200 mm,柱全高 44.4 m,分两节预制后拼装。柱与基础为湿式接头(二次浇筑混凝土),上下柱节的连接为钢板焊接接头,相邻柱间自下向上共用 5 层纵向板式梁相连接。接头为钢板焊接后二次浇筑混凝土,组成刚性接头。柱外形见图 6-3。

2. 原因分析

(1)该工程由施工单位现场制作预制构件,另一施工单位负责吊装及接头焊接。两施工单位工序衔接不协调,施工过程中,由于预制构件存在问题,未能及时处理,而且现场焊工不足,梁柱吊装之后,不能及时焊接固定。为了赶吊装进度,违反施工程序,在下截柱梁节点尚未焊完,节点尚未浇筑混凝土,整个排架尚未形成稳定的情况下,就安装上节柱子。经事后调查,Ⓔ轴 12 根钢筋混凝土预制柱与 55 块板式梁之间共有 220 个节点,在这些节点上,共

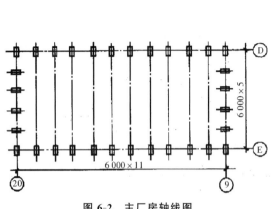

图 6-2 主厂房轴线图

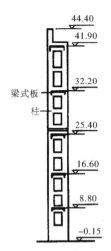

图 6-3 柱外形图

有 528 个钢筋坡口平焊接头和 616 条焊缝。事故发生前只焊了 220 条焊缝,有的焊接长度和厚度也未达到设计要求,528 个钢筋坡口平焊一根未焊(图 6-4),致使Ⓔ轴形成一个高达 44.4 m 的在较长时间处于不稳定状态的排架结构,抵挡不了八级大风的袭击。

(2)排架吊装期间,由于排架的不稳定状态,总工程师曾决定在Ⓔ列柱南北两端设置缆风绳,并在第一柱的⑩至⑬轴间设剪刀缆绳等临时的加固措施。但在实施时,现场人员不经请示,任意拆除北端和⑩至⑬轴间的剪刀缆绳,南端拴在挡风柱上的缆绳,有一根被解脱而无人过问。事故发生时,Ⓔ轴柱南端仅有 2 根缆绳,其直径为 1.27 cm,其中一根拴在临时电话线杆上,另一根拴在地面上的混凝土预制构件上。在八级大风袭击下,一根缆风绳被拉断,另一根将临时电话线杆连根拔出,拖出 16 m 远。

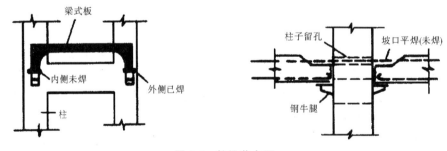

图 6-4 柱梁节点图

案例 6.2

1. 工程事故概况

某车间 12 m 钢筋混凝土屋面大梁,平卧预制。起吊后发现 50% 吊环附近混凝土局部压碎,吊环偏斜,混凝土产生裂缝,见图 6-5 所示。

裂缝均从吊环根部开始,在平卧起吊的上侧,朝大梁下翼缘方向发展,上大下小,最大为 1 mm,未穿透,亦未进入下翼缘,在上翼缘范围内多呈倾斜状,而在腹板中部多呈竖直状。

凡有裂缝处的吊环多产生不同程度的偏斜,其偏斜最大值为 40 mm,其根部混凝土多数出现局部压碎现象。

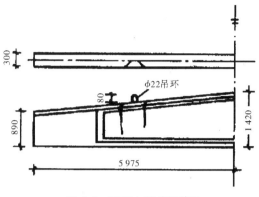

图 6-5 屋面大梁破坏情况

2. 原因分析

(1)上翼缘裂缝。吊环安装时箍筋被碰撞发生位移,平卧起吊时仅有两个钢箍起作用。按剪力 12.5 kN 分析,考虑动力系数 1.5,安全系数 1.4,吊环处需钢筋截面为 1.86 cm^2,实际只有 0.932cm^2,起吊时是用两台吊车平卧起吊,吊环受力不均匀,造成了受剪破坏。

(2)大梁腹板裂缝。腹板侧向刚度本来很小,翼缘开裂后,上部梁的侧向刚度大为降低,引起腹板开裂,在其向下延伸的过程中,大梁已逐渐立起,此时梁的刚度很大,所以腹板的裂缝未发展到下翼缘,亦未裂透。

(3)吊环偏斜。屋面大梁重量为 5 t,平卧起吊开始时,每个吊环平均受力为 12.5 kN,吊环的受力由受弯逐渐变为受拉。吊环直径为 22 mm,其根部的弯曲应力 $\sigma = 412.7$ N/mm^2(不包括动力系数和安全系数),远远大于钢筋的屈服点 240 N/mm^2,使吊环一肢出现较大的拉伸塑性变形。另外,预制梁的吊环悬出长度超过 80 mm,最大达 180 mm,增大了吊环平卧起吊的弯矩。用两台吊车起吊,吊环受力不均匀,受力较大的吊环,残余变形也大,因此吊环发生偏斜。

(4)吊环根部混凝土被压碎。平卧起吊时,吊环受弯,在其根部产生很大的局部压力。按 B.H 日莫契金著《杆件弹性插入端的计算》分析,吊环根部的局部压应力 $\sigma_j = 40$ N/mm^2;而此处混凝土的容许压应力 $[\sigma_j] = 18.5$ N/mm^2,小于 σ_j(未计安全系数及动力系数)。另外,设计中未规定平卧施工时吊环放置的位置,施工时将其放在钢筋网的上面。如将吊环放在钢筋网的下面,吊环受纵向钢筋的阻挡,局部压力会大大减小。另外,施工时,吊环长短不一,采用两台吊车起吊,难以同步,使吊环受力不均匀。以上原因,造成局部受力太大而将混凝土压碎。

第二节 钢结构工程

钢结构是一门古老而又年轻的工程结构技术。随着国民经济的发展和社会的进步,我国钢结构的应用范围也从传统的重工业、国防和交通部门为主扩大到各种工业与民用建筑工程,尤其在高层建筑、大跨结构、各种轻型工业厂房和仓储建筑中得到越来越多的应用。各种结构形式如钢网架结构、轻钢结构、高层钢结构大量涌现。这些新技术的出现,也对钢结构的设计和施工安装提出了新的要求,如果安装不当,就会出现质量事故。

本节所述针对钢柱、梁、屋架及这些构件的连接。由于钢结构以钢板和型钢为主要材料,必须使用物理、化学性能合格的钢材,并对钢板、型钢间的连接质量加以严格控制。

(一)钢结构制作时质量控制要点

(1)应保证钢材的屈服强度、抗拉强度、伸长率、截面收缩率和硫、磷等有害元素的极限含量,对焊接结构还应保证碳的极限含量。必要时,尚应保证冷弯试验合格。

(2)要严格控制钢材切割质量。切割前应清除切割区内铁锈、油污,切割后断口处不得有裂纹和大于 1.0 mm 的缺棱,并应清除边缘熔瘤、飞溅物和毛刺等。机械剪切时,剪切线与号料线允许偏差不得大于 2 mm。

(3)要观察、检查构件外观,以构件正面无明显凹面和损伤为合格。

(4)各种结构构件组装时,顶紧面贴紧不少于 75%,且边缘最大间隙不超过 0.8 mm。

(5)构件制作允许偏差以钢屋架、屋架梁及桁架制作分项工程为例。其他构件的允许偏差见《建筑安装工程质量检验评定标准》。

(二)钢结构焊接时质量控制要点

(1)焊条、焊剂、焊丝和施焊用的保护气体等必须符合设计要求和钢结构焊接的专门规定。

焊条型号必须与母材匹配,并注意焊条的药皮类型。严禁使用药皮脱落或焊芯生锈的焊条和受潮结块或熔烧过的焊剂。焊条、焊剂和粉芯焊丝使用前必须按质量证明书规定进行烘焙。

(2)焊工必须经考试合格,取得相应施焊条件的合格证书。

(3)承受拉力或压力且要求与母材等强度的焊缝,必须经超声波、X 射线探伤检验。超声波检验时应符合《锅炉和钢制压力容器对接焊缝超声波探伤》(JB1152—81))规定;X 射线检验时应符合《金属熔化焊对接头射线照相》和质量分级(GB/T3323—2005)的规定。

(4)焊缝表面严禁有裂纹、夹渣、焊瘤、弧坑、针状气孔和熔合性飞溅物等缺陷。气孔、咬边必须符合施工规范规定,检查时按焊缝受载作用的不同分为三个级别:①一级焊缝(指受动荷载或静荷载受拉的焊缝,应与母材等强度;不允许有气孔、咬边);②二级焊缝(指受动荷载或静荷载受压的焊缝,应与母材等强度;不允许有气孔;要求修磨的焊缝不允许咬边;不要求修磨的焊缝,允许有深度不超过 0.5 mm,累计总长不超过焊缝长度 10% 的咬边);③三级焊缝(指除上述一、二级焊缝外的贴角缝,允许有直径≤1.0 mm 的气孔,在 1.0 m 以内不超过 5 个;允许有深度不超过 0.5 mm,累计总长不超过焊缝长度 20% 的咬边)。

（5）焊缝的外观应进行质量检查，要求焊波较均匀，明显处的焊渣和飞溅物清除干净（按焊缝数抽查 5％，每条焊缝抽查一处，但不少于 5 处）。

（6）焊缝尺寸的允许偏差和检验方法：检查数量按各种不同焊缝各抽查 5％，均不少于 1 条；长度＜500 mm 的焊缝每条查 1 处，长度 500～2000 mm 的焊缝每条查 2 处，长度＞2000 mm 的焊缝每条查 3 处。

（三）钢结构高强螺栓连接时质量控制要点

（1）高强螺栓的形式、规格和技术条件必须符合设计要求和有关标准规定。高强螺栓必须经试验确定扭矩系数或复验螺栓预拉力。当结果符合钢结构用高强螺栓的专门规定时，方准使用。

（2）构件的高强螺栓连接面的摩擦系数必须符合设计要求。表面严禁有氧化铁皮、毛刺、焊疤、油漆和油污。

（3）高强螺栓必须分两次拧紧，初拧、终拧质量必须符合施工规范和钢结构用高强螺栓的专门规定。

（4）高强螺栓接头外观要求：正面螺栓穿入方向一致，外露长度不少于 2 扣（检查数量按节点数抽查 5％，但不少于 5 个）。

（四）钢结构安装时质量控制要点

（1）构件必须符合设计要求和施工规范规定。由于运输、堆放和吊装造成的构件变形必须矫正。

（2）垫铁规格、位置要正确，与柱底面和基础接触紧贴平稳，点焊牢固。座浆垫铁的砂浆强度必须符合规定。

（3）构件中心、标高基准点等标记完备。

（4）结构外观表面干净，结构大面无焊疤、油污和泥沙。

（5）磨光顶紧的构件安装面要求顶紧面紧贴不少于 70％，边缘最大间隙不超过 0.8 mm（按接点数抽查 10％，但不少于 3 个）。

（6）安装的允许偏差和检验方法符合要求。

（五）钢结构油漆工程质量控制要点

钢结构投入使用前必须进行防腐处理。目前我国钢结构的防腐措施主要是在其表面覆盖油漆类涂料，形成保护层。钢结构油漆工程的缺陷大体有：①皱皮（厚涂层表面干燥时和下层涂层未干即涂上层涂料时易发生）；②流坠（涂层厚和涂料稀释过分或使用稀释剂过多时易发生）；③剥离或称脱皮（涂层厚或涂料系列不同时易发生）；④起泡（涂层下生锈或水分侵入涂层后易发生）；⑤粉化（涂层老化现象）；⑥龟裂（涂层下层软、上层硬时易发生；也指涂层老化失去柔软性后表面收缩的现象）；⑦透色（咬色）、失光变白、变色褪色、颜色不均、光泽不良等现象。

钢结构油漆工程的质量控制要求有：

（1）油漆、稀释剂和固化剂种类及质量必须符合设计要求。

（2）涂漆基层钢材表面严禁有锈皮，并无焊渣、焊疤、灰尘、油污和水等杂质。用铲刀检查经酸洗和喷丸（砂）工艺处理的钢材表面必须露出金属色泽。

（3）观察检查有无误涂、漏涂、脱皮和反锈。

(4)涂刷均匀,色泽一致,无皱皮和流坠,分色线清楚整齐。

(5)干漆膜厚度要求 125 μm(室内钢结构)或 150 μm(室外钢结构)允许偏差-25 μm(检查数量按各种构件件数各抽查 10%,但均不少于 3 件。每件测 3 处,每处值为 3 个相距 50 mm 测点漆膜厚度平均值)。

第三节　钢结构工程质量事故处理

一、钢结构连接质量事故

钢结构连接质量事故常见的原因:

(1)连接件材质差。

(2)荷载、安装、温度和不均匀沉降作用使连接中产生的应力超过其承载力。

(3)连接质量低劣,如焊缝尺寸不足、漏焊、未焊透、夹渣、气孔、咬边等,螺栓和铆钉头太小、紧固不好、松动、栓杆弯曲等。

(4)在动力荷载和反复荷载作用下疲劳损伤。

(5)连接节点构造不完善。

焊缝缺陷产生的原因,见表 6-1。

表 6-1　焊缝缺陷产生原因

缺陷	产生原因
咬边(咬肉)	1. 电流过大 2. 运条速度不当 3. 电弧太长
焊瘤	1. 点焊过高 2. 运条速度不当或电弧过长 3. 电流不适当
夹渣	1. 焊接电流太小 2. 坡口角度太小 3. 焊件上有较厚的锈蚀 4. 药皮性能不好 5. 操作不熟练
气孔	1. 碱性焊条受潮、药皮变质、钢芯锈蚀,非碱性焊条焙烘温度过高,药皮变质 2. 埋弧焊时焊剂未按规定焙烘,焊丝不清洁 3. 焊件表面有水、油、油漆等 4. 电流太大,焊条烧红 5. 薄钢板焊接的速度太快,空气湿度大 6. 焊条药皮偏心焊时混入空气

续表

缺陷	产生原因
弧坑	1. 熄弧时间太短 2. 薄钢板焊接时电流太大 3. 埋弧自动焊时未先停车再停丝
未焊透	1. 电流过小,施焊过速,热量不足 2. 运条不正确,焊条偏向坡口一侧 3. 拼装间隙不正确,不易施焊 4. 焊条没有伸入焊缝根部 5. 起焊温度较低 6. 双面焊时没有清根
焊接裂纹	1. 焊件的含碳量过高或含硫磷成分高 2. 焊条质量差 3. 定位焊点太少或在强制变形下定位焊 4. 结构刚度大而焊接顺序不当 5. 焊件厚而没有预热 6. 低温下焊接 7. 结构构造引起的严重应力集中 8. 反复荷载作用下产生疲劳破坏

下面通过工程实例分析螺栓连接的质量事故原因。

案例 6.3

1. 工程事故概况

中国某航空公司与德国某航空公司合资兴建的喷漆机库扩建工程,机库大厅东西宽 52 m,南北长 82.5 m,东西两端开口,屋顶高 34.9 m。机库屋盖为钢结构,东西两面开口,由两榀双层桁架组成宽 4 m、高 10 m 的空间边桁架,与中间焊接空心球网架连成整体。

平面桁架采用交叉腹杆,上、下弦采用钢板焊成 H 形截面,型钢杆件之间的连接均采用摩擦型大六角头高强螺栓,双角钢组成的支撑杆件连接采用栓加焊形式,共用 10.9 级、M22 高强螺栓 39000 套,螺栓采用 20MnTiB,高强螺栓由上海某高强度螺栓厂和上海另一家螺栓厂制造。

钢桁架于 1993 年 3 月下旬开始试拼接,4 月上旬进行高强螺栓试拧。在高强螺栓安装前和拼接过程中,建设单位项目工程师曾多次提出终拧扭矩值采用偏大,势必加大螺栓预拉力,对长期使用安全不利,但未引起施工单位的重视,也未对原取扭矩值进行分析、复核和予以纠正。直至 5 月 4 日设计单位在建设单位再次提出上述意见后,正式通知施工单位将原采用的扭矩系数 0.13 改为 0.122,原预拉力损失值取设计预拉力的 10% 降为 5%,相应地终拧扭矩值由原采用的 629 N·m,取 625 N·m 改为 560 N·m,解决了应控制的终拧扭矩值。

但当采用 560 N·m 终拧扭矩值施工时,M22、$l=60$ mm 的高强螺栓终拧时仍然多次出现断裂。为了查明原因,首先测试了 $l=60$ mm 高强螺栓的机械强度和硬度,未发现问题。5 月 12 日设计、施工、建设、厂家再次对现场操作过程进行全面检查,当用复位法检查终拧扭矩值时,发现许多螺栓超过 560 N·m,暴露出已施工螺栓超拧严重。

2. 原因分析

(1)施工前未进行电动扳手的标定。高强螺栓终拧采用日本产 NR-12T$_1$ 型电动扭矩扳手,在发生超拧事故后,对电动扳手进行检查,实测结果证实表盘读数与实际扭矩值不一致,当表盘读数为 560 N·m 时,实际扭矩值为 700 N·m;表盘读数为 380 N·m 时,扭矩值才是所要控制的 560 N·m。因此,施工前,扳手未通过标定,施工人员不了解电动扳手的性能,误将扭矩显示器的读数作为实际扭矩值,是造成超拧事故的主要原因,仅此一项的超拧值达 25%。

(2)扭矩系数取值偏大。扭矩系数是准确控制螺栓预拉力的关键。根据现场对高强螺栓的复验,扭矩系数平均值(某工厂 0.118,另一工厂 0.117)均较出厂质量保证书的扭矩系数(某工厂 0.128,另一工厂 0.121)平均值小。施工单位忽视了对螺栓扭矩系数的现场实测,采用图纸说明书要求的扭矩系数平均值,即 $K = 0.110 \sim 0.150$,取 $K = 0.130$,作为计算终拧扭矩值的依据,显然取值偏大,导致终拧扭矩值超拧约 6%。

(3)重复采用预拉力损失值。钢结构高强螺栓连接的设计、施工及验收规程规定,10.9级、M22 高强螺栓的预拉力取 190 kN。而本工程设计预拉力取 200 kN,施工单位在计算终拧扭矩值时,按施工规范取设计预拉力的 10% 作为预拉力损失值,这样,施工预拉力为 220 kN,大于大六角头高强螺栓施工预拉力 210 kN 的 5%。

二、钢柱安装质量事故

(一)钢柱常见的安装质量事故

(1)柱肢变形(弯曲、扭曲)。

(2)柱肢体有切口裂缝损坏。

(3)格构式柱腹杆弯曲和扭曲变形。

(4)柱头、吊车梁支承牛腿处焊缝开裂。

(5)柱垂直偏差,带来围护构件和邻近连接节点损坏和吊车轨道偏位。

(6)柱标高偏差,影响正常使用。

(7)柱脚及某些连接节点腐蚀损伤。

(二)造成上述钢柱损坏的主要原因

(1)柱与吊车梁的连接节点构造与施工图不符,铰接连成刚接、刚接连成铰接,使柱与节点上产生附加应力。

(2)柱与柱的安装偏差,导致柱内应力显著增加,构件弯曲。

(3)柱常受运输货物、吊车吊臂或吊头碰撞,导致柱肢弯曲、扭曲变形、切口和裂缝。

(4)由于高温的作用使柱肢弯曲,支撑节点连接损坏开裂。

(5)没有考虑荷载循环的疲劳破坏作用,使牛腿处焊缝开裂。

(6)地基基础下沉,带来柱倾斜、标高降低。

(7)周期性潮湿和腐蚀介质作用,导致钢柱局部腐蚀,减少了柱截面。

(8)节点构造不合理。

三、钢屋盖工程质量事故

(一)钢屋盖工程常见的质量事故

(1)桁架杆件弯曲或局部弯曲。

(2)屋架垂直偏差。

(3)桁架节点板弯曲或开裂。

(4)屋架支座节点连接损坏。

(5)屋架挠度偏差过大。

(6)屋盖支撑弯曲。

(7)屋盖倒塌。

(二)造成上述质量事故的主要原因

1. 制作安装原因

(1)构件几何尺寸偏差,由于矫正不够、焊接变形、运输安装中受弯,使杆件有初弯曲,引起杆件内力变化。

(2)屋架或托架节点构造处理不当,形成应力集中,檩条错位或节点偏心。

(3)腹杆端部与弦杆距离不合要求,使节点板工作恶化,出现裂缝。

(4)桁架杆件尤其是受压杆件漏放连接垫板,造成杆件过早丧失稳定。

(5)桁架拼接节点质量低劣,焊缝不足,安装焊接不符合质量要求。

(6)任意改变钢材要求,使用强度低的钢材或减少杆件截面。

(7)桁架支座固定不正确,与计算简图不符,引起杆件附加应力。

(8)违反屋面板安装顺序,屋面板搁置面积不够、漏焊。

(9)忽视屋盖支撑系统作用,支撑薄弱,有的支撑弯曲。

(10)屋面施工违反设计要求,任意增加面层厚度,使屋盖重量增加。

2. 使用中的原因

(1)屋面超载,不定期清扫屋面积灰,屋面上超载,发生事故。

(2)没经预先设计而在非节点处悬挂管道或重物,引起杆力变化。

(3)使用过程中高温作用和腐蚀,影响屋盖承载能力。

(4)重级制吊车运行频繁,产生对屋架的周期性作用,造成屋盖损伤破坏。

(5)使用中切割或去掉屋盖中杆件等。

案例 6.4

1. 工程事故概况

某选矿厂主厂房第三期工程全长 113.5 m,共 5 跨,各跨的跨度分别为 15、24、7.5、30、36 m,见图 6-6。

事故发生前,结构安装已完成的部分有:Ⓔ Ⓕ 轴线的柱与吊车梁,Ⓖ 轴线全部钢筋混凝土柱和该列柱的㊺~㊻轴线间的柱间支撑,Ⓔ Ⓕ 跨㊳~㊽轴线的屋架和支撑,Ⓕ~Ⓖ 跨㊳~㊼轴线的屋架和支撑等。

倒塌主要发生在㊳~㊼轴线间 30 m、36 m 两个跨间,倒塌总面积为 66 m×84 m＝

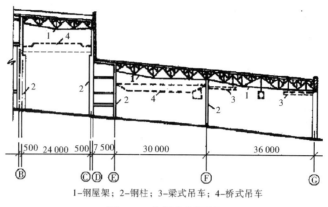

1—钢屋架；2—钢柱；3—梁式吊车；4—桥式吊车

图 6-6　主厂房剖面图

5544 m²。此外在Ⓔ Ⓕ跨的㊹～㊻轴线间倒塌了屋盖和楼盖。该区域内的全部屋架和屋盖构件，轴线Ⓕ的全部钢柱，轴线㊹～㊼间Ⓖ列的两根钢筋混凝土柱均倒塌，部分墙体向建筑物外倒塌；Ⓔ Ⓕ跨的两根屋盖梁和㊹～㊻轴线间的大梁和楼板，以及此轴线间的砖墙也倒塌，Ⓖ轴线的其余柱和墙倾斜了 30～50 cm。

2. 原因分析

(1)设计计算简图在Ⓔ Ⓕ Ⓖ各柱顶处为铰接，实际上Ⓕ轴线屋架的连接，以及屋架与Ⓔ列柱的连接均为刚性焊接。

(2)屋架支撑板未按设计要求焊接在Ⓕ柱列的柱顶上。

(3)屋面板与屋架上弦杆的连接，没有按规范要求三点焊接。

(4)Ⓕ柱列的柱在尚未浇筑柱脚前，已施工屋面保温层和油毡防水层。

(5)Ⓕ柱列的纵向支撑与柱间部分横杆没有及时安装。

(6)地脚螺栓严重偏位，平均偏差 60～70 mm，最大达 100 mm。

案例 6.5

1. 工程事故概况

上海市某研究所会议中心为 17.5 m 直径圆形砖墙加扶壁柱承重的单层建筑，檐口总高度为 6.4 m，中间内环部分高 4.5 m。屋盖采用 17.5 m 直径的悬索结构，主要由沿墙钢筋混凝土外环和型钢内环(直径 3 m)，以及 90 根直径为 7.5 mm 的钢铰索组成。现浇钢筋混凝土板搭接于钢铰索上，刚性防水。屋盖平面与剖面见图 6-7。

该工程于 1983 年建成交付使用。1998 年 9 月 22 日 20 时 30 分左右，屋盖整体塌落。经检查 90 根钢铰索全部沿周边折断，门窗大部分被振裂，但周围砖墙和圈梁均无塌陷损坏迹象。

2. 原因分析

经多方分析，一致认为屋盖倒塌的原因是由于钢铰索长期锈蚀、断面减小、承载力不足所造成的。主要是对悬索结构的设计和施工经验不足，尤其是对钢索的保护防锈、夹头处理以及钢索通过钢筋混凝土外环的节点等方面的问题处理不当。

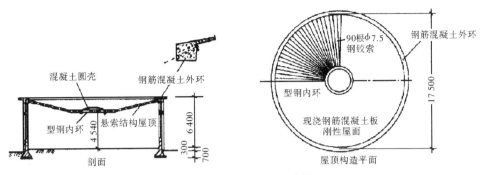

图 6-7　屋盖平、剖面示意图

四、钢网架结构安装工程质量事故

钢网架结构虽是高次超静定结构,整体性好,安全度高,但是设计、制造和安装中的许多复杂的技术问题还没有被深刻地认识到。例如一般结构的次效应较小,而钢网架结构的次效应很大,甚至起控制作用;钢网架结构一般跨度较大,屋面坡度较小,易发生积水和严重积雪现象;钢网架结构无论在理论计算还是施工安装都有一定的难度,对设计人员和焊接、安装人员的素质要求较高。对这些方面稍有疏忽,钢网架结构极易发生质量事故,甚至整体倒塌。我国自 1988 年始已发生多起钢网架结构倒塌事故。

钢网架工程质量事故按其存在的范围分为整体事故和局部事故。按造成事故的因素可分为单一因素事故、多种因素事故和复杂因素事故。

钢网架工程质量事故主要有:

(1)杆件弯曲或断裂;

(2)杆件和节点焊缝连接破坏;

(3)节点板变形或断裂;

(4)焊缝不饱满或有气泡、夹渣、微裂缝超过规定标准;

(5)高强螺栓断裂或从球节点中拔出;

(6)杆件在节点相碰,支座腹杆与支承结构相碰;

(7)支座节点位移;

(8)网架挠度过大,超过了设计规定的要求;

(9)网架结构倒塌。

出现上述质量事故主要是设计、制作、拼装及吊装、使用及其他方面原因造成的。

1. 设计原因

(1)结构形式选择不合理,支撑体系或再分杆体系设计不周,网架尺寸不合理。如当采用正交正放网架时,未沿周边网格上弦或下弦设置封闭的水平支撑,致使网架不能有效地传递水平荷载。

(2)力学模型、计算简图与实际不符。如网架支座构造属于双向约束时,计算时按三向约束考虑。

(3)计算方法的选择、假设条件、电算程序、近似计算法使用的图表有错误,未能发现。

(4)杆件截面匹配不合理,忽视杆件初弯曲、初偏心和次应力的影响。

(5)荷载低算和漏算,荷载组合不当。自然灾害(如地震、风荷载、温度变化、积水积雪、火灾、大气有害气体及物质的腐蚀性等)估计不足或处置不当,或对一些中型网架结构应该进行的非线性分析,稳定性分析,支座不均匀沉降,不均匀侧移,重型桥式吊车对网架的影响,中、重级制吊车对网架的疲劳验算,吊装验算等没有进行验算和分析。

(6)材料(包括钢材、焊条等)选择不合理。

(7)网架结构设计计算后,不经复核就增设杆件或大面积的换杆件,导致超强度设计值杆件的出现。

(8)设计图纸错误或不完备。如几何尺寸标注不清或矛盾,对材料、加工工艺要求、施工方法及对特殊节点的特殊要求有遗漏或交待不清。

(9)节点形式及构造错误,节点细部考虑不周全。

2. 制作原因

(1)材料验收及管理混乱,不同钢号、规格材料混杂使用,特别是混用了可焊性差的高碳钢,钢管管径与壁厚有较大的负偏差,安装前杆件有初弯曲而不调直。

(2)杆件下料尺寸不准,特别是压杆超长,拉杆超短。

(3)不按规范规定对钢管剖口,对接焊缝焊接时不加衬管或按对接焊缝要求焊接。

(4)高强螺栓材料有杂质,热处理时淬火不透,有微裂缝。

(5)球体或螺栓的机加工有缺陷,球孔角度偏差过大。

(6)螺栓未拧紧,网架在使用期间在接缝处出现缝隙,螺栓受水气浸入而锈蚀。

(7)支座底板及与底板连接的钢管或肋板采用氧气切割而不将其端面刨平,组装时不能紧密顶紧,支座受力时产生应力集中或改变了传力路线。

(8)焊缝质量差,焊缝高度不足,未达到设计要求。

3. 拼装及吊装原因

(1)胎具或拼装平台不合规格即进行网架拼装,使单元体产生偏差,最后导致整个网架的累积误差很大。

(2)焊接工艺、焊接顺序错误,产生很大的焊接应力,造成杆件或整个网架变形。

(3)杆件或单元或整个网架拼装后有较大的偏差而不修正,强行就位,造成杆件弯曲或产生很大的次应力。

(4)对网架施工阶段的吊点反力、杆件内力、挠度等不进行验算,也不采取必要的加固措施。

(5)施工方案选择错误,分条分块施工时,不采取正确的临时加固措施,使局部网架成为几何可变体系。

(6)网架整体吊装时采用多台起重机或拔杆,各吊点起升或下降时不同步,用滑移法施工时,牵引力和牵引速度不同步,使部分杆件弯曲。

(7)支座预埋钢板、锚栓位置偏差较大,造成网架就位困难,为图省事而强迫就位或预埋板与支座底板焊死,从而改变了支撑的约束条件。

(8)看图有误或粗心,导致杆件位置放错。

(9)不经计算校核,随意增加杆件或网架支撑点。

4. 使用及其他原因

(1)使用荷载超过设计荷载。如屋面排水不畅,积灰不及时清扫,积雪严重及屋面上随意堆料、堆物等,都会导致网架超载。

(2)使用环境的变化(包括温度、湿度、腐蚀性介质的变化),以及使用用途的改变。

(3)基础的不均匀沉降。

(4)地震作用。

案例 6.6

1. 工程事故概况

某市国际展览中心由展厅、会议中心和一座 16 层的酒店组成。其中展厅面积 7200 m²,由 5 个展厅组成(图 6-8),其屋面采用螺栓球节点网架结构,由德国的几家公司联合设计,并由一家外国公司设计、制造网架结构的所有零部件。整个展厅于 1989 年 5 月建成,同年 6 月 1 日投入使用。

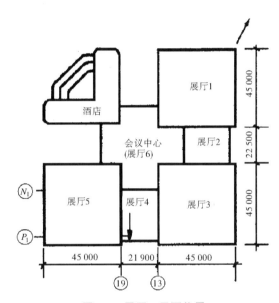

图 6-8 展厅 4 平面位置

1992 年 9 月 6～7 日,地区受台风影响,普降大暴雨,总降雨量为 130.44 mm,尤其是 7 日早晨 5～6 时,降雨量达 60 mm/h。上午 7 时左右 4 号展厅网架倒塌。经现场调查发现,网架N_1～P_1轴全部塌落,东边屋面构件大面积散落于地面,其余部分虽仍支撑于柱上,但可发现纵向下弦杆及部分腹杆压屈。倒塌现场发现大量的高强螺栓被拉断或折断,大量的套筒因受弯而呈屈服现象。从可观察到的杆件上没有发现杆件拉断及明显的颈缩现象,也未发现杆件与锥头焊缝拉开。P_1—⑲轴支座附近斜腹杆被压屈,且该支座的支撑柱向东有较大的倾斜。

4 号展厅网架平面尺寸为 21.9 m×27.7 m,网架结构形式为正放四角锥螺栓球节点网架,网格为 3.75 m×3.75 m,网架高度为 1.8 m。网架上铺复合保温板及防水卷材。网架由 4 柱支撑。网架设计时考虑的荷载为:屋盖系统自重 1.25 kN/m²,均布活载 1.0 kN/m²。另外考虑了风荷载及±25℃的温度应力。屋面用小立柱以 1.5‰单向找坡。

2. 原因分析

4 号展厅除承担自身屋面雨水外,还要承担会议中心屋面溢流过来的雨水,而 4 号展厅屋面本身并未设置溢流口,且雨水斗泄水能力不够。4 号展厅建成后,曾多次发现积水现象,事故现场两个排水口均被堵塞。屋面雨水不能及时排除,导致屋面积水,网架超载。

在原设计荷载下,网架结构承载力满足要求,且此时 Ⓝ 轴支座反力大于 Ⓟ 轴支座反力。如果考虑到 1.5% 的找坡及排水天沟的影响,按实际情况以三角形分布荷载及天沟的积水荷载进行结构分析,当屋面最深处积水达 35 cm 时,Ⓟ~⑬ 轴支座节点和 Ⓟ~⑲ 轴支座节点附近受压腹杆内力接近于压杆压屈的临界荷载,该处支座拉杆的拉力已超过高强螺栓 M27 的允许承载力,Ⓟ 轴支座反力大于 Ⓝ 轴支座反力,力的分布与均布荷载相比已发现了变化。当屋面最深处积水达 45 cm 时,上述两处支座的 φ88×3.6 腹杆的压力已超过其压屈的临界荷载,该处的斜腹杆拉力已超过 M27 高强螺栓的极限承载力。因此当屋面有 35~45 cm 积水时,该网架 Ⓟ 轴支座反力远大于按原设计荷载时的反力值,支座附近的腹杆压屈,拉杆的高强螺栓超过其极限承载力被拉断,导致网架倒塌。但此时网架拉杆均仍在弹性范围内,因此高强螺栓的安全度低于杆件的安全度。计算分析得出的结论与现场的情况是吻合的。

案例 6.7

1. 工程事故概况

某市地毯进出口公司地毯厂仓库,平面尺寸为 48 m×72 m,屋盖采用了正放四角锥螺栓球节点网架,网格与高度均为 3.0 m,支承在周边柱距 6 m 的柱子上。

网架工程 1994 年 10 月 31 日竣工,11 月 3 日通过阶段验收,于 12 月 4 日突然全部坍塌。塌落时屋面的保温层及 GRC 板已全部施工完毕,找平层正在施工,屋盖实际荷载估计达 2.1 kN/m²。

现场调查发现:除个别杆件外,网架连同 GRC 板全部塌落在地。因支座与柱顶预埋件为焊接,虽然支座已倾斜,但大部分没有坠落,并有部分上弦杆与腹杆与之相连,上弦跨中附近大直径压杆未出现压曲现象,下弦拉杆也未见被拉断。腹杆的损坏较普遍,杆件压曲,杆件与球的连接断裂,此外杆件与球连接部分的破坏随处可见,多数为螺栓弯曲。

2. 原因分析

(1)该网架内力计算采用非规范推荐的简化计算方法,该简化计算方法所适用的支撑条件与本工程不符,与精确计算法相比较,两种计算方法所得结果相差很大,个别杆件的内力相差高达 200% 以上。按网架倒塌时的实际荷载计算,与支座相连的周圈 4 根腹杆,其应力达到 −559.6 N/mm²,超过其实际临界力。这些杆件失稳压屈后,网架中其余杆件之间发生内力重分布,一些杆件内力增加很多,超过其承载力,最终导致网架由南至北全部坠落。

(2)施工安装质量差也是造成网架整体塌落的原因。网架螺栓长度与封板厚度、套筒长度不匹配,导致螺栓可拧入深度不足;加工安装误差大,使螺栓与球出现假拧紧,网架坍塌前,支座上一腹杆松动,而该腹杆此时内力只有 56.0 kN,远远小于该杆的高强螺栓的极限承载力,从现场发现了一些螺栓从螺孔中拔出的现象。另外,螺孔间夹角误差超标,都使得网架安全储备降低,加速了网架的整体坍塌。

案例 6.8

1. 工程事故概况

位于河北省内的某厂铸造车间,厂房总长 83 m,分三期建成。第一期工程于 1983 年 10

月完工,共 15 间,开间 3.3 m。钢筋混凝土吊车梁,三铰拱式轻钢屋架。屋面为轻钢檩条,上铺木望板、挂水泥瓦。屋架下弦标高 10.5 m,砖墙承重。第二期工程为由原四间向东接建 8 个开间,开间尺寸 4 m,屋架下弦标高 8.25 m,其余同第一期工程。于 1984 年 7 月开始在室内增建两排钢筋混凝土柱,横向柱距 16.5 m,纵向柱距与厂房开间相同。南排柱紧靠厂房南墙,柱顶为现浇钢筋混凝土吊车梁,设 3 t 和 5 t 吊车各一台。于 1986 年 1 月投入使用。厂房的平、剖面示意见图 6-9。该工程均未经正式设计单位设计,未考虑抗震设计,并由农村非正式施工单位施工。

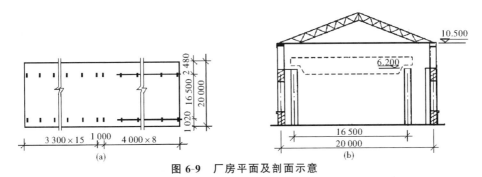

图 6-9　厂房平面及剖面示意

1987 年 11 月 27 日下午 2 点 10 分,厂房里工人们正在浇注铁水,突然有一根屋架上弦支撑的圆钢掉下来,接着发现屋架下弦严重下垂,从室外看屋盖上弦三角形直线变为"人"形。至 2 点 52 分,屋顶开始掉灰尘,紧接着整个屋盖 23 榀三铰拱式轻钢屋架全部塌落,顶部部分墙体倒塌。幸运的是车间人员发现险情后,迅速撤出,只有三个受轻伤,未造成更大的伤亡。造成严重的直接和间接经济损失。

2. 原因分析

(1)屋架选型不当。该厂房为热加工车间,20 m 跨,内设吊车 2 台,处于 7 度地震区。厂房跨度大,有振动荷载,并且处于高温工作环境中。对于这种情况,屋盖结构本来应适当加强,但设计中却选用了单榀和整体刚度都很差的三铰拱轻钢屋架。建筑科学研究院标准所和铁道部建厂工程局合编的《轻钢结构设计资料集》明确指出:"三铰拱屋架由于拱拉杆比较柔细,不能承压,并且无法设置垂直支撑和下弦水平支撑,整个屋盖结构的刚度较差,故不宜用于有振动荷载以及落架跨度超过 18 m 的工业房屋。"重庆钢铁设计研究总院编的《工业厂房钢结构设计手册》也指出:"轻钢屋架不宜用于高温房屋中。当跨度大于 18 m 时,必须经过试验研究,证明确能保证安全并满足使用要求后方可使用。"显然,本工程设计与上述安全要求不符。

(2)屋架上弦斜梁不满足整体稳定性要求。屋架上弦斜梁采用空间桁架式结构,三角形组合截面,上弦为双角钢,下弦为单根圆钢。原《钢结构设计规范》(TJ17—74)中规定:"三铰拱屋架的三角形截面组合斜梁,为了满足整体稳定性的要求,其截面高度与斜梁长度的比值不得小于 $\frac{1}{18}$。"实际工程中,一般选用 $\frac{1}{15}$ 左右。而本工程斜梁高跨比只有 $\frac{0.5}{10.8} = \frac{1}{21.6}$,远不能满足整体稳定性要求。

(3)屋架斜梁上、下弦杆强度不足。屋架斜梁上弦采用 2∟50×5 角钢,下弦采用 1ϕ20 圆钢。经复算,在正常荷载作用下,上弦压应力为 183.1 MPa,下弦拉应力达 363.5 MPa,均大于Ⅰ级钢的允许应力 110 MPa。

(4)不应采用砖墙承重方案。第一期工程屋架下弦标高 10.5 m,这样高的厂房,采用带壁垛砖墙承重是不安全的。原建设部(64)建设技工字第 38 号文《关于建筑结构问题的规定》曾明确指出:"单层房屋,凡柱高在 9 m 和 9 m 以上的,不论房屋跨度大小和承重大小,都不得采用砖柱。"对于此类建筑,应采取钢筋混凝土柱。

(5)未做抗震设计。该工程位于 7 度地震区,而设计中未考虑抗震设防。

综上所述,这次严重的房屋倒塌事故,是结构设计失误造成的。由于屋架选型不当,并且上弦斜梁稳定性、强度均不满足要求,加之厂房过高而采用砖墙承重方案,因而屋架上弦斜梁严重下垂直至失稳造成屋盖塌落,并将部分墙体拉倒。据厂方反映,很早以前屋面就有下垂现象,严重处达 10 cm 之多,即房屋结构从一开始就因设计错误而先天不足。天长日久积灰增多,雨、雪又使屋面荷载增大(11 月 24 日下小雨,25 日、26 日雨加雪,27 日房屋倒塌),以及吊车振动(倒塌时 5 t 吊车正在运行)等,都是造成事故的诱发因素。而根本原因是结构设计的问题。

3. 应吸取的教训

结构设计时,对方案的研究和主要受力构件的选型应十分谨慎。对有振动荷载或跨度大于 18 m 的建筑不要选用轻钢屋架。凡柱高在 9 m 或 9 m 以上时,不论房屋跨度大小和承重大小均不得采用砖排架承重方案。对柱高在 9 m 以上已建成的砖柱承重房屋,应组织检查、鉴定,结合抗震要求采取加固措施。

严防在施工和使用中超载,严禁随意在屋架上增加荷载。对积灰较多的厂房,除设计时必须按规定考虑积灰荷载外,使用中应指定专人负责,定期进行清扫,以防给屋架增加负担。

案例 6.9

某通信楼工程网架倒塌。

1. 工程事故概况

某通信楼工程网架为焊接空心球节点棋盘形四角锥网架,平面尺寸 13.2 m×17.99 m,网格数 5×7,网格尺寸 2.64 m×2.57 m,网架高 1.0 m,支承方式为上弦周边支承,如图 6-10 所示。

按网架设计人称该网架用假拟弯矩法进行内力分析,取上弦均布荷载为 3 kN/m²;杆件及空心球节点的材料均采用Ⅰ级钢(Q235)。网架上弦为 φ73×4 钢管,下弦为 φ89×4.5,腹杆为 φ38×3,空心球节点规格为 φ200×6。图纸注明网架杆件与节点的连接焊缝为贴角焊缝,焊缝厚 7.5 mm,焊条规定为 T42 型。

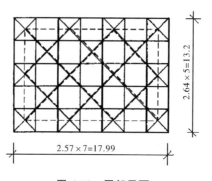

图 6-10 网架平面

网架制作于 1987 年 5 月,历时 15 d;同月 27 日用塔吊整体吊装平移就位;同年 9 月铺设钢筋混凝土屋面板(共 35 块),在铺完 29 块后,因中部 6 块板尺寸有误,需重新预制,故铺屋面板工程拖至 1988 年 4 月 15 日完成。6 月 2—4 日进行屋面保温层、找平层施工,同时网架下弦架设吊顶龙骨,6 月 5—7 日连降中雨、大雨,7 日晨网架塌落,伴有巨响。网架由短跨一端塌下,另端尚挂在圈梁上。从破坏现场看,网架上下弦变形不凸出,但因腹杆弯折,上下弦叠合在一起,腹杆大量出现 S 形弯曲;杆件与空心球节点连接焊缝破坏形式是在焊缝热影响区钢管被拉断,或因焊缝未焊透、母材未熔合使钢管由焊缝中拔出。

2. 事故原因

(1)设计原因。网架的计算有误,整个网架的全部杆件包括上弦、下弦和腹杆的截面面积均不足。致使在网架屋面施工过程中,实际荷载仅为设计荷载的 2/3 时,网架就遭到破坏。但是,网架的塌落却是由于受压腹杆失稳造成,当受压腹杆失稳退出工作后,整个网架迅速失稳而塌落。这是因为:

用网架倒塌时的实际荷载(屋面荷载为 2 kN/m^2 左右)以空间桁架位移法进行内力分析表明:下弦杆最大轴向拉力为 105 kN、最大拉应力为 87.9 MPa;上弦杆最大轴向压力为 110.6 kN、相应压应力为 114.1 MPa(以 $l_0 = 0.9 \times 2.57 = 2.31$ m,$\lambda = 231/2.99 = 77.3$,$\phi = 0.73$ 计算得到)、受拉腹杆最大轴向拉力 53.4 kN、最大拉应力 161.8 MPa。它们都或未超过其承载力,或相应应力仍属许可范围。

受压腹杆在网架倒塌时的最大轴向压力为 53.4 kN、相应压应力为 385.3 MPa(以 $l_0 = 0.75 \times 2.096 = 1.57$ m,$\lambda = 157/1.24 = 126.6$,$\phi = 0.42$ 计算得到),此值大于 $2[\sigma]$。再用欧拉公式验算受压腹杆的临界荷载为 24.05kN＜53.4 kN。

(2)施工原因。网架的焊缝质量问题,从破坏现场发现,钢管与空心球的连接焊缝破坏有多处是未焊透或母材未熔合,使钢管由焊缝中拔出。这种焊缝本应是对接焊缝,成 V 形坡口焊接。虽然施工图中不正确地选用了贴角焊缝,但是,对贴角焊缝母材未熔也是不能允许的。

网架上弦节点上为形成排水坡而设置的小立柱,本是中间高两边低,而施工中竟做成中间低两边高,致使屋面积水,发现问题后,不返工重做,反而将中间保温层加厚用以形成排水坡,既浪费材料又加大厂房屋面荷载。

网架支柱的预埋件不按图纸设计位置放,预埋钢板下的锚固钢筋竟错误地置于圈梁保护层内,塌落时锚固钢筋自保护层中剥落。

应吸取的教训:

近几年来网架结构在国内推广,有些人盲目认为网架是高次超静定结构,安全度高,忽视其受力的复杂性,致使各地不断出现网架质量事故。网架结构的设计人员必需掌握网架结构的设计理论,精心进行结构计算(不能不问设计条件盲目套用其他网架);网架结构的焊接质量要求较严,一般建筑施工队伍中的焊工,应进行专业培训持合格证后方能参加网架的焊接工作。

思考题

1. 哪些原因会使构件在堆放时就出现断裂、裂缝和倒塌?

2. 造成单层厂房柱和框架柱的轴线偏离标准轴线的原因是否相同? 为什么?

3. 哪些因素会导致柱在吊装过程中产生裂缝？

4. 影响柱垂直偏差的因素有哪些？

5. 试分析单层厂房结构吊装中出现质量事故的原因？试举例加以说明。

6. 钢结构连接损伤事故常见的原因有哪些？

7. 焊接缺陷常见的原因有哪些？

8. 为什么要特别重视钢网架结构工程质量问题？

9. 钢网架结构工程质量事故有哪些类型？

第七章 防水工程

　　防水工程,包括屋面防水、地下建筑防水和其他防水工程。

　　防水工程的质量,直接影响建筑物的使用功能和寿命。《建设工程质量管理条例》规定:"屋面防水工程、有防水要求的卫生间、房间和外墙面的防渗漏,为五年。"这不仅明确了防水工程的重要性,更明确了"在正常使用条件下,建设工程最低保修期限"内,施工单位应承担的责任。

　　近几年来,房屋建筑向高层、超高层发展,对防水提出了更高的要求。与此同时,大量新型防水材料的应用,新的防水技术的推广也取得质的飞跃。

　　如屋面防水重点推广中、高挡 SBS(APP)高聚物改性沥青防水卷材、合成高分子防水卷材、氯化聚乙烯——橡胶共混防水卷材、三元乙丙橡胶防水卷材;地下建筑防水重点推广自防水混凝土。在防水技术方面,改变了传统的靠单一材料防水,采用卷材与涂料、刚性与柔性相结合的多道设防、综合防治的方法。

　　防水工程是综合性较强的系统应用工程。造成防水工程质量通病的因素,更具有复杂性。多数是设计、材料、施工、维护等过程质量失控所造成的。

　　防水材料的选用由设计决定,使用不同的材料做成防水层又与施工、维护有关。本章及后面两章重点分析在防水施工过程中造成渗漏的原因,有必要时也分析防水材料的品质。

　　防水工程实际就是防水材料的合理组合的二次加工。材料品质是关键,是保证防水质量的前提条件。防水材料应有产品合格证书和性能检测报告,材料的品种、规格、性能应符合现行国家产品标准和设计要求。不合格的材料不得在工程中使用。

第一节　屋面防水工程

屋面防水工程包括卷材防水屋面、涂膜防水屋面、刚性防水屋面、瓦屋面、隔热屋面5个子分部工程。

瓦屋面子分部工程包括平瓦、油毡瓦、金属板材屋面、细部构造等4个分项工程。

隔热屋面子分部工程包括架空屋面、蓄水屋面、种植屋面等3个子分项工程。

20世纪90年代,建筑新材料、新技术的推广和运用,屋面防水工程采用了"防排结合,刚柔并用,整体密封"的技术措施,使屋面的防水主体与屋面的细部构造(天沟、檐沟、泛水、水落口、檐口、变形缝、伸出屋面管道等部位)组成了一个完整的密封防水系统,使屋面防水工程质量整体水平有所提高。

特别提出的是:在渗漏的屋面工程中,70%以上是节点渗漏。节点部位大都属于细部构造。细部构造保证了防水质量,使之达到《屋面工程质量验收规范》(GB50207—2019)规定的"应全部进行检查"要求,屋面防水工程质量就有了基本保证。

一、卷材防水屋面

卷材防水屋面的施工方法,主要靠手工作业和传统积累的经验,检测手段单一。新型卷材的使用虽然逐步得到了推广,但与其相应的技术、工艺、质量保证措施,常常不能同步,相对滞后。

卷材防水屋面工程质量通病,往往与屋面找平层、屋面保温层、卷材防水层有直接或间接的因果关系。如强制性条文明确规定:"屋面(含天沟、檐沟)找平层的排水坡度必须符合设计要求。"否则,容易造成积水,防水层长期被水浸泡,易加速损坏。如保温层保温材料的干湿程度与导热系数关系成负相关,限制保温材料的含水率是保证防水质量的重要环节。

卷材防水屋面防水常见的质量通病:卷材开裂、起鼓、流淌和渗漏。前三种通病是引发最终渗漏的隐患;后一种通病,往往是细部构造做防水处理时,施工工艺不当,造成节点渗漏水,表现为直接性。

(一)卷材开裂

卷材开裂的主要原因:防水材料选用不当;工序失控,质量不合格;卷材防水施工工艺不当。

1. 防水材料选用不当

设计忽视了屋面防水等级和设防要求。如重要的建筑和高层建筑,防水层合理的使用年限为15年,就宜选用高聚物改性沥青防水卷材或合成高分子防水卷材。或忽视了建筑物的使用功能和建筑物所在地的气候环境。如南方夏日高温,季节性雨水多,选择材料极限性就应以所在地最高温度为依据。

2. 找平层不符合规范要求

目前大多数建筑物均以钢筋混凝土结构为主。其基层具有较好的结构整体性和刚度。

故一般采用水泥砂浆、细石混凝土找平层或沥青砂浆找平层作为防水层的基层。

一些施工单位对找平层质量不够重视,主要表现为:

(1)水泥砂浆找平层,水泥与砂体积比随意性大;

(2)水泥强度等级低于 32.5 级;

(3)细石混凝土找平层强度等级低于 C20;

(4)沥青砂浆找平层,沥青与砂的质量比不符合规定要求;

(5)找平层留设分格缝不当;

(6)找平层表面出现疏松、起砂、起鼓和裂缝。

3. 保温(隔热)层施工质量不好

保温层的厚度决定屋面的保温效果。保温层过薄,达不到设计的效果,其物理性能难以保证,使结构会产生更大的胀缩,拉裂防水层。

4. 卷材铺设操作不当

(1)选用的沥青玛琋脂没有按配合比严格配料;

(2)沥青玛琋脂加热温度控制不严,温度超过 240℃,加速玛琋脂老化,降低其柔韧性。加热温度低于 190℃,黏度增加,均匀涂布困难。温度过高或过低,都会影响卷材的黏结强度。

除了材料的品质原因外,卷材铺贴的搭接宽度的长短,接头处的压实与否,密封是否严密,都会导致卷材开裂、翘边。

分析卷材开裂,主要从三个方面入手:

有规律的裂缝一般是温度变形引起的,无规则的裂缝一般是由结构不均匀沉降、找平层、卷材铺贴不当或材料的质量不合要求引起的。

裂缝出现在施工后不久,一般是因找平层开裂和卷材铺贴质量不好引起的。施工后半年或一年以后出现裂缝,而且是在冬季,由温度变形造成的。

屋面板不裂,找平层开裂引起卷材开裂,一般是由找平层收缩变形引起的,屋面板开裂发生在板缝或板端支座处,一般是由温度变形或不均匀沉降引起的。

(二)卷材起鼓

引起卷材起鼓的原因:材质问题、基层潮湿、黏结不牢。

(1)材质问题。当前卷材品种繁多,性能各异,在规定选用的基层处理剂、接缝胶黏剂,密封材料等与铺贴的卷材材性不相容。

(2)基层潮湿。基层潮湿含有两层意思:一指找平层不干燥,即基层的含水率大于当地湿度的平衡含水率,影响卷材与基层的黏结;二指保温层含水率过大(保温材料大于在当地自然风干状态下的平衡含水率),二者的湿气滞留在基层与卷材之间的空隙内,湿气受热源膨胀,引起卷材起鼓。

(3)黏结不牢。"黏结不牢"是一个泛指的大概念。基层潮湿是造成黏结不牢的原因之一,主要是突出"湿气"的破坏作用。

这里指的黏结不牢,排除基层品质外,主要是指铺贴操作不当。

(1)采用冷黏法,涂布不均匀,或漏涂;或胶黏剂涂布与卷材铺贴间隔时间过长或过短;或没有考虑气温、湿度、风力等因素的影响。

(2)铺贴卷材时用力过小,压黏不实,降低了黏结强度。

(三)屋面流淌

流淌,是指卷材顺着坡度向下滑动。滑动造成卷材皱折、拉开。流淌的主要原因:

(1)玛琋脂耐热度低,错用软化点较低的焦油沥青,玛琋脂黏结层厚度超过2mm。

(2)在坡度大的屋面平行于屋脊铺贴沥青防水卷材,因沥青软化点低,防水层较厚,就容易出现流淌。垂直铺贴时,在半坡上做短边搭接(一般不允许),短边搭接处没有做固定处理。(高聚物改性沥青防水卷材、合成高分子防水卷材耐温性好,厚度较薄,不容易流淌,铺贴方向不受限制。)

(3)错选用深色豆石保护,且豆石撒布不均匀,黏结不牢固。豆石受阳光照射吸热,增加了屋面温度,加速流淌发生。

(四)屋面漏水

屋面漏水,这里专指的是节点漏水。节点漏水一般发生在细部构造部位。细部构造是渗漏最容易发生的部位。

细部构造渗漏水的原因:

(1)防水构造设计方面。节点防水设防不能够满足基层变形的需要;节点防水没有采用柔性密封、防排结合、材料防水与构造防水相结合的方法。

(2)细部构造防水施工方面。女儿墙与屋面接触处渗漏。砌筑墙体时,女儿墙内侧墙面没有预留压卷材的泛水槽口,或卷材固定铺设虽然到位,受气温影响卷材端头与墙面局部脱开,雨水通过开口流入(见图7-1、图7-2)。

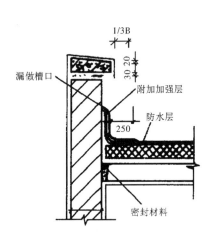

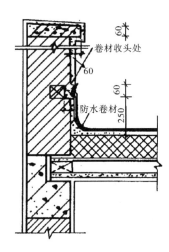

图 7-1　漏做压卷材泛水槽口示意图　　图 7-2　卷材端头与墙面脱开示意图

屋面与墙面的阴角处渗漏。阴角处找平层没有抹成弧形坡,卷材在阴角处形成空悬,雨水通过空悬(卷材老化龟裂)破口流进墙体,见图7-3。

(3)水落口处渗漏。落水口安装不牢,填缝不实,周围未做泛水卷材铺贴,水落口杯周围500 mm范围内,坡度小于5%。高层建筑考虑外装饰效果一般采用内排式雨水口。如采用

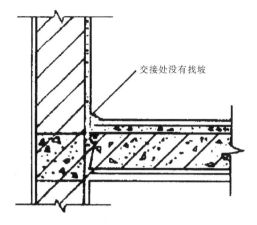

图 7-3 屋面与墙面交接处

外排式,容易忽视雨水因落差所产生的冲击力,又没有采取减缓或其他防冲击措施,导致裙楼屋面受雨水冲击处易损坏渗漏(见图 7-4、图 7-5)。

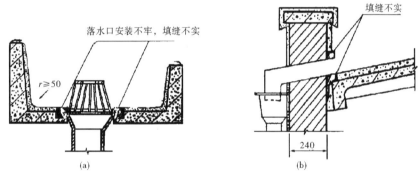

图 7-4 水落口安装不牢、填缝不实示意图

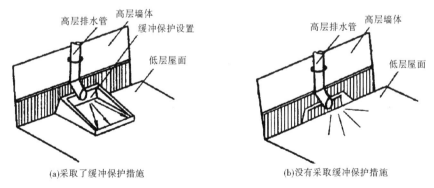

图 7-5 雨水落差冲击示意图

案例 7.1

1. 工程质量案例

某屋面防水工程,卷材铺设正逢夏季(气温 30~32℃),卷材铺设 5 d 后,发现局部卷材

被拉裂。经检验:找平层采用体积比 1:2.5(水泥:砂)水泥砂浆,二次抹压成活,找平层厚度符合规范(40 mm)要求。设置的分格缝缝距为 10 m。

2. 原因分析

(1)分格缝纵横缝距太大(不宜大于 6 m),找平层干缩裂缝难于集中于分格缝中,分格缝钢筋未断开,局部裂缝拉裂卷材。

(2)施工日志记载,找平层抹完 2 d 后,即开始铺贴卷材。铺贴时间过早,水泥砂浆硬化初期收缩量大,未待稳定。养护时间太短,砂浆早期失水,加速水泥砂浆找平层开裂。

案例 7.2

1. 工程质量案例

某单层单跨(跨距 18 m)装配车间,屋面结构为 1.5 m×6 m 预应力大型屋面板。按设计要求:屋面板上设 120 mm 厚沥青膨胀珍珠岩保温层,20 mm 厚水泥砂浆找平层,二毡三油一砂卷材防水层。保温层、找平层分别于 8 月中旬、下旬完成施工,9 月中旬开始铺贴第一层卷材。第一层卷材铺贴 2 d 后,发现 20%卷材起鼓,找平层也出现不同程度鼓裂。起泡直径大小不一,起泡高度最高达 60 mm,起泡直径最大达 4.5 m。

2. 原因分析

根据当时气象记录记载,白天气温平均为 35℃,屋面表测温度为 48℃(下午 2 时)。通过剥离检查,发现气泡 85%以上出现在基层与卷材之间,鼓泡潮湿、有小水珠,鼓泡处玛琋脂少数表面发亮。

(1)卷材与基层黏结不牢,空隙处存有水份和气体,受到炎热太阳光照射,气体急骤膨胀形成鼓泡。

(2)保温层施工用料没有采取机械搅拌,有沥青团,现浇时遇雨又没有采取防雨措施,保温层材料含水率较高,又是采用封闭式现浇保温层,气体水分受到热源膨胀,造成找平层不同程度鼓裂。

(3)铺贴卷材贴压不实,黏结不牢,使卷材与基材之间出现少量鼓泡。

案例 7.3

1. 工程质量案例

某南方住宅小区,平顶屋面防水设计时,考虑为了减少环境污染,改善劳动条件,施工简便,选择了耐候性(当地温差大)、耐老化,对基层伸缩或开裂适应性强的卷材,决定选用高分子防水卷材——三元乙丙橡胶防水卷材。完工后,发现屋面有积水和渗漏。施工单位为了总结使用新型防水卷材的施工经验,从施工作业准备,施工操作工艺进行全面调查。

2. 原因分析:

(1)屋面积水找平层采用材料找坡,排水坡度小于 2%,并有少数凹坑。

(2)屋面渗漏。

①基层面、细部构造原因。基层面有少量鼓泡;基层含水率大于 9%;基层表面尘土杂物清扫不彻底;女儿墙、变形缝、通气孔等突起物与屋面相连接的阴角没有抹成弧形,檐口、排水口与屋面连接处出现棱角。

②施工工艺原因。涂布基层处理剂涂布量随意性太大(应以 0.15~0.2 kg/m² 为宜),

涂刷底胶后,干燥时间小于 4 h;涂布基层胶黏剂不均匀,涂胶后与卷材铺贴间隔时间不一(一般为 10～20 min),在局部反复多次涂刷,咬起底胶;卷材接缝搭接宽度小于 100 mm,在卷材重叠的接头部位,填充密封材料不实;铺贴完卷材后,没有及时将表面尘土杂物除清,着色涂料涂布卷材没有完全封闭,发生脱皮。

细部构造加强防水处理马虎,忽视了最易造成节点渗漏的部位。

案例 7.4

1. 工程质量案例

某厂单层金属材料仓库,建筑面积 3000 m²,平屋顶。内檐沟组织排水。使用一年后,遇大暴雨,室内地面积水 4 cm,雨水沿内墙面流入。维修工人上屋面检查发现:落水口全被粉煤灰和豆石堵死。将雨水口疏通后,檐沟仍有积水不能排净。

2. 原因分析

(1)设计不合理。该仓库毗邻为锅炉房,大量粉煤灰落在屋面上,平时被雨水冲刷积存在檐沟内;落水口间距太大。

(2)施工原因。在防水屋面施工时,尽管进行了找坡处理,檐沟的纵向找坡仍小于 1%;绿豆石加热温度不够,撒布后对浮石没有清除。檐沟垂直面的豆石全部脱落,与粉煤灰相裹,堵死落水口。

二、刚性防水屋面

刚性防水屋面是在基层铺设细石混凝土防水层。细石混凝土防水层包括普通细石混凝土防水层和补偿收缩混凝土防水层。

刚性防水屋面主要依靠混凝土自身的密实性达到防水目的。

刚性防水屋面一般由结构层、找平隔离层、防水层组成。细石混凝土防水层,取材容易,施工简单,造价低廉,维修方便,耐穿刺能力强,耐久性能好,在防水等级Ⅲ级屋面中推广应用较为普遍。其不足处,刚性防水材料的表观密度大、抗拉强度低,常因混凝土干缩、温差变形及结构变形产生裂缝。

防水层的做法,一般在结构层板上现浇厚为 40 mm 的细石混凝土(目前国内多采用此厚度),内配 $\phi 4@100～200$ mm 的双向钢筋网片。防水层设置分格缝,缝内嵌填油膏。刚性防水层,实际是刚板块防水、柔性接头、刚柔结合的防水屋面。

重要建筑和屋面防水等级为Ⅱ级及其以上的,如采用细石混凝土防水层,一定要设置两道设防,即刚性与柔性防水材料结合并举。

刚性防水屋面发生渗漏很普遍。强制性条文规定:"细石混凝土防水层不得有渗漏或积水现象。"又规定:"密封材料嵌填必须密实、连续、饱满、黏结牢固、无气泡、开裂、脱落等缺陷。"执行强制性条文,渗漏有所减少,但要彻底根治,还需时日。

刚性防水屋面渗漏往往是综合因素造成的。从质量缺陷表面观察:一是开裂,二是起砂起皮,三是嵌填分格缝有空隙。

如从本质上找原因:材质不合格,工艺不当。当然也涉及到设计上的问题,如设有松散材料保温层的屋面,受较大震动或冲击的,坡度大于15%的屋面,就不适用于细石混凝土防水层。

细石混凝土防水层渗漏的主要原因:防水层裂缝,结构层裂缝。

(一)防水层裂缝分析

(1)没有选用强度等级为32.5级普通硅酸盐水泥或硅酸盐水泥,这两种水泥早期强度高,干缩性小,性能较稳定,碳化速度慢。如采用干缩率大的火山灰质水泥,又没有采取泌水性措施,就容易干缩开裂。

(2)粗细骨料的含泥量过大,粗骨料的粒径大于15 mm,容易导致产生裂纹。

(3)细石混凝土防水层的厚度小于40 mm,混凝土失水很快,水泥水化不充分。另外由于厚度过薄,石子粒径太大,就有可能使上部砂浆收缩,造成上部位裂缝。厚薄不均,突变处收缩率不一,容易产生裂缝,见图7-6、图7-7。

 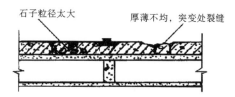

图7-6 防水层厚度过薄造成裂缝示意图　　　　图7-7 防水层裂缝示意图

(4)在高温烈日下现浇细石混凝土,又没有采取必要的措施,过早失去水分引起开裂。

(5)格缝内的混凝土不是一次摊铺完成,人为的留有施工缝,为产生裂缝留下隐患;抹压时,有的为了尽快收浆,撒干水泥或加水泥浆,造成混凝土硬化后,内部与表面强度不一,干缩不一,引起面层干缩龟裂,见图7-8。

(6)水灰比大于0.55。水灰比影响混凝土密实度,水灰比越大,混凝土的密实性越低,微小孔隙越多,孔隙相通,成为渗漏通道。

(二)结构层裂缝

没有在结构层有规律的裂缝处,或容易产生裂缝处设置分格缝。

混凝土结构层受温差、干缩及荷载作用下挠曲,引起的角变位,都能导致混凝土构件的板端处出现裂缝。如在屋面板支端处,屋面转折处、防水层与突出屋面结构的交接处等部位,没有设置分格缝,或设置的分格缝间距大于6 m(见图7-8、图7-9)。

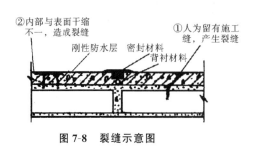

图7-8 裂缝示意图　　　　图7-9 屋面板支端处裂缝示意图

结构层裂缝对刚性防水层有直接的影响,结构层裂缝支端处漏留分格缝,会引发防水层开裂。

案例 7.5

1. 工程质量案例

某南方住宅小区,砖砌体结构,6层,18幢。屋面防水设计时,从综合效益考虑,采用刚性防水屋面,隔离层采用水泥砂浆找平层铺卷材。

做法:用1∶3水泥砂浆在结构层上找平、压实抹光,找平层干燥后,铺一层厚4 mm干细石滑动层,在其上铺设一层卷材,搭接缝用热玛碲脂黏结。

防水层施工完全符合施工规范。

一年以后,有两栋住六楼的用户反映,屋面漏水。检查发现,防水层多处出现无规律裂缝。

2. 原因分析

(1)裂缝位置无规律性,是结构层温度变形引起的。

(2)对出现屋面渗漏的两栋住宅,据施工人员回忆,为赶工期,隔离层完工后没有对其进行保护,混凝土运输直接在其上进行,绑扎钢筋网片时,隔离层表面多处被刺破。

(3)隔离层的设置,使结构层和防水层的变形相互不受约束,以减小防水层产生拉应力,避免开裂。该两栋住宅,局部隔离层已失去作用。

案例 7.6

某屋面采用刚性防水屋面施工,因受条件限制,项目经理决定采用仓库仅存的矿渣水泥,方案一提出,遭到质量监督员的反对,坚持细石混凝土防水层采用普通硅酸盐水泥的建议未被采纳。项目经理采取一系列技术措施,使屋面防水工程达到了质量要求。

达到了质量要求的做法分析:

(1)减少用水量,降低水灰比,掺入减水剂用以改善混凝土的和易性。

(2)采用机械振捣,直至密实和表面泛浆。

(3)延长养护时间,保持养护湿润。

(4)提高细石混凝土防水层中的含钢率,采用 φ4@100 以下双向钢筋网片。

(5)在混凝土中掺用膨胀剂,配制成补偿收缩混凝土,严格控制膨胀剂的掺量。掺量和限制膨胀率通过反复试验确定。

案例 7.7

1. 工程质量案例

某单层仓库,建筑面积1200 ㎡,无保温层的装配式钢筋混凝土屋盖,刚性防水屋面。动用半年后,发现屋面有少许渗漏后把该仓库改用为金属加工车间,渗漏加剧。检查发现:防水层多处出现有规则或无规则裂缝。

2. 原因分析

(1)渗漏加剧。该建筑原为仓库,改用为生产车间,又装有4台振动机械设备,对刚性防水屋面极为不利。

(2)分格缝留置错误。结构屋面板的支承端部分漏留分格缝,纵横分格缝大于6 m。分格缝面积大于36 ㎡。

(3)防水层温差、混凝土干缩、徐变、振动等因素,造成防水层开裂。

三、涂膜防水屋面

防水涂料是以高分子合成材料为主在常温下呈无定型的液体,涂布于结构表面能形成坚韧密封的防水膜。

防水涂料常用于钢筋混凝土装配式结构无保温层的防水,或用于板面找平层和保温层面的防水。

涂膜防水层用于Ⅲ、Ⅳ级防水屋面时,均可单独采用一道设防。也可用于Ⅰ、Ⅱ级屋面多道防水设防中的一道防水层。二道以上设防,防水涂料与防水卷材应具有相容性。

(一)防水涂料的分类

(1)按涂料类型分为溶剂性、水乳性和反应性;

(2)按涂料成膜物质的主要成分分为合成树脂类、橡胶类、橡胶沥青类、沥青类和水泥基;

(3)按涂料的厚度分为厚质、薄质涂料。

(4)适用于涂膜防水层的涂料可分为高聚物改性沥青防水涂料、合成高分子防水涂料。

防水涂料一般具有耐候性、弹性、黏结性、防水性的品质,又具有较强的抗老化性能。故应用越来越广,是防水材料的发展方向。

涂膜防水屋面施工,如对材料的物理性能和适用条件不了解,或施工方法不当,引起的质量通病有:开裂、鼓泡、黏结不牢、保护层脱落、破损。

(二)材料品质及物理性能

防水涂料的品质,是确保涂膜防水必须考虑的第一要点。

(1)固体含量,是防水涂料的主要好成膜物质。固体含量过低,涂膜的质量难以保证。

(2)耐热度。涂料的耐热度小于80℃,耐热保持不了5 h,会产生流淌、起泡和滑动。

(3)柔性。柔性太低,涂料就不具备对施工温度一定的适应性,引起开裂。

(4)不透水性。防水涂料达不到规定的承受压力(MPa)和承受一定压力的持续时间,完工后的防水层就会产生直接渗漏。

(5)延伸。防水涂料低于规定的延伸性要求,就不具备适应基层变形的能力。

(三)渗漏原因

防水涂料的质量指标,根据屋面防水工程要求,其物理性能达不到要求,引起渗漏是必然的。

(1)开裂。基层刚度小,结构板安装不牢固;找平层出现裂缝;找平层没有按规定留置分格缝,或留置了分格缝,没有用油膏嵌实;涂料过厚。

(2)鼓泡。基层表面粗糙,刷压玻璃布用力不均,铺贴不紧。玻璃布下未能排净的小气泡在高温作用下形成鼓泡;当找平层下有保温层又没有留置必要的排气孔道,潮气无法排出,也是形成鼓泡的原因。

(3)黏结不牢。使用了变质失效的材料,配合比随意性大;基层表面不平整、不光滑、不清洁,或基层起砂、起壳、爆皮;基层含水率大于规定的要求;基层与突出屋面结构连接处、基层转角处没有做成钝角或圆弧。

(4)保护层脱落、涂膜破损。没有按设计规定或涂料使用规定的要求,选择保护层材料。如薄质涂料宜使用蛭石、云母粉;厚质涂料没有选用黄砂、石英砂、石屑粉等;在涂布最后一道涂层,没有及时撒布或撒布保护材料不均匀,黏结不牢。

成品保护不好,人为破坏防水层。

案例 7.8

1. 工程质量案例

某单位新建的办公大楼,砖砌体结构,6层。屋面采用涂膜防水,屋面为现浇钢筋混凝土板。六楼为会议厅。考虑夏日炎热,分别设置了保温层(隔热层)、找平层、涂膜防水层。竣工交付使用不久,晴天吊顶潮湿,遇雨更为严重。一年后,外墙面抹灰层脱落。检查发现:屋面略有积水,防水层无渗漏。

2. 原因分析

(1)屋面积水系找平层不平所致,材料找坡,为减轻屋面荷载,坡度小于2%。

(2)搅拌保温材料时,拌制不符合配合比要求,加大了用水量;保温层完工后,没有采取防雨措施,又没有及时做找平层。找平层做好后,保温层积水不易挥发,渗漏系保温层内存水受压所致。

(3)保温层内部积水,女儿墙根部,冬季被积水冻胀,产生外根部裂缝,抹灰脱落,遇雨时由外向室内渗漏。

案例 7.9

1. 工程质量案例

某建筑屋面采用涂膜防水。因屋面结构采用的是装配式混凝土板,板端缝均按施工规范进行了柔性密封处理。使用的防水涂料的物理性能均符合质量要求。该工程投入使用后,发现天沟、檐沟多处渗漏。

2. 原因分析

(1)天沟、檐沟与屋面交接处虽然增铺了附加层,空铺的宽度小于200 mm,降低了增加层的防水作用。

(2)泛水处的涂膜尽管刷至女儿墙的压顶下,但收头没有用防水涂料多遍涂刷封严,压顶没有做防水处理。

四、瓦屋面防水

瓦屋面子分部工程包括的分项工程有:平瓦屋面、油毡瓦屋面、金属板屋面、细部构造等。

(一)平瓦屋面

平瓦屋面是指传统的黏土机制平瓦和混凝土平瓦。主要适用于防水等级为Ⅱ、Ⅲ级以及坡度不小于20%的屋面。

平瓦屋面的渗漏和安全事故的主要原因:

(1)平瓦屋面施工盖瓦的有关尺寸偏小;脊瓦在两坡面瓦上搭盖宽度,每边小于40 mm;瓦伸入天沟、檐沟的长度小于50 mm(应在50~70 mm之间);天沟、檐沟的防水层伸入瓦内宽度小于150 mm;瓦头挑出封檐板的长度小于50 mm(应在50~70 mm之间);突出屋面的墙或烟囱的侧面瓦伸入泛水宽度小于50 mm;尺寸偏小,降低了封闭的严密性。

(2)屋面与立墙及突出屋面结构等交接处部位,没有做好泛水处理。

(3)天沟、檐沟的防水层采用的防水卷材质量低劣。

(4)安全事故主要指平瓦的滑落或坠落。造成的原因:平瓦铺置不牢固,地震设防地区或坡度大于50%的屋面,没有采取固定加强措施。

(二)油毡瓦屋面

油毡瓦为薄而轻的片状材料,适用于防水等级为Ⅱ、Ⅲ级以及坡度不小于20%的屋面。

油毡瓦屋面引起渗漏的主要原因:

(1)油毡瓦质量不符合规定要求。如表面有孔洞、厚薄不均、楞伤、裂纹、起泡等缺陷。

(2)搭盖的有关尺寸偏小。脊瓦与两坡面油毡瓦搭盖宽度每边小于100 mm;脊瓦与脊瓦的压盖面小于脊瓦面积的1/2;在屋面与突出屋面结构的交接部位,油毡瓦的铺设高度小于250 mm;

(3)油毡瓦的基层不平整,造成瓦面不平,檐口不顺直;

(4)油毡瓦屋面与立墙及突出屋面结构交接部位,没有做好泛水处理,细部构造处没有做好防水加强处理。

(三)金属板屋面

金属板屋面适用于防水等级为Ⅰ~Ⅲ级的屋面。其具有使用寿命长,质量相对较轻,施工方便,防水效果好,板面形式多样,色彩丰富等特点,被广泛采用于大型公共建筑、厂房、住宅等建筑物屋面。

金属板材按材质分为:锌板、镀铝锌板、铝合金板、铝镁合金板、钛合金板、钢板、不锈钢板等。

金属板材按形状分为:复合板、单板。

当前,国内使用量最大的为压型钢板。

金属板材屋面渗漏的主要原因:连接和密封不符合设计要求。以压型钢板为例:

(1)连接不符合设计要求。板的横向搭接小于一个坡;纵向搭接长度小于200 mm;板挑出墙面的长度小于200 mm;板伸入檐沟的长度小于150 mm;板与泛水搭接宽度小于200 mm;屋面的泛水板与突出屋面墙体搭接高度小于300 mm,见图7-10、图7-11。

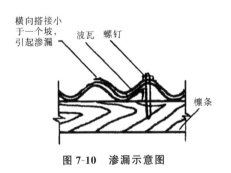

图7-10 渗漏示意图

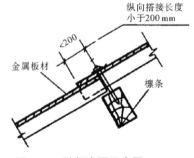

图7-11 引起渗漏示意图

(2)板相邻的两块没有顺年最大频率风向搭接。

(3)板的安装没有使用单向螺栓或拉铆钉连接固定,钢板与固定支架固定不牢。

(4)两板间放置的通长密封条没有压紧,搭接口处密封不严,外露的螺栓(螺钉)没有进行密封保护性处理。

五、隔热屋面

隔热屋面工程子分部包括架空屋面、蓄水屋面、种植屋面三个分项工程。

"隔热"仅是从功能上去理解,隔热屋面真正的作用还是要确保防水。

隔热屋面的渗漏,其发生原因,本章第一、二、三节所作的分析,可作为借鉴、参考。现根据其屋面具有隔热的特点,作如下补充:

1. 架空屋面

架空是为保证通风效果,达到隔热的目的。从防水这个角度分析,架空层可以当作防水层的保护层。隔热制品的质量和施工是否符合规范要求,直接影响防水层的防水效果。如相邻两块隔热制品的高差大于 3 mm,存有积水就是隐患。

2. 蓄水屋面

蓄水屋面多用于我国南方地区,一般为开敞式。防水层的坚固性、耐腐蚀性差,会造成渗漏;蓄水区每边长大于 10 m,蓄水屋面长度超过 40 m,又没有设横向伸缩缝,累计变形过大,会使防水层被拉裂。

3. 种植屋面

种植屋面除具有隔热作用,还可以美化人们的生活工作环境。被喻为空中花园、城市中绿肺。

种植屋面渗漏的主要原因:保护层上面覆盖介质及植物腐烂或根系穿过保护层深入到防水层,种植屋面使用的材料不能阻止对防水层损坏的这一特殊要求。

第二节 地下建筑防水工程

根据《地下防水工程质量验收规范》(GB50208—2002)的规定,地下防水工程是工程建设的一个子分部工程。与建筑工程关系紧密的地下建筑防水工程共有:防水混凝土、水泥砂浆防水层、卷材防水层、涂料防水层、塑料板防水层、金属板防水层、细部构造等 9 个分项。

地下建筑防水工程质量,直接影响工程的使用寿命和生产设备的正常使用。

地下建筑防水工程的质量通病:渗漏。

地下建筑防水工程,按不同的防水等级采用刚性混凝土结构自防水,或与卷材或与涂料等柔性防水相结合,进行多道设防。对于"十缝九漏"的沉降缝(变形缝)、施工缝、穿墙管等容易渗漏的薄弱部位,因地制宜采取刚性或柔性或刚柔结合防水措施,使这一渗漏顽症得到了抑制。

本章对防水混凝土、水泥砂浆防水层、卷材防水层、涂膜防水层在施工过程中,容易造成的质量通病做重点分析。

一、防水混凝土

防水混凝土结构是以其具有一定的防水能力的整体式混凝土或钢筋混凝土结构。其防水功能,主要靠自身厚度的密实性。它除防水外,还兼有承重、围护的功能。防水混凝土工程取材方便,工序相对简单,工期较短,造价较低。在明挖法地下整体式混凝土主体结构设防中,防水混凝土是一道重要防线,也是做好地下建筑防水工程的基础。在1～3级地下防水工程中,以其独具的优越性成为首选。

混凝土防水工程渗漏的主要原因:

(1)水泥品种没有按设计要求选用,强度等级低于32.5级,或使用过期水泥或受潮结块水泥。前者降低抗渗性和抗压强度;后者由于不能充分水化,也影响混凝土的抗渗性和强度。

(2)粗骨料(碎石或卵石)的粒径没有控制在5～40 mm之间,碎石或卵石、中砂的含泥量及泥块含量分别大于规定的要求,影响了混凝土的抗渗性。如含有黏土块,其干燥收缩、潮湿膨胀,会起较大的破坏作用。

(3)用水含有害物质,对混凝土产生侵蚀破坏作用。

(4)外加剂的选用或掺用量不当。在防水混凝土中适量加入外加剂,可以改善混凝土内部组织结构,以增加密实性,提高混凝土的抗渗性。如UEA膨胀剂的质量标准,分为合格品和一等品两个档次,两者的限制膨胀率不同,掺入量不同,错用就会造成补偿收缩混凝土达不到预期的效果。

(5)水灰比、水泥用量、砂率、灰砂比、坍落度不符合规定:

①水灰比,在水泥用量一定的前提下,没有用调整用水量控制好水灰比。水灰比过大,混凝土内部形成孔隙和毛细管通道;水灰比过小,和易性差,混凝土内部也会形成空隙。水灰比过大或过小,都会降低混凝土的抗渗性。水灰比大于0.6,影响混凝土耐久性。

②水泥用量,水灰比确定之后,水泥用量过少或过多,都会降低混凝土的密实度,降低混凝土的抗渗性。

③砂率、灰砂比、防水混凝土的砂率没有控制在35%～40%之间,灰砂比过大或过小,都会降低抗渗性。

④坍落度,拌合物坍落度没有控制在允许值的范围内。过大过小,对拌合物施工性能及硬化后混凝土的抗渗性能和强度都会产生不利影响。

(6)混凝土搅拌、运输、浇筑和振捣。

①混凝土应采用机械搅拌。搅拌时间少于120 s,难以保证混凝土良好的均质性。混凝土运输过程中,没有采取有效技术措施,防止离析和含水量的损失,或运输(常温下)距离太长,运输时间长于30 min等等。

②浇筑和振捣。浇筑的自落高度没有控制在1.5 m以内,或超过此高度,又没有采用溜槽等技术措施;浇筑没有分层或分层高度超过30～40 cm;相邻两层浇筑时间间隔过长。振捣漏振、欠振、多振等等。

凡出现以上列举的情况,均会不同程度影响混凝土抗渗性和强度。

(7)防水混凝土养护不符合规定。养护对防水混凝土抗渗性影响极大。浇水湿润养护少于14 d(一般从混凝土进入终凝时开始计算),或错误采用"干热养护",在特殊地区、特殊情况下,不得不采用蒸气养护时,对混凝土表面的冷凝水处理、升温降温没有采取必要可行的措施等等。

(8)工程技术环境不符合规定。

①在雨天、下雪天和五级风以上气象环境下作业。

②施工环境气温不在 5～35℃ 之间。

③地下防水工程施工期间,没有采取必要的降水措施,地下水位没有稳定保持在基底 0.5 m 以下。

(9)细部构造防水不符合规定。地下建筑防水工程,主体采用防水混凝土结构自防水的效果尚好。细部构造的防水处理略有疏忽,渗漏就容易发生。《地下防水工程质量验收规范》(CB50208—2002)把细部构造独立地列为一个分项,突出了其防水的重要作用。

细部构造防水施工,使用的防水材料、多道设防的处理略有不当,都会导致渗漏。

①变形缝渗漏。止水带材质的物理性能和宽度不符合设计要求,接缝不平整、不牢固,没有采用热接,产生脱胶、裂口;中埋式止水带中心线与变形缝中线偏移,未固定或固定方法不当(如穿孔或用铁钉固定),被浇筑的混凝土挤偏;顶、底板止水带下侧混凝土浇捣不密实,留有孔隙;后埋式止水带(片),在变形缝两侧的宽度不一,宽度小的一侧缩短渗漏路线;预留凹槽内表面不平整,过于干燥,铺垫的素灰层过薄,使止水带的下面留有气泡或空隙;铺贴止水带(片)与混凝土覆盖层施工间隔时间过长,素灰层干缩开裂,混凝土两侧产生的裂缝成为渗漏通道;变形缝处增设的卷材或涂料防水层,没有按设计要求施工。

②施工缝渗漏水。混凝土浇筑前,没有清除施工缝表面的浮浆和杂物,对混凝土表面没有进行处理(漏铺水泥砂浆或漏涂处理剂等),浇捣不及时,产生孔隙或裂缝;施工缝采用遇水膨胀橡胶腻子止水条或采用中埋止水带时安装不牢固,留有空隙。

③后浇带与现浇混凝土交接面处渗漏。后浇带与先浇筑混凝土的“界面”,可以理解为“施工缝”。施工缝渗漏的有些情况也会造成后浇带交接处渗漏。

后浇带浇筑时间如少于两侧混凝土龄期 42 天,两侧混凝土温差、干缩变形,交接处形成裂缝(见图 7-12)。

后浇带没有采用补偿收缩混凝土,后浇带硬化产生收缩裂缝。

后浇带混凝土养护时间少于 28 天,强度等级低于两侧混凝土。

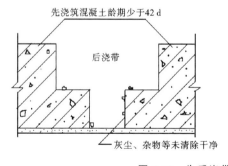
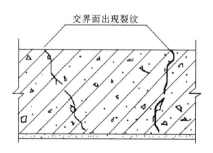

图 7-12 先后浇带界面处裂缝示意图

④穿墙管道部位渗漏。管道周围混凝土浇捣不实,出现蜂窝、孔洞(大直径管道底部更容易出现此缺陷),或套管内表面不洁,造成两管间填充料不实,见图 7-12。

用密封材料封闭填缝不符合规定要求。

穿墙套管没有采取防水措施(加焊止水环),穿墙管外侧防水层铺设不严密,增铺附加层没有按设计要求施工,见图 7-13～图 7-16。

⑤埋设件部位渗漏。埋设件端部或预留孔(槽)底部的混凝土厚度小于 250 mm,或当

厚度小于 250 mm，局部没有加厚，或没有加焊止水钢板等采取其他防水措施。因混凝土厚度减薄，容易发生渗漏（见图 7-17）。

预留地坑、孔洞、沟槽内防水层，没有与孔（槽）外结构防水层保持连续，降低了防水整体的密封性。

穿过混凝土结构螺栓，或采用工具式螺栓，或螺栓加堵头做法。前者没有按规定满焊止水环或翼环，后者没有采取加强防水措施，或凹槽封堵不密实，留有空隙。

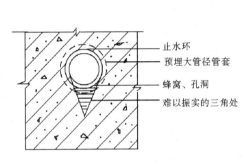

图 7-13　管道底部蜂窝、孔洞示意图

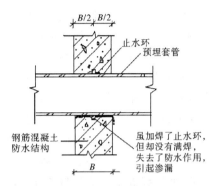

图 7-14　管道部位渗漏示意图

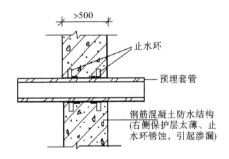

图 7-15　双止水环套管示意图

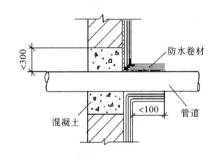

图 7-16　管道外侧渗漏示意图

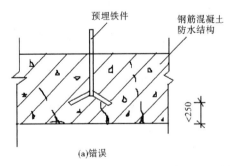

图 7-17　底部渗漏示意图

案例 7.10

1. 工程质量案例

上海地铁一号线车站，自防水钢筋混凝土结构，顶板还设置了柔性附加防水层。在设计和施工中特别注重混凝土强度等级。车站投入运营后，发现顶板多处出现无规律微细裂缝，在顶板和侧墙交界处多有 45°斜裂缝,严重渗漏。

2. 原因分析

(1)该地下建筑是利用混凝土自身的密实性防水的。混凝土是非匀质性多孔的建筑材料,其内部存在大小不同的微细孔隙,具有透水性。

孔隙的产生来自结构本身:如凝胶孔、毛细孔等,其中除凝胶孔外,都可以视为渗潜通道。

(2)单位水泥用量较大,加大了混凝土内部的水化热,产生温差收缩裂缝。

(3)将自防水混凝土结构作为主要防水屏障的同时,没有辅之以柔性材料作为防水的增强设防。

案例 7.11

1. 工程质量案例

河南郑州某大厦主楼高 283.18 m,地上 63 层,地下室 3 层,地基埋深 21 m,底板厚 4 m,掺用 UFA 外加剂。外墙采用涂料防水层。检查发现:在负 3 层地下室四周及距墙 6.4 m 范围内底板上,出现高水压慢渗水、点漏、底板裂缝漏水。

2. 原因分析

(1)对混凝土是一种非匀质材料认识不足。

(2)没有从材料和施工方面采取有效措施,以提高混凝土的密实性,减少空隙和改变孔隙特征,阻断渗水通道。

案例 7.12

1. 工程质量案例

某垃圾处理场氧化池,池长 37.5 m,宽 2.5 m,圆弧曲线与矩形相结合平面,周长约 80 余 m,池壁厚 300 mm,配筋纵横均为 φ16@150,高 4.5 m,露地面净高 3.3~3.7 m,混凝土等级 C20,抗渗等级 S6。清水循环试用期发现渗漏。氧化池平面图见图 7-18。

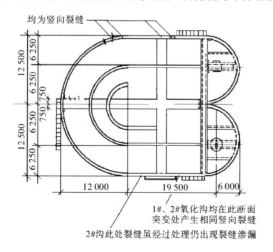

图 7-18 氧化池平面图

2. 原因分析

(1)根据裂缝走向呈竖向,均在突变处产生裂缝的规律,裂缝产生的直接原因是受混凝土温差及收缩变形引起。

(2)在氧化池正中竖向段末设置伸缩缝。

(3)没有考虑氧化池深埋地下 0.8～1.2 m,是个半露天构筑物,没有采取相应的防漏措施。

案例 7.13

1. 工程质量案例

某影剧院工程,一层地下室作为停车库,采用自防水钢筋混凝土。该结构用作承重和防水。当主体封顶后,地下室积水深度达 300 mm,抽水排干,发现渗漏水多处从底板部位和止水带下部流入。后经过补漏处理,仍有渗漏。

2. 原因分析

(1)根据施工日志记载表明,施工前没有作技术交底。雇佣的农民工对变形缝的作用都不甚了解,更不懂得止水带的作用,操作马虎。止水带的接头没有进行密封黏结。

(2)底板部位和转角处的止水带下面,钢筋过密,振捣不实,形成空隙。

(3)使用泵送混凝土时,施工现场发生多起因泵送混凝土管道堵塞,临时加大用水量,水灰比过大,导致混凝土收缩加剧,出现开裂。

(4)变形缝的填缝用材不当,没有采用高弹性密封膏嵌填。封缝也没有采用抗拉强度、延伸率高的高分子卷材。

(5)在处理渗漏水时,使用的聚合物水泥砂浆,抗拉强度低,不能适应结构变形的需要。

二、水泥砂浆防水层

水泥砂浆防水层经过几十年的推广应用,在地下防水工程中形成了比较完整的防水技术。适用于承受一定静水压力的地下混凝土、钢筋混凝土或砌体结构基层的防水。

水泥砂浆防水层,是通过利用均匀抹压、密实,交替施工构成封闭的整体,以达到阻止压力水的渗透。

水泥砂浆防水层的质量通病为渗漏。渗漏表现为局部表面渗漏、阴阳角渗漏、空鼓开裂渗漏、细部构造渗漏。

引起渗漏的原因:

1. 基层的品质

水泥砂浆防水层能否防水,基层的质量品质是关键。基层表面不平整、不坚实、有孔洞缝隙或对存在的这些缺陷不作处理或处理不当,会影响水泥砂浆防水层的均匀性及与基层的黏结。或基层的强度低于设计值的 80%,也会使水泥砂浆防水层失去防水作用。

2. 材料的品质

防水砂浆所用的材料没有达到规定的质量标准,会直接影响砂浆的技术性能指标。

(1)水泥的品种没有按设计要求选用,强度低于 32.5 级。

(2)没有选用中砂,或选用中砂的粒径大于 3 mm,含泥量、硫化物和硫酸盐含量均大于 1%。

(3)水含有害物质。

(4)使用聚合物乳液有颗粒、异物、凝固物。

(5)外加剂的技术性能不符合质量要求。

3. 局部表面渗漏

分层操作厚薄不均,用力不一(用力过大破坏素灰层,用力过小抹压不密实)。

4. 施工缝渗漏

施工缝与阴阳角距离小于200 mm,甩槎和操作困难。或不按规定留槎,或留槎层次不清,甩槎长度不够,造成抹压不密实,缝隙漏水,见图7-19。

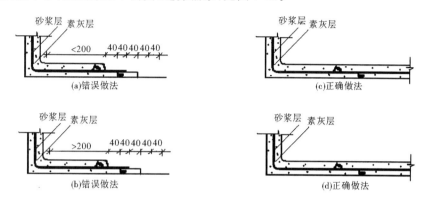

图 7-19 防水层施工缝处理

5. 阴阳角渗漏

抹压不密实,对阴阳角部位水泥砂浆容易产生塑性变形开裂和干缩裂缝,没有采取必要的技术措施。阴阳角没有做成圆弧形。

6. 空鼓、开裂渗漏

排除原材料品质引起的原因,主要是施工过程中对基层处理不当造成的。

(1)基层干燥,水泥砂浆防水层早期失水,产生干缩裂缝,防水层与基层黏结不牢,产生空鼓。

(2)基层不平,使防水层厚薄不均,收缩变形产生裂缝。

(3)基层表面光滑或不洁,防水层产生空鼓。

(4)养护不好,或温差大,引起干缩或温差裂缝。

案例 7.14

1. 工程质量案例

某建筑工程考虑结构刚度强,埋深不大,对抗渗要求相对较低,决定采用水泥砂浆防水层。施工完毕后,经观察和用小锤轻击检查,发现水泥砂浆防水层各层之间结合不牢固,有空鼓。

2. 原因分析

(1)材料品质。水泥的品种虽然选用了普通硅酸盐水泥,但强度等级低于32.5级。混凝土的聚合物为氯丁胶乳,虽方便施工、抗折、抗压、抗震,但收缩性大,加之施工工艺不当,加剧了收缩。

(2)基层质量。基层表面有积水。产生的孔洞和缝隙虽然做了填补处理,却没有使用同质地水泥砂浆。

(3)施工工艺不当。操作工人对多层抹灰的作用不甚了解。第一层刮抹素灰层时,只是片面知道以增加防水层的黏结力,刮抹仅是两遍,用力不均,基层表面的孔隙没有被完全填实,留下了局部透水隐患。素灰层与砂浆层的施工,前后间隔时间太长。素灰层干燥,水泥得不到充分水化。造成防水层之间、防水层与基层之间黏结不牢固,产生空鼓。

(4)氯丁胶乳防水砂浆没有采取干湿相结合的方法养护。氯丁胶乳防水砂浆最初可以依靠空气中的氧,通过交链产生胶网膜。早浇水养护(早于 2 d),会冲走砂浆中的胶乳。

三、卷材防水层

卷材防水层是用防水卷材和沥青交结材料胶合组成的防水层。高聚物改性沥青防水卷材,合成高分子防水卷材具有延伸率较大,对基层伸缩或开裂变形适应性较强的特点,常被用于受侵蚀性介质或受振动作用的地下建筑防水工程。卷材防水层适用于混凝土结构或砌体结构的基层表面迎水面铺贴。

防水卷材采用外防外贴和外防内贴两种施工方法。前者防水效果优于后者。在施工场地和条件不受限制时宜选用外防外贴。

卷材防水层整体的密封性,是防水的关键。凡出现渗漏,就可以判定是密封性遭到了不同程度的破坏。造成卷材防水层常见的渗漏通病的主要原因:

(1)材料的品质。选用的高聚物改性沥青防水卷材、合成高分子防水卷材铺贴,与选用的基层处理剂、胶黏剂、密封材料等配套材料不相容。合理的防水年限与卷材厚度的选择不配。

(2)基层质量。基层强度小,不平整,不光滑,有松动或起砂现象。基层含水率大于规定的要求。这些原因都会使卷材与基层面粘贴不牢。

(3)卷材接头搭接。接头搭接质量关系到整体密封性。两幅卷材短边和长边的搭接缝宽度小于 100 mm。采用多层卷材铺贴,上下层相邻两幅卷材搭接缝没有错开,或错开的距离小于规定要求,或上下两层卷材相互垂直铺贴在同一处形成透水通道,或接头处黏结不密实、封闭不严密,产生张嘴翘边,引起渗漏(图 7-20)。

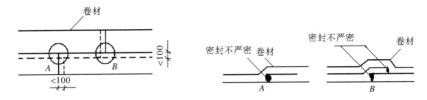

图 7-20 三层卷材重叠示意图

搭接缝封口不严密,容易发生在高分子卷材施工中,这类卷材一般均为单层铺设,搭接缝处理不好,极容易造成渗漏。使用的密封材料与高分子卷材材性不相容,也是造成封口不严密的常见原因之一。

(4)空鼓。空鼓,主要是指卷材与基层面之间,滞留气体在外界温度作用下膨胀。空鼓的产生:基层潮湿,不平整,不清洁,压铺用力不均。

(5)转角处渗漏。基层的转角处没有做成圆弧或钝角,形成空隙,或没有在转角处进行加强处理。发现质量问题，又没有及时采取补救措施。

案例 7.15

1. 工程质量案例

某城镇兴建一栋住宅楼，地下室为砖砌体结构。考虑降低成本，防水层采用纸胎防水卷材。交付使用半年后，多处发现渗漏。

2. 原因分析

地下建筑工程防水层按规范要求，严禁使用纸胎防水卷材。胎基吸油率小，难以被沥青浸透。长期被水浸泡，容易膨胀、腐烂。失去防水作用。加之强度低，延伸率小，地下结构不均匀沉降，温差变形，容易被撕裂。

案例 7.16

1. 工程质量案例

某购物广场，框架结构，4层，地下一层建筑面积 50000 m²，地下工程采用卷材防水层。因地下水位较高，在进行地下工程防水施工时，注意了排水和降低地下水位的工作，地下水位一直保持在地下室底部最低部高程以下 0.5 m。整个防水工程完成后，经检验：无渗漏。当主体结构临近封顶时，发现防水卷材大面积鼓胀，鼓泡破裂处，有渗漏水。

2. 原因分析

该工程在进行地下防水施工期间，采取了降低地下水位的措施。当上主体时认为降水已不重要，没有继续进行，时值又连逢几场大雨，地下水回升到垫层以上。防水卷材受到向上顶压力，产生鼓胀。降水工作没有坚持做到主体结构施工完成。

案例 7.17

1. 工程质量案例

某地下建筑防水工程施工完毕，就有渗漏。经检查地下室底板完整。在其他漏点补好后，地下室仍有渗漏，地面积水日趋增多。经仔细观察，地下室地面出现新的裂缝。

2. 原因分析

裂缝发生在底板下反梁的位置，反梁间是回填土。回填土的密实度不够，造成底板下的软硬较悬殊，反梁附近的底板经受不住结构物沉降引起拉力，出现裂缝，拉裂梁下的卷材防水层，使地下室发生渗漏。

四、涂料防水层

(一)一般防水工艺

防水涂料在常温下为液态。涂刷于结构表面形成坚韧防水膜层。其防水作用是经过常温交联固化形成具有弹性的结膜。

以合成树脂及合成橡胶为主的新型防水材料，在国外已形成系列产品。该系列产品最大的特点是具有延伸性和耐候性，在防水工程中得到了大量应用。

我国研究成功的橡胶沥青类、合成橡胶类、合成树脂类三大系列产品，标志着我国防水涂料的发展进入了一个新的时期。使地下建筑防水工程以自防水混凝土为主并与柔性防水相结合的应用技术得到了重点推广。

涂料防水适用于侵蚀性介质或受振动作用的地下建筑工程,适用于迎水面或背水面涂刷的防水层。反应型、水乳型、聚合物、水泥防水涂料或水泥基、水泥基渗透结晶型涂料都适用于防水层。

涂料防水层一般采用外防内涂或外防外涂两种施工方法。

涂料防水层,在施工中容易出现的质量缺陷,尽管外观形态各异,但最终的后果都导致渗漏。

(二)分析问题原因

1. 材料品质、配合比要求

(1)涂料防水层所用的材料品质及配合比是否符合设计要求。

(2)防水涂料的平均厚度是否符合规定(最小厚度不得小于设计厚度的 80%)。如防水等级为Ⅰ级的地下建筑防水工程,设防道数不能少于三道,采用聚合物水泥涂料涂刷,其厚度不能小于 1.5～2.0 mm。

2. 涂料防水层施工规定

(1)涂刷前是否在基面涂刷了基层处理剂,基层处理剂与涂料是否相溶。

(2)涂膜是否通过多遍涂刷完成,上下层涂刷时间的间隔是否待下层涂料结固成膜。

(3)每遍涂刷时,是否交替改变涂层涂刷的垂直方向,同层涂膜的先后接茬的宽度是否控制在 30～50 mm 之间。

(4)是否保护好了涂料防水层的施工缝(即:甩槎),搭接宽度是否小于 100 mm,甩槎表面是否处理干净。

(5)涂料防水层施工时,是否先进行了细部构造的防水处理,然后再大面积涂刷。

(6)防水涂料的保护层是否符合施工规范的规定。

3. 对施工质量缺陷进行分析

(1)起鼓。

①基层不干燥,黏结不牢。涂料防水层与基层是否黏结密实,取决于基层的干燥程度。地下结构的基层表面要达到干燥,一般不容易,在涂刷防水涂料前,没有进行处理剂涂刷,或刷涂的处理剂与涂料不相溶。

②基层表面不平整,不清洁,或有空鼓、松动、起砂和脱皮。

(2)气孔、气泡。搅拌方式不对,使空气进入被搅拌的涂料中,涂刷的厚薄不均又是一次成膜,气孔、气泡破坏了涂料防水层质地均匀性,形成了防水的薄弱部位。

(3)翘边。

①涂料黏结力不强,或搭接接缝密封处理不严密。

②基层表面不平、不洁、不干燥。

③对细部构造防水的加强处理,不符合施工规范。

(4)破损。涂料防水层施工过程中或施工完毕,没有做好保护。

4. 综合强调

(1)防水涂料操作时间。即操作时间越短的涂料(固结速度快),不宜用于大面积防水涂料施工。

(2)防水涂料要有一定黏结强度。即潮湿基面(基层饱和但无渗漏水)要有一定的黏结强度。

（3）防水涂料成膜必须具有一定的厚度。

（4）防水涂料应具有一定的抗渗性、耐水性。

案例 7.18

1. 工程质量案例

某商场地下室仓库，用涂料作防水层。采用外防内涂施工方法。选用的是水乳型丁苯橡胶改性沥青防水涂料。该种涂料的特点：涂膜弹性好，延伸率高，容易形成厚涂膜、价格低，施工方便。该工程的防水没有达到合理的使用年限。一年后，就发生局部渗漏。

2. 原因分析

该防水工程为三道设防，涂布厚度仅为 1 mm，没有达到设计要求下限的 50％（按规范规定厚度一般不能小于 2 mm），据当时在一线的操作工人回忆，局部部位没有采取多遍涂刷，两涂层施工间隔时间太短，涂料发生流淌，规定搭接缝宽度随意性太大，有的大于100 mm，有的小于 100 mm，涂布前甩槎表面也没有处理干净。

案例 7.19

1. 工程质量案例

某地下仓库为钢筋混凝土结构，根据设计要求，采用新型涂料中的粉状黏性防水涂料。以达到防水。该涂料采用国产原料配制而成的无机防水涂料，呈白色粉状。具有黏结力强、抗老化、抗冻、耐碱、防水防潮的功能。在进行技术交底时，设计单位特别强调，选用它是考虑了可在潮湿基面上施工，施工简便，有利缩短工期。施工完毕后，发现局部渗漏。

2. 原因分析

经分析，是由于施工人员按一般常规工艺操作，对新材料性能认识不足造成的。

（1）虽然按要求配制涂料：水＝1：0.6（重量比），并搅拌成糊状，但放置时间太短（应放置 20 min），没有待充分反应后，就进行涂刷。加之基层面没有充分润湿（控制无明水），过早失水，使防水层发生粉化及剥离，达不到防水效果。

（2）从涂料拌和起，使用时间太长（必须在 2 小时用完），涂料硬化。

（3）基层裂缝、孔洞没有用防水砂浆（涂料：石英砂＝1：1）填补密实。

（4）对新材料、新工艺不熟悉。

第三节　其他防水工程

其他防水工程，是指《建设工程质量管理条例》提出的"有防水要求的卫生间、房间和外墙面的防渗漏。"上述建筑部位的渗漏水与城市建设的高速发展，高层建筑的日益增多，人们生活工作环境的不断改善，相互之间的矛盾愈甚突出。如何防治渗漏，是建筑业面临的又一个新的课题。

一、卫生间防水

卫生间的防水工程，国家还没有颁布统一的施工规范。虽然有些地区在设计和施工方法上有所革新,并取得较为满意的防水效果。但大多数施工单位仍沿循传统的施工方法。监控力度不一,管理水平参差不齐,加之工序的衔接、工种的配合协调难度大。卫生间管道多,操作面狭小,施工难度大,这些因素都非常容易造成卫生间渗漏水。卫生间渗漏水不仅是常见的质量通病,而且是个顽症。

卫生间渗漏的原因:

1. 楼地板渗漏

卫生间一般都是采用现浇钢筋混凝土板,也有采用预制的。混凝土强度等级低于 C20,板厚小于 80 mm。浇捣不密实,不是一次性浇捣完成,养护不好,重要防水层不起防水作用,渗漏缘于此,见图 7-21。

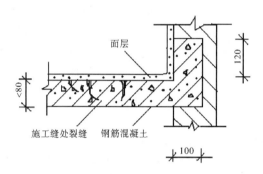

图 7-21   现浇钢筋混凝土板渗漏示意图

2. 贯穿管道周围渗漏

(1)楼板施工时,管洞的位置预留不准确;安装管道时,凿大洞口,为以后的堵洞增加施工难度,留下隐患。管道一旦安装固定,没有及时堵洞;堵洞时没有将周围杂物清除干净,没有进行湿润。堵塞材料不合格,堵塞不密,留有空洞或孔隙,见图 7-22。

(2)管道与套管间没有进行密封处理,套管低于地面,管与管之间存在空隙,见图 7-23。

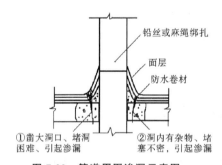

图 7-22   管道周围渗漏示意图

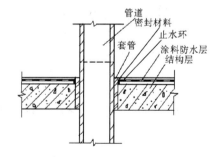

图 7-23   管道与套管之间渗漏示意图

3. 地面倒泛水渗漏

(1)地漏高出地面,周围积水,失去排水作用。

(2)卫生间楼面与室内地面相平,积水外流。

(3)做找平层时,没有冲地筋向地漏找坡。

4. 楼地面与墙面交接处渗漏

(1)楼地面与立墙交接处,砌筑立墙时,铺砂浆不密实,或饰面块材勾缝不密实,孔隙成为渗漏水通道。

（2）楼地面坡度没有找好或不规则，交接处积水。

（3）交接处沿立墙面防水层铺设高度不够。

5. 外墙面渗漏

外墙面的渗漏水表现为向室内渗透。高层建筑的日益增多几乎与外墙渗漏的多发性成正比。引发这一质量通病的因素很多，要格外引起重视。

二、门窗渗漏

门窗渗漏是当前的高频率通病。引发的原因绝大多数来自铝合金门窗的品质和安装不符合规定要求。

1. 铝合金窗品质

采用的型材的物理性能、化学成分和表面氧化膜不符合标准规定，其强度、气密性、水密性、开启力等不符合规定要求。铝合金窗的质量存在问题，是渗漏的主要原因之一。

2. 设计简单

当前住宅工程和装饰工程的施工图，设计简单，对用料规格、节点大样、性能和质量要求很少做出详细的标注。施工单位制作安装无依据。

3. 铝合金窗安装质量

（1）窗扇与窗框安装不严密，缝隙不均匀；窗框下槽排水孔不起排水作用。

（2）玻璃的尺寸不符合规定要求，玻璃嵌条、硅胶固定不牢固，留有空隙。

（3）窗框与墙体间缝隙过大或过小，造成填实不严密或无法填实，填嵌的水密性密封材料不符合规定的质量要求。

（4）窗框安装不平整、不垂直、不牢固，受振动产生裂缝。

（5）窗楣、窗台没有做滴水槽和流水坡度，或做了滴水槽深度不够，或做了流水坡但坡度不够。

（6）室外窗台高于室内窗台，见图 7-24。

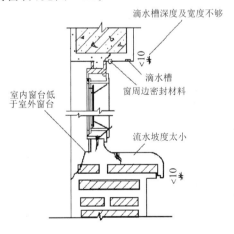

图 7-24 窗渗漏示意图

三、变形缝部位渗漏

变形缝部位的渗漏,表现为内外墙面发黑发霉,会致使内墙面基层疏松脱落,影响使用功能和美观。主要原因:

(1)变形缝的结构不符合要求,变形缝不具有适应变形的性能,应力的作用使墙体被拉裂,形成外墙面渗漏水通道。

(2)变形缝内嵌填的材料水密性差,或封闭不严密。封闭的盖板构造不符合变形缝变形的要求,被拉开甚至脱落,见图7-25。

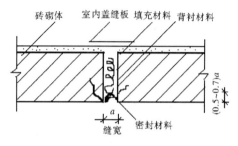

图 7-25 变形缝渗漏示意图

四、阳台、雨篷渗漏

(1)阳台、雨篷的排水管道被堵塞,积水沿着阳台、雨篷根部流向不密实的外墙面,或流向根部与墙面交接处的裂缝。

(2)有的建筑为增加墙面的立体感,采用横条状饰面,上部没有找坡,下面未做滴水槽,致使雨天横条积水渗入内墙,形成墙面"挂黑"。

五、女儿墙渗漏

女儿墙根部产生裂缝是渗漏水的症结所在。排除设计和温差变形的原因外,施工方面的主要原因有如下两方面。

(1)女儿墙砌筑质量差,砂浆不饱满,砌体强度达不到设计要求,抗剪强度小。一有外因作用,极易产生水平裂缝。

(2)支撑模板施工圈梁时,横木架在墙体上留下贯穿孔洞,堵塞不严密。圈梁与砌体间黏结不密实,留下外墙面的通缝。

六、外墙的质量缺陷引起的渗漏

(1)砌体质量。砌筑砂浆和易性差,不密实,强度低,雨水沿灰缝渗入墙体;外加剂的用量控制不严,砌体湿水措施不当,影响砂浆和砖的黏结。砌筑方法没有按施工规范操作,立缝砂浆饱满度不够,成为渗漏水通道。

(2)基层处理。对基层面上的,特别是突出外墙面砌筑物上面的浮灰,粘连的砂浆等没有清除干净,抹灰后,形成空鼓。

(3)底层施工。外墙底层打底的水泥砂浆,没有控制好配合比,打底砂浆掺入外加剂用量不准,砂浆含砂率高,不密实,降低了强度。打底厚度没有控制在规定范围之内。当底层灰厚度大于 20 mm,没有分层施工,造成砂浆自坠裂缝。底层抹灰接槎处理,往往受脚手架影响,忽视接槎部位抹压顺序,外高内低的接缝留下渗漏隐患。

(4)框架结构与填充墙交接处的处理。交接处材质的密度不一样,温差收缩开裂。抹灰前没有采取必要防裂措施,留下渗漏隐患。

(5)外墙架孔的堵塞。穿墙的脚手架孔,堵塞马虎,采取的措施不当。

(6)面层施工的质量。面层施工前,没有对基层的空鼓、裂缝进行修补。铺贴面砖、水泥浆不饱满,出现空鼓,勾缝不密实,外墙涂布涂料没有选用具有防水功能的涂料。

案例 7.20

1. 工程质量案例

某安居工程,砖砌体结构,6 层,共计 18 幢。交付使用不久,用户普遍反映卫生间漏水。施工单位立即派人返修。通过返修,对造成渗漏的原因进行认真分析。

2. 原因分析

(1)积水沿管道壁向下渗漏。现浇楼地板预留洞口位置准确,但洞口与穿板主管外壁间距太小,无法用豆石混凝土灌实,存在空隙的情况下直接找平。管道周围虽然做二油一布附加层防水,但粘贴高度不够,接口处密封不严密导致开裂。

(2)卫生间地面与立墙交接部位积水。做找平层时,没有冲地筋向地漏找坡,墙角处没有抹成圆弧,浇水养护不好。

(3)防水层渗漏。防水层做完后,没有进行 24 小时的蓄水试水。在防水层存在渗漏的情况下,做了水泥砂浆保护层。

(4)外墙面洇湿。①该卫生间楼板为现浇钢筋混凝土,楼板嵌固墙体内,四边支撑处负弯矩较大,支座钢筋的摆放位置不当,造成支座处板面产生裂缝。

②浇筑时模板刚度不够,拆模过早,楼板不均匀沉陷,出现裂缝。

案例 7.21

1. 工程质量案例

南方某城市一纪念馆,砖砌体结构,3 层,建筑面积 6000 m²。外墙饰面为水刷石。于 1957 年建成。1997 年返修时,外墙装修决定改用大理石贴面。该工程完工后,第一次遇大雨,就发现室内大面积出现湿渍。主管单位负责人说:使用 40 年都没有渗漏,这是花钱买漏水,对改用大理石块材料提出异议。

2. 原因分析

(1)大理石主要成分为碳酸钙($CaCO_3$),空气中的二氧化硫与水汽结合,最终变成硫酸,对大理石产生腐蚀,但这是个渐变的过程。第一次遇大雨,就发生渗漏,不是大理石块材本身造成的。

(2)主要是施工不符合规范要求。对原水刷石饰面进行剥离后,对基层的不平整没有进行处理。对浮灰浮石没有彻底清除干净,基层面干燥,施工时墙面浇水不透,降低了黏结力。黏结层干缩开裂,空鼓。

（3）粘贴层砂浆不饱满,大理石勾缝不实,不平顺,不光滑。淋到墙面的雨水,沿着勾缝间的孔隙和毛细孔进入空鼓(空鼓变成水袋),向墙体渗透。

案例 7.22

1. 工程质量案例

某地江南广场,框架剪力墙结构,裙楼 3 层,主楼 22 层。填充为轻质墙,外墙饰面选用涂料。工程投入使用不到 1 年,室内发霉,局部渗漏。

2. 原因分析

（1）外墙抹灰装饰前,施工人员对框架结构与填充墙之间的缝隙进行填充处理,并在部分交接处加上了一层宽度为 300 mm 的点焊网。钢筋混凝土结构与填充墙温差收缩率不一致,使漏加点焊网部位出现了开裂。

（2）外墙打底砂浆局部厚度大于 20 mm,一遍成活,干缩开裂。

（3）外墙面分格缝采用的分格条是木制的,取出后,缝内嵌实柔性防水材料不密实,留有渗漏隐患。

（4）拆架时,部分连墙杆截留在墙体内未取出,浇筑外剪力墙,固定模板用螺杆孔堵实马虎,形成渗水通道。

案例 7.23

1. 工程质量案例

某土木工程学院综合楼工程。框架结构,8 层。工程被列为新型墙体应用技术推广示范工程。填充墙使用的陶粒混凝土空心砌块。陶粒混凝土空心砌块干密度小（550～750 kg/m³）,保温隔热性能好,与抹灰层黏结牢固。是近年来兴起的一种新型建筑材料,得到广泛采用。该工程竣工还没有正式验收前,发现内外墙面多处出现裂缝,引起渗漏。

2. 原因分析

（1）内墙有规则裂缝均出现在两种不同材料的结合处,是陶粒混凝土空心砌块强度低,收缩性大引起的。

（2）外墙面无规则的裂缝产生的原因:墙体材料、基层、面层、外墙饰面(面砖)等材料,均属脆性材料,彼此线膨胀系数、弹性模量不同。在相同的温度和外力作用下,变形不同,产生裂缝渗漏。

思考题

1. 卷性、刚性、涂膜屋面有哪些质量缺陷? 有何共同的通病特征及产生的原因?

2. 谈谈采用新型防水材料进行屋面施工的经验和教训。

3. 为什么说地下建筑防水工程是一个系统应用工程?

4. 混凝土防水工程对材料的品质有哪些要求?

5. 你是如何理解"十缝九漏"的? 结合施工谈谈体会。

6. 地下建筑防水工程常见的质量通病有哪些？从本质上分析产生的共同原因。

7. 简述涂料防水层渗漏的分析要点。

8. 卫生间屡屡出现渗漏的主要原因是什么？

9. 铝合金窗渗漏应该从哪几个方面进行分析？

10. 外墙面渗漏有哪些主要原因？

11. 谈谈你对细部构造防水的认识。

第八章 装饰装修工程

根据《建筑工程施工质量验收统一标准》(GB 50300—2019),建筑装饰装修分部包括原独立列为分部的楼地面工程。反映了现代建筑在满足使用功能的前提下,保护建筑物,追求建筑的艺术效果,给人更美享受的发展趋势。建筑装饰装修工程质量还直接影响建筑工程的合格验收。

《建筑装饰装修工程质量验收规范》(GB 50210—2018)明确指出:建筑装饰装修是“为保护建筑物的主体结构、完善建筑物的使用功能和美化建筑物,采用装饰装修材料或饰物,对建筑物内外表面及空间进行的各种处理过程。”该分部工程在投入与转换的过程中,工序一旦失控,就容易发生质量缺陷或质量事故。

第一节 抹灰工程

一、一般抹灰

一般抹灰工程又分为普通抹灰和高级抹灰。

一般抹灰常见的质量缺陷:面层脱落、空鼓、爆灰和裂缝。这些质量缺陷往往又是并发性的,分析原因如下。

(一)抹灰工程选用的砂浆品种不符合设计要求

如:无设计要求,又不符合下列规定:

(1)温度较大的室内抹灰,没有采用水泥砂浆或水泥混合砂浆。

(2)基层为混凝土的底层抹灰,没有采用水泥混合砂浆、水泥砂浆或聚合物水泥砂浆。

(3)轻集料混凝土小型空心砌块的基层抹灰,没有采用水泥混合砂浆。

(4)水泥砂浆抹在石灰砂浆层上,罩面石膏灰抹在水泥砂浆层上。

(二)一般抹灰的主控项目失控

(1)抹灰前,没有把基层表面尘土、污垢、油渍等清除干净,也没有进行洒水润湿。

(2)一般抹灰所用的材料品种和性能、砂浆配合比不符合设计要求。

(3)抹灰工程没有进行分层刮抹,没有达到多遍成活。当抹灰厚度大于 35mm 时,没有采取加强措施。

(4)在不同材料基体交接处表面的抹灰,没有采取防止开裂措施,或采用了加强网时,加强网与各基体的搭接宽度小于 100 mm。

(三)室内抹灰质量缺陷分析

1. 墙面与门窗框交接处空鼓、裂缝、脱落

(1)抹灰时没有对门窗框与墙的交接缝进行分层嵌实,一次用砂浆塞满,干缩开裂。

(2)基层处理不当,如没有浇水润湿。

(3)门窗框安装不牢固、松动。

2. 墙面抹灰空鼓、裂缝、脱落

(1)基层处理不好,清扫不干净,没有浇水湿润。

(2)墙面平整度差,局部一次抹灰太厚,干缩开裂、脱落。

(3)抹灰工程没有分底层、中层、面层多次成活,石灰砂浆和水泥混合砂浆每遍抹灰厚度大于 7~9 mm,水泥砂浆每遍抹灰厚度大于 5~7 mm,抹麻刀石灰厚度大于 3 mm,抹纸筋石灰、石膏灰厚度大于 2 mm,极容易出现干缩开裂。

(4)抹灰砂浆和易性差。

(5)各层抹灰层配合比相差太大。

3. 墙裙、踢脚线水泥砂浆抹面空鼓、脱落

(1)墙裙的上部往往洒水湿润不足,抹灰后出现干缩裂缝。

(2)打底与面层罩灰时间间隔太短,打底的砂浆层还未干固,即抹面层,厚度增加,收缩率大,引起干缩开裂。

(3)水泥砂浆墙裙抹灰,抹在石灰砂浆面上引起空鼓、脱落。

(4)抹石灰砂浆时抹过了墙面线而没有清除或清除不干净。

(5)压光时间掌握不好。过早压光,水泥砂浆还未收水,收缩出现裂缝;太迟压光,砂浆硬化,抹压不平。用铁抹子来回用力抹,搓动底层砂浆,使砂粒与水泥胶体分离,产生脱落。

4. 轻质隔墙抹灰层空鼓、裂缝

轻质隔墙抹灰后,在沿板缝处容易出现纵向裂缝;条板与顶板之间容易产生横向裂缝,墙面容易产生不规则裂缝和空鼓。主要原因:

(1)对不同的轻质隔墙,没有根据其不同的材料特性采取不同的抹灰方法。

(2)基层处理不好,洒水湿润不透。

(3)结合层水泥浆没有调制好,黏结强度不够。

(4)底层砂浆强度太高,收缩出现拉裂。

（5）条板上口板头不平，与顶板黏结不严。

（6）条板安装时黏结砂浆不饱满。

（7）墙体受到剧烈振动。

5．抹灰面起泡、开花、抹纹

（1）压光时间太早，抹完罩面后，砂浆未完全收水，压光后产生起泡。

（2）石灰膏熟化时间不够，抹灰后未完全熟化石灰粒继续熟化，体积急骤膨胀，突破面层出现麻点或开花。

（3）底灰过分干燥，罩面后水分被底层吸收变硬，压光出现抹纹。

6．抹灰面不平、阴阳角不垂直、不方正

（1）抹灰前挂线、做灰饼和冲筋不认真。或冲筋太软，抹灰破坏冲筋；或冲筋太硬，高出抹灰面，导致抹灰面不平。

（2）操作人员使用的角抹子本身就不方正，或规格不统一，或不用角抹子。

7．墙面抹灰层析白（反碱）

水泥在水化过程中产生氢氧化钙，在砂浆硬化前，受到砂浆水分影响，反渗到面层表面，与空气中二氧化碳合成碳酸钙，析出表面呈白色粉沫状，俗称"析盐"。

8．混凝土顶板抹灰面空鼓、裂缝、脱落

混凝土顶板有预制和现浇两种。后者为目前常采用。

在预制顶板抹灰，抹灰层常常产生沿板缝通长纵向裂缝；在现浇顶板上抹灰，往往容易在顶板四角产生不规则裂缝。主要原因：

（1）基层处理不干净，浇水湿润不够，降低与砂浆的黏结力，若抹灰层的自重大于灰浆和顶板的黏结力，即会掉落。

（2）预制顶板安装不牢，灌缝不实，抹灰厚薄不均，干缩产生空鼓、裂缝。

（3）现浇顶板底凸出平面处，没有凿平，凹陷处没有事先用水泥砂浆嵌平嵌实。抹灰层过薄失水快，容易引起开裂；抹灰层过厚，干缩变形大也容易开裂、空鼓。

9．金属网顶棚抹灰层裂缝、起壳、脱落

（1）抹灰的底层和找平层的灰浆品种不同，或配合比相差太大。

（2）结构不稳定和热膨胀影响。金属网顶棚属于弹性结构，四周固定在墙上，中间有吊筋吊起，吊筋的位置不同，各交点受力不同，变形不同，热膨胀产生的变形各异。顶棚各处弯矩不同，使各抹灰层之间，受到大小不同的剪力，会使各抹灰层之间产生分离，导致裂缝或脱落。

（3）金属的锈蚀渗透，体积膨胀，使抹灰层脱落。

（四）室外抹灰质量缺陷分析

室外抹灰质量缺陷指的是外墙抹灰一般常容易发生的，主要有空鼓、裂缝，抹纹、色泽不均，阳台、雨篷、窗台抹灰面水平和垂直方向偏差，外墙抹灰后雨水向室内渗漏等。

1．外墙抹灰层空鼓、裂缝

（1）基层没有处理好，浮尘等杂物没有清扫干净，洒水润湿不够，降低了基层与砂浆层的黏结力。

（2）基层凸出部分没有剔平，墙上留有的孔洞没有进行填补或填补不实。

（3）抹灰没有分遍分层，一次抹灰太厚；对结构偏差太大，需加厚抹灰层厚度的部位，没有进行加强处理（如铺金属网等）。

（4）大面积抹灰未设分格缝，砂浆收缩开裂。

（5）夏季高温条件下施工，抹灰层失水太快。

（6）结构沉降引起抹灰层开裂。

2. 外墙抹灰层明显抹纹、色泽不均

（1）抹面层时没有把接槎留在分格条处、阴阳角处或水落管处。

（2）配料不统一，砂浆原材料不是同一品种。

（3）底层润湿不均，面层没有搓成毛面，使用木抹子轻重不一，引起色泽深浅不一。

3. 阳台、雨篷、窗台等抹灰面水平、垂直方向偏差

（1）结构施工时，没有上下吊垂直线，水平拉通线，造成偏差过大，抹灰面难以纠正。

（2）抹灰前没有在阳台、雨篷、窗台等处垂直和水平方向找直找平，抹灰时控制不严。

4. 外墙抹灰后渗漏

（1）基层未处理好，漏抹底层砂浆。

（2）中层、面层灰度过薄，抹压不实。

（3）分格缝未勾缝，或勾缝不实，留有孔隙。

案例 8.1

1. 工程质量概况

某住宅楼内墙采用轻集料混凝土小砌块。投入使用不久，内墙抹灰层出现多处裂缝。住户意见很大，投诉开发商。为了查清原因，施工单位从施工日志中查出了问题。

2. 原因分析

（1）该地区处于中等湿度（年平均相对湿度为 $50\%\sim75\%$），混凝土小砌块相对含水率大于 40%（砌筑前被雨水淋湿），相对含水率超标。小砌块上墙后，墙体内部收缩力造成面层裂缝。

（2）在浇筑混凝土柱时，预留伸入墙体拉结筋长度小于 500 mm，填充墙与梁柱交接部位虽然钉挂了金属网，搭接宽度小于 100 mm。

（3）没有选用 M10 砌筑水泥砂浆。

（4）对空鼓和开裂处进行剥离返工时，发现墙体与现浇混凝土梁之间顶部填充不密实。

案例 8.2

1. 工程质量概况

某中学教学楼，砖砌体结构。为了不影响秋季开学，进入室内抹灰工程施工阶段，赶工期导致面层多处开裂、空鼓，水泥砂浆抹面的踢脚线脱壳。

2. 原因分析

（1）门窗框位置安装偏移，与墙体连接不牢的情况下，没有进行纠偏和加固处理，缝隙一次嵌灰过厚，砂浆用量大，干缩，抹灰层开裂。

（2）基层平整度差，局部一次抹灰厚度大于 10 mm，干缩开裂、脱层。

（3）砖墙敷设管线剔槽太浅，抹灰层厚度偏薄，造成空鼓、开裂。

（4）踢脚线施工后于墙面纸筋灰罩面，在墙面与踢脚线交接处的纸筋面层没有被清除，用水泥砂浆直接抹出踢脚线，两种材料干缩比不同，强度各异，踢脚线空鼓。

案例 8.3

1. 工程质量概况

某工程项目部，按规范要求水泥石灰砂浆（1∶1∶6）打底后，为节省水泥，用石灰膏代替水泥拌和成石灰膏砂浆抹面。不久，墙面出现裂纹、溃散。

2. 原因分析

（1）用石灰膏抹面违反规范要求，两种不同的灰层材料黏结在一起。石灰膏干缩率大于混合砂浆。剪应力致使面层出现裂缝。

（2）石灰膏软化系数接近零，受潮极容易溃散。

案例 8.4

1. 工程质量概况

某乡镇小学，新建一栋2层砖砌体结构教学楼，抹面工程正逢夏季。秋季开学时，发现抹灰层多处有抹纹、起泡、开花，北向窗下内墙潮湿。

2. 原因分析

（1）砂浆稠度小，和易性差，抹罩面灰后，水分很快被底层吸收，抹压不顺，出现抹纹。

（2）面层抹压不紧密，面层与底层间留有空隙。

（3）石灰淋制熟化时间少于30天。抹灰后继续熟化，体积膨胀，造成抹灰面开花。

（4）南向有外走廊挡雨水，故无墙面潮湿现象。北面窗台抹面高于窗框，水泥砂浆干缩，面层与下窗框之间形成缝隙，雨水沿缝隙渗入墙体。因赶工期外窗台漏做滴水槽。

案例 8.5

1. 工程质量概况

某工程进入室内面层抹灰冲筋阶段，拉筋后，发现冲筋起壳、冲筋不直。

2. 原因分析

（1）基层没有清扫干净，没有洒水湿润，冲筋与基层黏结不牢。

（2）配合比不当，含砂过多，冲筋一次太厚。

（3）冲筋前未弹线找平、找直。

（五）装饰抹灰

装饰抹灰工程，一般指水刷石、斩假石、干粘石、假面砖等工程。

装饰抹灰工程不同于一般抹灰工程，是更注重装饰效果，对表面质量要求严格。

1. 水刷石

水刷石容易出现的质量缺陷：表面混浊、石粒不清晰、石粒分布不均、色泽不一、掉粒和接槎痕迹。

（1）表面混浊、石粒不清晰。

①石粒使用前没有清洗过筛。

②喷水过迟，凝固的水泥浆不能被洗掉；连接槎部位洗刷，使带浆的水飞溅到已经洗好

的墙面,造成污染。

③冲洗速度没有掌握好。过快水泥浆冲洗不干净;过慢使水泥浆产生滴坠(挂珠)。

(2)石粒分布不均。

①分格条粘贴操作不当,粘贴分格条素水泥浆角度大于45°,石子难以嵌进。分格条两侧缺石粒。

②底层干燥,吸收石子浆水分,抹压不均匀,产生假凝,冲洗后石尖外露,显得稀疏不均。

③洗阴阳角时,冲水的角度没有掌握好,或清洗速度太快,石子被冲刷,露出黑边。

(3)掉粒。

①底层干燥,抹压不实,或面层未达到一定硬化,喷水过早,石子被冲掉。

②底层不平整,凸处抹压石子浆太薄,干缩引起石子脱落。

(4)接槎痕迹。接槎留有痕迹的原因类似外墙一般抹灰产生的接槎痕迹。主要是没有设置分格缝,或设置了分格缝,没有在分格缝甩槎,留槎部位没有甩在阴阳角、水落管处。

(5)色泽不一。

①选用的石粒、水泥不是统一品种或统一规格。

②石子浆拌和不均匀,冲洗操作不当,成为"花脸"。

(6)阴阳角不顺直。

①抹阳角时,没有将石子浆稍抹过转角,抹另一面时,没有使交界处石子相互交错。

②抹阴角时,没有先弹线,两侧面一次成活;或转角处没有做顺直处理。

2. 干粘石

干粘石容易出现的质量缺陷:色泽不一致、露浆、漏粘,石粒黏结不牢固、分布不均匀、阳角黑边。

(1)色泽不一。

①石粒干粘前,没有筛尽石粉、尘土等杂物、石粒大小粒径差异太大,没有用水冲洗致使饰面浑浊。

②石粒(彩色)拌和时,没有按比例掺和均匀。

③干粘石施工完后(待黏结牢固),没有用水冲洗干粘石,进行清洁处理。

(2)露浆、漏粘。

①黏结层砂浆厚度与石粒大小不匹配。

②水泥涂刮不均匀,没有做到即刮即撒。

③底层不平,产生滑坠;局部打拍过分,产生翻浆。

(3)接槎明显。

①接槎处灰太干,或新灰粘在接槎处。

②面层抹灰完成后,没有及时粘石,面层干固,降低了黏结力。

③在分格内没有连续粘石,不是一次完成。

④分格不合理,不便于粘石,留下接槎。

(4)阳角黑边。

①棱角两侧,没有先粘大面再粘小面石粒。

②粘石时,已发现阳角处形成无石黑边,没有及时补粘小石粒消除黑边。

(5)棱角不通顺。

①对粘石面没有预先找直找平找方,或没有边粘石边找边。

②起分格条时,用力过大,将格条两侧石子带起,形成缺棱掉角。

3. 斩假石

斩假石一般容易出现的质量缺陷:剁纹不均匀、不顺直、深浅不一、颜色不一致。

(1)剁纹不均匀、不顺直。

①斩剁前没有在饰面弹出剁线(一般剁线间距 10 mm),也未弹顺线,斩无顺序,剁纹倾斜。

②剁斧不锋利,用力轻重不一。

③剁斧工具选用不当,剁斧方法不对。如边缘部位没有用小斧轻剁。

(2)深浅不一,颜色不一致。

①斩剁顺序没有掌握好,中间剁垂直纹一遍完成,容易造成纹理深浅不一。

②颜料、水泥不是同一品种、同一批号,不是一次拌好,配足。

③剁下的尘屑不是用钢丝刷刷净,蘸水刷洗。

4. 假面砖

假面砖容易出现的质量缺陷:面层脱皮、起砂、颜色不一,积尘污染。

(1)面层脱皮、起砂。

①饰面砂浆配合比不当、失水过早。

②未待面层收水,划纹过早,划纹过深(应不超过 1 mm)。

(2)颜色不一。

①中间垫层干湿不一,湿度大的部位色深,干的部位色浅。

②饰面砂浆掺用颜料量前后不一,或颜料没有拌和均匀,原材料不是来自同一品种、同一批次。

(3)积尘污染。

①罩面灰太厚,表面不平整不光滑。

②墙面划纹过深过密。

案例 8.6

1. 工程质量概况

某南方证券交易所工程,正立面为斩假石饰面,施工完成后,局部出现小面积空鼓、颜色深浅不一。

2. 原因分析

①混凝土基层面太光滑,残留在表面的隔离剂没有彻底清除干净,使底层砂浆产生空鼓。

②中层砂浆强度高于底层砂浆强度,中层砂浆产生较大的干缩应力,拉起底层砂浆,加速底层空鼓。

③拌和面层石子浆时,白色石粒大小不一,漏掺石屑,石子浆层虽然分两次抹平,拍打次

数过多,局部出现泛浆。

④分格缝设置太大,又受脚手架高度影响,局部分格缝区内分两次抹完、留有接槎痕迹。

⑤剁斩前,没有用软刷蘸水把表面水泥浆刷掉,致使石粒显露不均匀。

⑥剁石用力不一,剁纹深浅不一。

案例 8.7

1. 工程质量概况

某中学综合楼,外墙为水刷石饰面。两个作业班同时施工,一个班负责施工南面和东面,一个班负责北面和西面。墙面施工完成后,出现质量问题:整个墙面显得混浊。西面和北面墙面污染严重,南面与东面无此现象。

2. 原因分析

(1)最后刷洗墙面时,没有用草酸稀释液清洗,致使整个墙面混浊。

(2)西、北两面污染严重。施工时正值刮西北风,本应停止施工,担心施工进度落后于另一作业班组,施工时又没有采取防风措施,造成灰尘污染。

第二节　地面工程

地面工程属于建筑装饰装修工程子分部。本节以整体面层、板块面层、木面层常见的质量缺陷作为分析的重点。

一、整体面层

整体面层一般包括水泥混凝土(含细石混凝土)面层、水泥砂浆面层、水磨石面层、水泥钢(铁)屑面层、防油渗面层和不发火(防爆)面层等。本节重点分析水泥砂浆面层、水磨石面层常见的质量缺陷。

(一)水泥砂浆面层

水泥砂浆面层主要的质量缺陷:开裂、起鼓、起砂。

1. 预制楼板面纵、横向开裂

纵向开裂是指顺楼板方向的通长裂缝。这种裂缝出现的时间不一,最早还没有竣工就出现,一般情况下,上下裂通。其主要原因:

(1)楼板受力过早或承受荷载过大。

(2)预制楼板刚度小,在集中荷载作用下,挠度增大。

(3)楼板安装时,板缝底宽小于 20 mm,或紧靠在一起形成"瞎缝"(图 8-1)。

(4)没有把灌缝操作当成一道独立的工序认真施工,随意性大,主要表现为使用细石混凝土强度等级小于 C20,板缝间杂物没有被清除,捣实不严密,养护不好,或在板缝间铺设电线管没留间距,使板缝下部形成空悬。在楼板局部受力时,因整体刚度小,板与板之间又不能共同作用,见图 8-2。

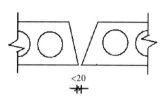

图 8-1 "瞎缝"示意图

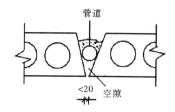

图 8-2 板缝敷管错误做法示意图

(5)板缝间未按要求设置抗震拉结筋,承重墙体发生不均匀沉降。

预制楼板产生纵向裂缝的原因是多方面的,其中最主要的原因,应该是灌注板缝细石混凝土强度低,板缝混凝土产生收缩拉应力。

预制楼板所谓横向裂缝,是指板端与板端之间的裂缝,裂缝的位置较固定,见图 8-3。产生裂缝的主要原因:安装预制楼板坐浆不实,板端与板端接缝处嵌缝质量差。其次的原因是,当楼面受荷载后,跨中向下挠曲,板端向上翘,拉应力使面层出现裂缝;或横隔墙承受荷载较大,下沉,出现较大的拉应力,把面层拉裂。

2. 面层裂缝

面层裂缝的特点:裂缝形状不一,深浅不一。引起裂缝的原因:

(1)选用的水泥品种不当(宜选用硅酸盐水泥、普通硅酸盐水泥),等级小于 32.5 级,没有选用中粗砂,如选用石屑,粒径没有控制在 1～5 mm,含泥量大于 3%。

(2)垫层不实或垫层高低不平,致使面层厚薄不一。

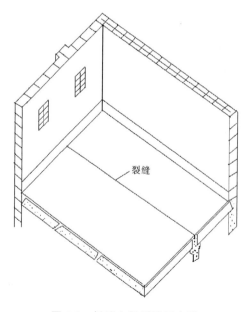

图 8-3 板端之间裂缝示意图

(3)水泥砂浆体积比失控(宜为 1∶2),水泥砂浆面层厚度小于 20 mm,稠度大于 35 mm,强度小于 M15。

（4）工序安排不合理，水泥初凝前未完成抹平，终凝前未完成压光。压光少于两次，养护不好。

（5）较大面积的地面，没有留置变形缝。

（6）低温下施工（室外气温在 5℃ 以下）没有进行保温处理。

（7）在中、高压缩性土层上施工的建筑物，面层工程没有安排在主体工程完成以后进行。

3. 空鼓

水泥地面的空鼓多发生在面层与垫层之间，有时也会发生在垫层与基层之间。用小锤敲，会发生鼓声，喻为"空鼓"很形象。空鼓会导致面层开裂或脱落。产生空鼓的主要原因：

（1）垫层质量差。垫层是面层的"基础"，是保证面层质量的前提条件。垫层混凝土强度过低，会影响与面层的黏结强度。如采用炉渣垫层或水泥石灰渣垫层，配合比不当、控制用水不当，都会影响垫层的质量。

（2）垫层处理不好。垫层清理不干净，浮尘杂物形成了垫层与面层之间的隔离层。

（3）结合层操作不当。在垫层表面涂刷水泥浆结合层，可增强与面层的黏结力。如水泥浆配制不当（水泥：水用量随意性），或涂刷过早形成粉层，使结合层失去了作用，反而成了隔离层。

（4）水泥类基层的抗压强度小于 1.2 MPa，表面不粗糙、不洁净，湿润不够。

（5）水泥砂浆拍打抹压不实。

4. 起砂

水泥地面起砂的特征，起初表现为表面粗糙、不光洁，会出现水泥粉末，后期砂粒松动脱落。地面起砂影响使用和美观。起砂的主要原因：

（1）砂浆水灰比过大，砂浆稠度大于 30 mm。按规定的要求，水灰比应控制在 0.2～0.25 之间，但因施工操作困难，故一般情况下，往往加大用水量，这样就极容易降低面层强度和耐磨性，引起起砂。

（2）压光时间掌握不好。压光过早，凝胶尚未全部形成，使压光的表层出现水光，降低了面层砂浆的强度；压光太迟，水泥硬化。难以消除面层表面的毛细孔，而且会破坏凝固的表面，降低了面层的强度。另外从第一遍压光开始，到第三遍压光结束，间隔时间太长，也会影响水泥的终凝。

（3）养护不到位。养护时间少于 7 d，干旱炎热季节没有保持面层湿润，导致失水。成品保护不好，地面未达到 5 MPa 的抗压强度，遭人为损害，如行走产生摩擦，使地面起砂。

（4）在低温下施工，又没有采取相应的保温措施。

地面起砂还有一个重要原因是材料的品质不符合规定要求。从施工这个角度分析，主要是面层强度低，压光不好。

案例 8.8

1. 工程质量概况

1999 年某地住宅楼开发小区，当完成第一层楼面 7d 后，发现约有 1 万平方米的水泥地面起砂，所涉及的施工单位有 20 余家。

2. 原因分析

经调查和掌握的资料表明,施工前进行了技术交底,每道工序都做了严格规范,严格按工艺要求进行施工,排除了材料质量、砂浆水灰比、拌和时间等因素。最后在核查该品种水泥时,发现初凝时间和终凝时间太短,压光、收光时间已在水泥终凝之后。

案例 8.9

1. 工程质量概况

2000 年北方某高校食堂,在进行水泥砂浆面层施工时,室外气温在 0℃左右,为防止地面受冻,采用炉火保温,室内温度控制在 10℃左右。施工完不久,发现面层大面积出现松酥现象。

2. 原因分析

采取保温措施时,严关门窗,没有将烟排出室外。

(二)水磨石面层

现制水磨石地面的质量缺陷,可以归纳为两大类:影响使用和美观。

1. 影响使用

(1)面层裂缝。面层出现裂缝有两种情况:分格条十字交叉处短细裂缝,多是面层空鼓造成;面层出现长宽裂缝,多是结构不均匀沉降,或楼板面开裂,或楼地面荷载过于集中。

(2)面层空鼓。没有排除找平层空鼓就进行面层石子浆施工;或水泥素浆刷得不好,失去黏结作用,或在分格条两侧、分格条十字交叉处漏刷素浆;或石子浆面层与找平层没有达到规定的黏结强度;或开裂引起振动;或养护和成品保护不好。

2. 影响美观

(1)分格条显露不完全。

①没有控制好石子浆铺设厚度,使石子浆超过顶条高度,难以磨出。

②石子浆面层施工时,铺设速度与磨光速度衔接不好,开机过迟,石子浆面层强度过高,难以磨出分格条。

③磨光时用水量过大,使面层不能保持一定浓度的磨浆水。

④属于机具方面的原因,磨石机自重太轻,采用的磨石太细。

(2)分格条歪斜不直(铜质、铝质、彩色塑料条)、断裂、破碎(玻璃条)。

①面层石子浆铺设厚度低于分格条顶面高度,分格条直接受压于滚筒,致使歪斜或压弯或破碎。

②分格条固定不牢固。

(3)石子分布不均匀。石子分布不均匀有三种现象:

①分格条两侧或十字交叉处缺石。原因是固定分格条的砂浆高度大于分格条高度的 2/3,或夹角大于 45°,无法嵌进石子,见图 8-4;或十字交叉处被砂浆填满;或打磨没有按纵横两方向进行。

②无规则石子分布不均匀。原因是石子浆拌和不均匀;铺平石子浆用刮杆时,没有轻刮轻打,造成石子沿一个方向聚集。

③彩色石子分布不均,石子浆颜色不一。前者的原因类似以上所分析的。后者是因

彩色石子不是使用同一品种,混杂;颜色和各种石子的用量配合比不一,搅拌不均匀造成的。

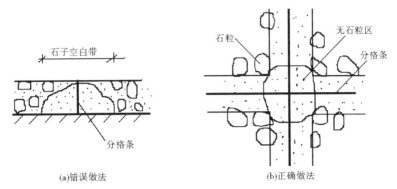

(a)错误做法 (b)正确做法

图 8-4 错误做法及产生质量缺陷示意图

(4)表面不光洁、洞眼。

①磨光时使用磨石不当。两浆三磨,往往重视第一遍磨光磨平,对最后一遍不够重视或漏磨,忽视了光洁度的要求。

②擦浆时没有用有色素水泥浆把洞眼擦满,或采用刷浆法堵眼,仅在洞口铺上了一层薄浆。

③打蜡前没有用草酸溶液把面层清洗干净,面层被杂物污染的部位会出现斑痕。

(5)面层褪色。水泥含有碱性,掺入面层中的颜料没有采用耐光、耐碱的矿物原料,使色泽鲜艳的表层逐渐失去光泽或变色。

案例 8.10

1. 工程质量概况

在学校餐厅,有 2000 m² 现制水磨石地面。地面施工完成后,空鼓面积达 15%,最大处近 10 m²。局部出现不规则裂缝。查施工记录,使用普通硅酸盐水泥,其强度等级为 42.5 级,同批水泥均为合格产品。为赶施工进度,在结合层配制水泥素浆(水灰比在 0.7~0.8 之间),一次刷浆,三天后进行面层施工。

2. 原因分析

(1)素浆水灰比太大(宜在 0.4~0.5 之间),一次刷涂干燥后,成为一层粉状隔离层。

(2)找平层砂浆稠度过大,出现干缩裂缝。

(3)不规则裂缝均为空鼓引起。

案例 8.11

1. 工程质量概况

一地下洞库,主洞长 320.89 m,跨度 19.6 m。工程竣工 2 个月后,主洞库磨石地面中轴线附近发现一条细微裂缝,裂缝长度、宽度逐渐展伸,至竣工 6 个月时,已接近通长,裂缝宽度为 0.5~1.5 mm。

2. 原因分析

(1)中轴线上水磨石面层裂缝的正下方为混凝土垫层冲筋,水磨石面未设置分格条。

（2）地坪面积过大，60 mm 厚细混凝土垫层收缩，变形集中在冲筋两侧，垫层收缩率大于水磨石面层抗拉强度，致使水磨石面层冲筋正上方产生裂缝。

（3）洞库湿度大，为赶工期对洞库进行通风降湿，加快了垫层混凝土、面层水磨石收缩。

二、块板面层

块板面层包括天然大理石和花岗岩、预制板块、塑料板面层等。

1. 大理石和花岗石、预制板块等常见的质量缺陷

（1）空鼓。

①基层面有杂物或灰渣灰尘。

②结合层使用水泥强度等级小于 32.5 级，干硬性水泥砂浆拌和不均匀，结合层厚度小于 20 mm，铺设不平不实，没有搓毛，铺结合层砂浆前，没有湿润基层。

③水泥素浆涂刷不均匀或漏刷或涂刷时间过长，水泥素浆结硬，失去黏结作用。

④结合层与板材没有分段同时铺砌，板材与结合层结合不密实。

（2）接缝高低偏差。

①板材厚度不均，几何尺寸不一，窜角翘曲，对厚薄不均的块材，没有进行调整，没有进行试铺。

②各房间内水平标高出现偏差，使相接处产生接缝不平。

2. 塑料板面层常见的质量缺陷

塑料地面主要种类为聚氯乙烯，按尺寸规格分为块材和卷材。塑料面层施工方便，价格便宜，装饰效果好。又耐磨、耐凹陷、耐刻画，脚感舒适（有弹性），故常被用于地面饰面。塑料面层的质量缺陷主要有以下几种。

（1）分离。分离一般是指面层与基层的分离。产生的主要原因有基层强度低（混凝土小于 20 MPa，水泥砂浆小于 15 MPa），含水率大于 8%，基层面有杂物、灰尘、砂粒，或基层本身有空鼓，起皮、起砂等缺陷。

（2）空鼓。

①基层没有做防潮层（尤其是首层），面层在铺贴前没有除蜡，影响黏结力。

②锤击或滚压方向不对，没有完全排出气体。

③刮胶不均匀或漏刮。

④施工环境温度过低，降低了胶黏剂的黏结力。

（3）翘曲。

①选择面层材料不合格。

②卷材打开静置时间少于 3 d。

③选择胶黏剂品种与面层材料不相容。

（4）波浪。面层铺贴后，呈有规律波浪形起伏状，其主要原因：

①基层表面不平整，呈波浪形。

②使用刮胶剂的刮板，齿间距过大或过深，因胶体流动性差，粘贴时不易压平，呈波浪形。

③涂刮胶剂或滚压面层没有选择纵横方向相互交叉进行。

案例 8.12

1. 工程质量概况

某营业大厅按业主要求，铺设大理石板材工期要求较紧，临时召集部分农民工参与铺设。竣工交付使用前，出现空鼓、接缝不平，板材开裂等质量通病。业主以农民工技术素质差为由拒付工程款，施工单位认为农民工进行职业上岗培训，掌握了操作技能，主要是业主工期太紧造成的。

2. 原因分析

(1)为了赶工期，本应涂刷水泥素浆结合层，被改用大面积撒干水泥、洒水扫浆，造成水灰比失控，拌和不均匀，失去黏结作用。

(2)基层不平，本应用细石混凝土找平后，再铺设干性水泥砂浆，因赶工期，省去了前道工序，局部干缩开裂。

(3)分段铺设板材，对前段铺设的板材一直没有洒水养护，砂浆硬化过程中缺水，干缩开裂。

(4)没有认真进行产品保护，养护期间，人员在面层上扛重物，行走频繁。

案例 8.13

1. 工程质量概况

某住宅工程，为降低造价又不失实用美观，地面采用塑料面层饰面，铺设前，基层干燥，又做了清洁处理。使用的胶黏剂符合质量标准，与面层塑料完全相容。铺设完毕后不久，局部出现空鼓。

2. 原因分析

(1)操作人员为了便于胶黏剂涂刷，掺用了甲苯稀释剂。基层和面层涂刷后，立即进行粘贴。粘贴过早，稀释剂没有被完全挥发，留滞在内不断聚积，使面层粘贴强度差的部位起鼓。

(2)没有正确掌握涂刷胶黏剂的先后顺序。基层吸收性强于塑料面层，应先涂刷基层，后涂刷面层，使吸收程度接近一致。但涂刷时却相反，影响粘贴效果，产生空鼓。

(3)施工时温度过高，胶黏剂硬化过快。

案例 8.14

1. 工程质量概况

某写字楼工程，地面采用塑料板饰面，因面积大，采购的塑料板为多品种、多批号、颜色与软硬程度也不一。为了避免出现质量缺陷，派专人进行严格分类，并做了同一房间，使用同一品种、同一批号、同一颜色的塑料板材的技术交底。施工完毕后，多处房间出现塑料板块地面颜色不一、软硬不一的质量缺陷。

2. 原因分析

(1)铺贴前在温水中的浸泡时间不一，水温也没有控制好(有高有低)，造成塑料板老化程度不同，颜色、软硬也不一致。

(2)浸泡后取出晾干的环境温度与铺贴温度不一致。

(3)没有掌握最佳浸泡时间(一般在 75℃热水中浸泡 10~20 min)，浸泡没有做小块试验。

三、木面层

木面层按铺设的层数分单层、双层两种,按构造不同又可分为空铺式和实铺式。

(一)实木地板面层(采用条材和块材)质量缺陷

1. 变形开裂

材质差,条形宽度大于 120 m,含水率大于 15% 。

2. 松动响音

(1)木格栅表面不平。

(2)没有垫实,锤钉不牢,钉子的长度短于板厚的 2.5 倍,下钉角度不对(应在 30°~45°之间)。

3. 受潮腐蚀

首层地面没有做防潮层,格栅、垫块及板材背面没有进行防潮防腐处理。

4. 外观疵点

面层没有刨平、磨光,颜色不均匀一致。

(二)实木地板面层(采用拼花实木地板)质量缺陷

拼花木地板使用比较普遍,因其构造简单,又经济。

其质量通病除与普通木条地板相同之外,最为常见的有起翘、开裂。

1. 起翘

(1)木质块料含水率大于 12% 。

(2)基层或水泥砂浆层、找平层未干透,木板条受潮体积膨胀。

(3)基层没有进行防潮处理。

2. 开裂

(1)铺、钉不紧密。

(2)板厚小于 20 mm 。

(3)室内返潮。

案例 8.15

1. 工程质量概况

某科研楼工程,设计地面全部采用实木地板(空铺式)面层。施工时,从材质到每一工序均达到规定标准。该工程交付使用半年后,出现多处变形开裂。

2. 原因分析

通风构造层其高度及室内通风沟不符合设计要求,室内空气相对湿度大,围护结构内表面温度与室内空气温差大。

案例 8.16

1. 工程质量概况

某住宅工程,地面采用实木地板(单层)铺设。两个木工作业班同时施工。竣工交付使用后,住户反映:地板松动不平,照明灯时亮时不亮。经检查,出现上述质量缺陷全系其中一个作业班施工的。

2. 原因分析

(1)灯具照明故障。固定木格栅时,损坏了部分预埋管线。

(2)地板松动不牢。安装固定木格栅时。忽视了木格栅与墙之间应留有空隙(宜留30 mm间隙),实木地板又紧挤着墙(应留出 8～12 mm 缝隙),使实木地板面层产生膨胀效应。

第三节 饰面板(砖)工程

在人们日益注重建筑的装饰效果的今天,饰面板(砖)被广泛应用于建筑物的内外装饰。所以人们对饰面板(砖)的工程质量更为关注。

饰面板(砖)的工程质量,一般指饰面板安装、饰面砖粘贴的质量。一般常使用的饰面材料有:天然石饰面板(大理石、花岗石)、人造饰面板(大理石、水磨石等)、饰面砖(釉面砖、外墙面砖等)和金属饰面板等。

饰面板(砖)工程质量,首先取决于材料的品质。故对材料及其性能指标必须达到规定的质量标准。必须进行复验的项目:

(1)室内用花岗石的放射性。

(2)粘贴用水泥的凝结时间、安定性和抗压强度。

(3)外墙陶瓷面砖的吸水率。

(4)寒冷地区外墙陶瓷面砖的抗冻性。

《建筑装饰装修工程质量验收规范》(GB 50210—2018)对饰面板(砖)工程质量的主控项目和一般项目都做出了明确的规定。所以分析饰面板(砖)容易出现的质量缺陷,要抓住主控项目和一般项目的质量要求。

一、饰面板工程

石材面板饰面,容易出现的质量缺陷:接缝不平、开裂、破损、污染、腐蚀、空鼓、脱落。

(一)大理石饰面

1. 接缝不平

(1)基层没有足够的稳定性和刚度。

(2)镶贴前没有对基层的垂直平整度进行检查,对基层的凸凹处超过规定偏差,没有进行凿平或填补处理。基层面与大理石板面最小间距小于 50 mm。

(3)在基层面弹线马虎,没有在较大面积的基层面上弹出中心线和水平通线。

(4)没有按设计尺寸进行试拼,套方磨边,校正尺寸,使尺寸大小符合要求。

(5)对于大规格板材(边长大于 400 mm)没有采用安装方法。

(6)大的板材采用铜丝或不锈钢丝与锚固件绑扎不牢固。

(7)安装时,没有用板材在两头找平,拉上横线,安装其他板材时,没有勤用托线板靠平靠直,木楔固定不牢。

(8)用石膏浆固定板面竖横接缝处,间距太大(一般不超过 100～150 mm)。

(9)没有进行分层用水泥砂浆灌注,或分层灌注,一次灌注太高,使石板受挤压外移。

(10)灌浆时动作不精不细,使石板受振位移。

2. 开裂

(1)在镶贴前,没有对大理石进行认真检查,对存在裂缝、暗痕等缺陷的没有清除。

(2)结构沉降还未稳定时进行镶贴,大理石受压缩变形,应力集中导致大理石开裂。

(3)外墙镶贴大理石,接缝不实,灌浆不实,雨水渗入空隙处,尤在冬季渗入水结冰,体积膨胀,使板材开裂。

(4)石板间留有孔隙,在长期受到侵蚀气体或湿气的作用下,使固体(金属网、金属挂角)锈蚀、膨胀产生的外推力,使大理石板开裂。

(5)在承重构造基层上镶贴大理石,镶贴底部和顶部大理石时,没有留有适当缝隙,以防结构沉降遭垂直方向压力而压裂。

3. 破损(碰损)

(1)大理石质地较软,在搬运、堆放中因方法不当,使大理石缺棱掉角。

(2)大理石安装完成后,没有认真做好成品保护。尤其对饰面的阳角部位,如柱面、门面等缺乏保护措施。

4. 污染

大理石颗粒间隙大,又具染色能力。遇到有色液体,会渗透吸收,造成板面污染。

(1)在运输过程中用草绳捆扎,又没有采取防雨措施,草绳遇水渗出黄褐色液体渗入大理石板内。

(2)灌浆时,接缝处没有采取有效堵浆措施,被渗出的灰浆污染。

(3)镶贴汉白玉等白色大理石,用于固定的石膏浆没有掺适量的白水泥。

(4)没有防止酸碱类化学溶剂对大理石的腐蚀。

5. 纹理不顺,色泽不匀

(1)在基层面弹好线后,没有进行试拼。对板与板之间的纹理、走向、结晶、色彩深浅没有充分理顺,没有按镶贴的上下左右顺序编号。

(2)试拼编号时,对各镶贴部位选材不严,没有把颜色、纹理最美的大理石用于主要显眼部位,或出现编号错误。

6. 空鼓、脱落

(1)湿作业时,灌浆未分层,灌浆振捣不实,上下板之间未留灌浆结合处。

(2)采用胶黏剂粘贴薄型大理石板材,选用胶黏剂不当或贴粘方法不当。

薄型大理石饰面板,目前在国际上被普遍采用(厚度为 7～10 mm)。饰面板改用薄型板石材是发展趋势。这一材料的改革可减少板材安装前对板的修边打眼,可以省去固定锚固件,减少了工序,施工方便。

薄型板材一般采用胶黏剂粘贴,对采用新工艺中出现的质量问题,要及时总结经验和教训,找出分析的重点和方法。

(二)碎拼大理石饰面

碎拼大理石饰面,可以创意配成各种图案,格调变化多,增强建筑的艺术美。

碎拼大理石容易出现的质量缺陷主要是颜色不协调、表面不平整。

(1)颜色不协调。碎拼大理石饰面随意性很大,镶贴没有进行预先选料和预拼。

(2)表面不平整。主要是块材厚薄不一,镶贴不认真,没有采取措施,导致不平整。

(三)花岗石饰面

花岗石同大理石一样,都属于装饰材料,品质优良的花岗石,结晶颗粒细,又分布均匀,用于室外装饰效果很好。

花岗石比大理石抗风化、耐酸,使用年限长。抗压强度远远高于大理石。

用于饰面花岗石面板,按加工方法的不同,可分为剁斧板材、机刨板材、粗磨板材、磨光板材等4类。

鉴于花岗石板材的安装方法同大理石板材安装方法基本相同,故常见的质量通病及产生的原因也基本相同。

花岗石板材饰面接缝宽度的质量要求略低于大理石板材的接缝要求。

花岗石饰面其接缝宽度的要求:

光面、镜面1 mm;粗磨面、磨面5 mm;天然面10 mm。

(四)人造大理石饰面

人造大理石饰面板,比天然大理石色彩丰富鲜艳,强度高,耐污染,质量轻,给安装带来了方便。

人造大理石根据采用材料和制作工艺的不同,可分为水泥型、树脂型、复合型、烧结型等几种。常用的为树脂型人造大理石板材,其化学和物理性能最好。

人造大理石饰面容易出现的质量缺陷:

(1)粘贴不牢。

①基层不平整,洒水润湿不够。

②打底层没有找平划毛。

③板缝和阴阳角部位没有用密封胶嵌填紧密。

(2)翘曲。

①板材选用不当。

②板材选用的尺寸偏大,大于400 mm×400 mm的板材容易出现翘曲。

(3)龟裂。

①选用水泥型板材,特别是采用硅酸盐或铝酸盐水泥为胶结材料的,因收缩率较大,易出龟裂。

②耐腐蚀性能较差,在使用过程中出现龟裂。

(4)失去光泽。

①树脂型人造大理石板材,在空气中易老化失去光泽。

②使用在污染较重的环境。

案例 8.17

1. 工程质量概况

某营业厅内墙采用大理石板饰面,石材面积不大,故决定使用粘贴方法安装。粘贴按设计要求预先在基层上进行了弹线、分格,并进行选板、试拼。施工完成后,发现正厅面上部出现空鼓。

2. 原因分析

(1)因基层平整,中层抹灰用木抹板搓平后,没有用靠尺检查平整度,表面平整偏差大于±2 mm,为空鼓留下了隐患。

(2)在选材、试拼时,仅注意了纹理协调、通顺,忽视了石板有厚度不一的情况。按事先的编号顺序粘贴,无法先粘贴较厚的板材,为了使饰面平整,只有靠黏结剂涂刷厚度进行调整。

(3)采用的自行配制的环氧树脂黏结剂。从掺量的配合比(环氧树脂∶乙二胺∶邻苯二甲酸二丁脂∶颜料=1∶0.07∶0.2∶适量)分析没有问题。但忽视了施工温度的要求和黏结剂的使用时间,(该黏结剂应在15℃以上环境使用,当时气温在5℃左右;黏结剂要求在1小时内用完,贴上部板材时,已远远超过时间要求)大大降低了黏结强度。

案例 8.18

1. 工程质量概况

某城市四星级宾馆,装修时朝南向的正立面外墙镶贴红色大理石板饰面。一年以后,发现褪色加剧,隐约可见黑影,极大地影响了装饰效果。门庭处大理石脱落。

2. 原因分析

(1)大理石主要成分为碳酸钙,使用于室外,日晒雨淋侵蚀,表面会很快失去光泽,红色又最不稳定。

(2)连接件和挂钩采用的是铁制品,又没有进行防锈处理,加之局部灌浆不实,基层受潮,使铁锈浸入大理石面板,逐渐渗透到表面,出现黑影。

(3)铁锈膨胀、脱落,降低了砂浆的黏结力,造成面材脱落。

二、饰面砖工程

室内外饰面砖属于传统工艺。其具有保护功能,能延长建筑物的使用寿命,又具装饰效果。饰面砖常用的陶瓷制品有瓷砖(釉面砖)、面砖、陶瓷锦砖(陶瓷马赛克)等。

粘贴饰面砖质量要求,新规范的主控项目主要有:

饰面砖的品种、规格、图案、颜色和性能应符合设计要求。饰面砖粘贴必须牢固。

一般项目质量要求主要有:表面应平整、清洁、色泽一致、无裂痕和缺陷。饰面砖接缝应平直、光滑,填嵌应连续、密实,宽度和深度应符合设计要求。有排水要求的部位应做滴水线(槽)。滴水线(槽)应顺直,流向坡向应正确,坡度应符合设计要求。

另外,对饰面砖粘贴的允许偏差和检验方法也做了规定。

饰面砖常用于内外墙饰面,外墙一般采用满贴法施工。常见的质量缺陷:空鼓、脱落、开裂、墙面不平整、接缝不平不直,缝宽不均,变色、污染等。

(1)空鼓、脱落。

①饰面砖面层质量大,容易使底层与基层之间产生剪应力,各层受温度影响,热胀冷缩不一致,各层之间产生剪应力,都会使面砖产生空鼓、脱落。

②砂浆配合比不当,如果在同一面层上,采用不同的配合比、干缩率不一致,引起空鼓。

③基层清理不干净,表面不平整,基层没有洒水润湿。

④面砖在使用前,没有进行清洗,在水中浸泡时间少于 2 h,粘贴上很快吸收砂浆中的水分,影响硬化强度。如没有晾干,面砖附水,产生移动,也容易产生空鼓。

⑤面砖粘贴的砂浆厚度过厚或过薄(宜在 7～10 mm)均易引起空鼓。粘贴面砖砂浆不饱满,产生空鼓。过厚面砖难以贴平,多敲还会造成浆水反浮,使面砖底部干后形成空鼓。

⑥贴面砖不是一次成活,上下多次移动纠偏,引起空鼓。

⑦面砖勾缝不严密、连续,形成渗漏通道,冬季受冻结冰膨胀,造成空鼓、脱落。

(2)裂缝。

①选用的面砖材质不密实,吸水率大于 18%,粘贴前没有用水浸透,黏结用砂浆和易性差,粘贴时,敲击砖面用力过大。

②使用时没有剔除有隐伤的面砖,基层干湿不一,砂浆稠度不一、厚薄不均,干缩裂缝造成面砖裂缝。

根据以上原因,可以分析出裂缝产生的直接或间接原因都与面砖的吸水率大小有关。

面砖吸水率大,内部空隙率大,减小了面砖密实的断面面积,抗拉、抗折强度降低,抗冻性差。

面砖吸水率大,湿膨胀大,应力增大,也容易导致面砖开裂。

(3)分隔缝不均、表面不平整。

①施工前没有根据设计图纸尺寸,核对结构实际偏差,没有对面砖铺贴厚度和排砖模数画出施工大样图。

②对不符合要求及偏差大的部位,没有进行修整,使这些偏差大的部位产生分隔缝不均匀。

③各部位放线贴灰饼间距太大,减少了控制点。

④粘贴面砖时,没有保持面砖上口平直。

⑤对使用的面砖没有进行选择,没有把外形歪斜、翘曲、缺棱掉角的剔除。

⑥不同规格、不同品种、不同大小的面砖混用。

(4)接缝不顺直、缝宽不均匀。

①粘贴前没有在基层用水平尺找正,没有定出水平标准,没有画出皮数杆。

②粘贴第一层时,水平不准,后续粘贴错位。

③对粘贴时产生偏差,没有及时进行横平竖直校正。

(5)污染、变色。

①粘贴时没有做到清洁饰面砖,或面砖粘有水泥浆、砂浆没有进行洗刷。

②浸泡面砖没有坚持使用干净水。

③有色液体容易被面砖吸收,先向坯体渗透再渗入到表面。

④面砖釉层太薄,遮盖力差。

案例 8.19

1. 工程质量概况

某写字楼工程外墙饰面为面砖。面砖饰面完工一个星期,遇大雨,发现室内转角处、腰线窗台处渗漏。业主与施工单位共同组织检查,通过锤击测声和观察,发现质量问题均是施工不按规范操作造成的。

2.原因分析

(1)室内转角处渗漏:外墙转角处全部采用大面压小面粘贴,窄缝内无砂浆,加之面砖底部浆太厚,砖底周围存在空隙。雨水通过窄缝渗入通道,流进墙体,见图8-5。

(2)勾缝不密实,不连续。

(3)腰线、窗台处对滴水线的处理不符合要求,底面砖未留流水坡度。

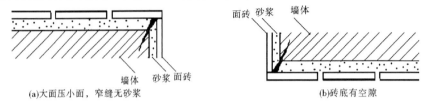

(a)大面压小面,窄缝无砂浆　　　　　　　　　　(b)砖底有空隙

图8-5　转角处渗漏示意图

案例 8.20

1.工程质量概况

南方某城市临街新建一栋医药大楼,框架结构,12层。外墙面全部采用绿色釉面砖。竣工交付使用不到半年,饰面大面积开花(爆裂)。一年后,墙面全部泛黑,成为临街一大奇观。最后,不得不返工重修,改用玻璃幕墙。

2.原因分析

(1)釉面砖为陶质砖。表明光滑、易清洗、防潮耐碱,具有一定的装饰效果。但仅适宜用于室内。釉面砖热稳定性较差,坯和釉层结合不牢,室外自然温度变化大,温差造成釉面砖大面积爆裂。

(2)釉面砖爆裂,坯体外露,许多凹处聚集灰尘,污尘与水混合成为黑色液体,渗入坯体。

三、金属外墙饰面工程

金属外墙饰面,一般悬挂在外墙面。金属饰面坚固、质轻、典雅庄重,质感丰富,又具有耐火、易拆卸等特点,应用范围很广。

金属饰面按材质分:铝合金装饰板、彩色涂层钢板、彩色压型钢板、复合墙板等。

金属饰面工程多系预制装配,节点构造复杂,精度要求高,使用工具多,在安装工程中如技术不熟练,或没有严格按规范操作,常容易发生质量缺陷。

外墙金属饰面安装工程,常见的质量缺陷:安装不牢固、饰面不平整、表面划痕、弯曲、渗漏等。

(一)饰面不平直

(1)支承骨架安装位置不准确,放线弹线时,没有对墙面尺寸进行校核,发现误差没有进行修正,使基层的平整度、垂直度不能满足骨架安装的平整度、垂直度要求。

(2)板与板之间的相邻间隙处不平。

(3)安装时没有随时进行平直度检查。

(4)板面翘曲。

(二)安装不牢固

(1)骨架安装不牢,骨架表面又没有做防锈、防腐处理,连接处焊缝不牢,焊缝处没有涂刷防锈漆。骨架安装不牢,必定使饰面安装不牢。

(2)在安装前没有做好细部构造,如沉降缝、变形缝的处理,位移造成安装不牢。

(3)在安装时,没有考虑到金属板面的线膨胀,在安装时没有根据其线膨胀系数,留足排缝,热膨胀致使板面凸起。

(三)表面划痕

(1)安装时没有进行覆盖保护,容易被划伤。

(2)在安装过程中,钻眼拧螺钉时被划伤。

案例 8.21

1.工程质量概况

某写字楼工程,正立面多处为凸形,外墙面用铝合金板饰面。安装完毕,发现局部色泽不一致,墙面下端收口处渗漏。

2.原因分析

(1)采用的铝合金板不是来自同一产品,在阳光照射下,因反射能力不一,造成色泽差异。采用收口连接板与外墙饰板颜色不一致。

(2)墙面下端收口处,虽然安装了披水板,披水板长度不够,没有把墙面下端封住,也没有进行密封处理,见图8-6。

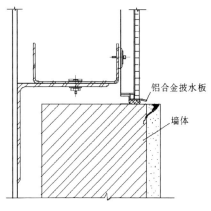

铝合金披水板

墙体

图8-6 墙面下端渗漏

第四节 涂饰工程

一、水性涂料涂饰工程

水性涂料,一般都存在着黏结力不强、掉粉、变色、耐久性差等缺陷。但其具有材料来源广、成本低、施工比较简单、维修方便的优势,能保护建筑物的基体,并起一定的装饰作用。

水性涂料涂饰的质量,取决于材料的选用、基层的性能及处理、涂饰工具的选择和使用、操作工艺等诸因素。常见的质量缺陷:腻子黏结不牢、掉粉、起皮、孔眼、流坠、反碱、咬色等。

1.腻子黏结不牢

腻子黏结不牢,是指用腻子刮批基层表面后,出现翘皮、鱼鳞状皱结或鱼鳞状裂纹,严重的还会出现脱落。

(1)基层表面有尘灰、油污、杂物,形成了隔离层,或基层本身就有隔离剂未被清除。

(2)使用的腻子稠度较大,胶性又小。

(3)对基层存在较大的孔洞、凹陷处,一次嵌填腻子过多、造成干燥裂缝。

(4)一次批刮腻子太厚,或在同一部位反复多次来回批刮,致使腻子起皮翻起。

2. 孔眼

在基层(尤其是混凝土表面)施涂浆料后出现针眼。

(1)基层表面存在细孔,细孔内存有空气,批刮腻子用力不均,批刮不实,使腻子难以进入孔内。

(2)打磨腻子不平整光滑,对粉末又没有清除干净,施涂后容易产生孔眼。

3. 掉粉

(1)刷浆料与基层黏结力较差,材质本身就存在缺陷。

(2)基层过于干燥或过于潮湿,浆料胶性小,降低了黏结强度。

4. 起皮

(1)已批刮的腻子与基层附着力不强,施涂的浆料胶性太大,施涂膜层过厚,干缩卷起腻子。

(2)浆料胶性太小,黏结力差,也容易产生卷皮。

5. 透底

膜层不能完全覆盖基层,施涂后仍显出基层本色,称为透底。

(1)基层表面过于光滑,或沾有油污,膜层难以在其表面结固。

(2)涂料含颜(填)料太少,降低了遮盖力。

(3)施涂遍数不足,没有达到一定的涂层厚度。

(4)涂层厚薄不均,或漏涂漏喷。

(5)施涂浅色涂料难以遮盖深色涂料,或涂料不具相容性。

6. 咬色

涂料本来具有的色相,施涂后被改变颜色,称为"咬色"。

(1)基层表面沾有油性污物,膜层被底色反渗,改变了本来的颜色。

(2)基层的金属件(预埋件)表面没有作任何隔离处理(涂刷防锈漆等),锈蚀反渗到涂层表面。

7. 反碱(析白、反霜)

施涂涂料后,膜层表面出现毛状物,形似白霜,称之"反碱"。

(1)基层含碱成分较高(如水泥砂浆基层、混凝土基层),施涂涂料后,碱析出膜层表面,形成白霜。出现这种情况,主要是对基层表面没有进行封闭处理。

(2)使用涂料不具耐碱性,或本身就有碱性,如配制色浆,掺入的颜料为碱性。

8. 流坠

涂料施涂基层表面后,因浆料自重下流,形成挂幕或流痕。

(1)基层表面过于光滑,或基层表面过于潮湿。

(2)基层表面不平整,凹陷处太多,涂液滞留聚集过厚,自重下流。

(3)涂料稠度小,如使用喷涂,喷嘴移动速度、喷距不一,容易造成流坠。

案例 8.22

1. 工程质量概况

某教学楼工程,按设计要求室外檐口、窗套、腰线采用聚合物水泥浆涂刷。主要基料采用32.5级白色硅酸盐水泥,并按规定的配合比进行自行配制。刷涂前做了如下工序交底:

基层处理→填补缝隙→局部嵌批腻子→第一遍刷涂→第二遍刷涂。

施工完成后,发现表面粗糙、有疙瘩、颜色不一。

2. 原因分析

(1)因在工序中少了一道打磨工序,对嵌批腻子的不平处遗漏打磨,留下不平整缺陷。

(2)使用的工具没有清理干净,在刷涂过程中不时有杂物掉入涂液中。

(3)设计要求颜色偏暖,第一次掺入了 5% 的普通硅酸盐水泥,达到色相要求。因工程所需涂料不是一次备齐。在以后涂料中没有控制好普通硅酸盐水泥的掺量,造成颜色不一。

案例 8.23

1. 工程质量概况

北京市大兴区某公司大楼外墙采用奶黄色涂料涂饰,采用弹涂工艺。竣工验收时,发现大楼正立面两侧墙面均出现色点、起粉、变色、析白现象。

2. 原因分析

(1)基层太干燥,色浆很快被基层吸收,致使色浆中的主要基料水泥水化缺水,降低了色浆与基层的黏结强度。

(2)掺入的颜料太多,颜料颗粒又细,不能全部被水泥浆包裹,降低了色浆强度,起粉、掉色。

(3)涂层未干燥,用稀释的甲基硅酸钠罩面,将湿气封闭,诱发色浆中的水泥水化分泌出氢氧化钙,即析白。析白不规则出现,造成涂层局部变色发白。

案例 8.24

1. 工程质量概况

某海滨城市一渡假村,外墙采用淡蓝色浆合物水泥浆喷涂。使用 2～3 个月后,发现颜色不一致,有花脸和褪色现象。

2. 原因分析

(1)颜料选择不当,没有考虑海滨空气中含盐。

(2)基层干湿程度不一,造成吸收性差异,致使颜色深浅不一。

(3)配制色浆材料货源不一致,配合比不一样,称量不准。

(4)一次拌料配制太多,变稠后随意加水稀释,降低了色浆的强度,使颜色不一样。

二、溶剂型涂料涂饰工程

溶剂型涂料涂饰工程容易出现的质量缺陷,有些与一般水性涂料涂饰工程相同或类似,产生的原因也是相同或基本类似。本节重点分析不相同处。

1. 流坠

(1)涂料的黏结强度低,涂刷时摊油不好,一次涂饰太厚。

(2)温度与涂料结固时间相差太大。如气温高,涂料干燥时间慢,容易使涂料在成膜过程中因自重下流,产生流痕或坠滴。

2. 刷痕

(1)涂料流平性差。主要是涂料中含颜(填)料太多;或填料吸油性大;或涂料稠度太高,没有进行稀释调整稠度。

(2)基层面吸收能力过强,涂饰发涩,蘸油多,摊油、理油不顺,留下刷纹。

(3)甩槎、接槎处涂刷处理不好,也容易出现刷纹。

(4)使用的油刷过小或刷毛过硬。

(5)在木质基层表面没有顺木纹刷涂。

(6)出现刷纹,没有用砂纸打磨平再刷涂料。

3. 起粒

涂饰涂料后,膜层中出现颗粒,有的颗粒突出膜层破坏膜层的封闭。

(1)基层表面清理不干净,存在砂粒、灰粒。

(2)涂料内颜(填)料用量过多或颗粒太粗,或砂粒等杂物混入涂料中。

(3)涂料内存有气泡。

(4)两种不同特性涂料被掺混使用。

(5)喷涂时,气压过大、喷嘴与基层面距离太远,温度较高,涂料未达到表面,已在空气中结固;或施工环境不清洁,刷(喷)过程中,灰尘、细灰粒被带进膜层中。

4. 皱纹

涂膜在硬化过程中,表层急剧收缩成曲形纹。

(1)涂料掺入溶剂过多,溶剂挥发过快,未待涂料流平,面层已开始固结。

(2)涂饰时或涂饰完遇高温或烈日暴晒,使涂膜内外干燥不一,表层结膜在先,形成皱纹。使用防锈漆、油性调合漆更容易产生此现象。

5. 起泡

膜层出现大小不同的气泡,具有弹性。

(1)基层潮湿,水分蒸发,使膜层产生气泡;木质基层含有芳香油、松脂,其挥发过程中也会使膜层产生气泡。

(2)涂饰黑金属表面未做基层处理,铁锈、基层表面凹陷处有潮气,降低了涂料的黏结力,产生气泡。

(3)喷涂时,空气压缩机中的水蒸气被带进涂料,形成气泡。

(4)涂料稠度大,刷涂时被油刷带进空气。

(5)底层涂层没有完全干燥或表面有水没有除净,即刷涂面层涂料。

6. 失光(倒光)

涂料涂饰后,光泽饱满膜层逐渐失光。

(1)涂饰时,空气湿度过大,涂料中又未掺入防潮剂。

(2)涂饰时,水分被带进涂料。

(3)木质基层含有吸水的碱性植物胶,又来作封闭处理。金属表面油污未被清除干净,如刷涂硝基漆后,即产生白雾。

7. 回粘

涂膜形成后,久久不干,手触有粘感。

(1)基层处理不洁,有油污、油脂、蜡、盐等杂物,造成涂料慢干回粘。

(2)一次涂饰涂料太厚,施工后遭烈日暴晒,又未采取防晒措施。

(3)催干剂使用不当,掺入量过多或过少。

（4）涂料贮存时间过久,稠度过大,催干剂被填料完全吸收,容易产生膜层不干燥。

（5）基层含水率太高,造成涂膜回粘。

8. 咬底

底层涂膜被面层涂料软化、咬起。

（1）底层涂料与面层涂料不具均容性。

（2）底层涂料还没有完全干燥,涂饰面层涂料。

（3）涂饰面层涂料时,在同一部位反复涂刷多次。

9. 变色（发花）

涂饰涂料时,涂料分层离析,颜色产生差异。

（1）涂料中的各种混合颜料,比重差异大,粉粒大小不同,重的下沉,轻的上浮。用时,未调和均匀。

（2）颜料的润湿性不好,含有空气。

（3）涂饰含有颜料比重大的涂料,没有选用软毛刷。涂饰时,没有进行反复多次搅拌。

10. 发笑（花）

膜层表面出现斑斑点点收缩,露出底层。

（1）基层表面存有油垢、蜡质、残酸、残碱等。

（2）基层表面过于光滑,高光泽的底层涂料未经打磨即刷面层涂料。

（3）涂料黏度太小,涂层太薄。

（4）溶剂选用不当,挥发太快,未待涂膜流平,即产生收缩。

11. 桔皮

涂膜表面出现半圆形突起形似桔皮纹状。

（1）在涂料中掺入稀释剂没有注意中、高、低沸点的搭配。如在涂料中掺入低沸点的溶剂太多,挥发速度太快,未待流平表面已产生桔皮状。

（2）涂饰时温度过高或过低,或涂料中混有水分。

（3）喷涂时,选用喷嘴口径太小,喷涂压力太大,喷嘴与基层表面距离控制不当。

（4）涂料黏度过大。

12. 裹棱

在基层的阳角线,集涂料过多,称之裹棱。

（1）涂饰顺序不当。

（2）棱线处的涂料没有理顺理平。

13. 反锈

涂饰黑色金属表面后,膜层表面初期略透黄色,黄色处逐渐破裂,露出锈斑。

（1）基层表面的铁锈、酸液及水分没有清除干净,膜层太薄,水气或腐蚀气体透过膜后,加速锈蚀,渗透到膜层表面,破坏膜层。

（2）饰涂时留下针孔隐患成为腐蚀通道,或漏刷。

（3）基层没有做封闭处理。

案例 8.25

1. 工程质量概况

某旅行社新建一栋6层砖混结构的办公楼。为了获得艺术装饰效果,外墙拟采用光泽高溶剂型外墙涂料。涂饰前发现墙面平整度差,担心在阳光照射下,暴露出明显缺陷,影响美观。后改用无光外墙乳液型涂料涂饰。验收前,承建商发现成膜不良,多处出现不规则裂缝,且有发展趋势。决定对裂缝严重部位做返工处理。

2.原因分析

(1)成膜不良。涂饰施工时,正值冬季,平均气温低于5℃。

(2)基层抹灰层过厚,干缩变形,造成膜层出现裂缝。

(3)抹灰层裂缝尚在发展,涂饰施工过早。

(4)涂料的渗透性差,对微细裂缝也不能弥合。

案例8.26

1.工程质量概况

某餐饮楼大厅墙面(基层为水泥砂浆面)按设计要求,决定采用水包油型多彩内墙涂料饰面。该涂料的特点:涂层无接缝,整体性强,无卷边和霉变,有无缝壁纸之称;色彩丰富,图案变化多样,造型新颖,别具一格;耐油、耐水、耐擦洗;施工方便、效率高,可以缩短工期。涂饰前做了技术交底,并明确了验收要求。

其工序:基层处理→底涂→中涂→面涂。

底涂:主要是为了具有抗碱作用,保护面层免受碱性侵蚀。

中涂:主要是为增强附着力和遮盖力,不影响面层色彩。

验收应符合下列条件:无流挂、无露底。多彩粒子用手擦磨,不会掉落。花纹图案应均匀、清晰。

验收时,发现如下缺陷:

挂流、不规则花纹、不均匀光泽、剥落、涂膜表面粗糙。

2.原因分析

(1)挂流。喷涂太厚,尤其多发生在转角处。

(2)不规则花纹。喷枪压力不稳、遮盖力不够。

(3)不均匀光泽。中涂层吸收面层涂料不均匀。

(4)剥落(呈壳状)。表面潮湿;基层强度低;用水过度稀释中涂料;中涂料没有充分干燥。

(5)屑状脱落。用水稀释面涂料。

(6)表面粗糙。涂料用量不足。

三、美术涂饰工程

在涂饰工程中,有时为取得特殊的装饰效果,使艺术表现力更强,常采用特殊工艺进行涂饰,称之为美术涂饰。

美术涂饰质量的基本要求与一般涂饰质量的基本要求相同,因都是涂饰于基层表面。美术涂饰强调艺术性,故把分析质量缺陷的原因重点放在装饰效果方面。

1.画色线

画线有的称为起线。在已涂饰的墙面上,通过画线,把涂饰面清晰分开,创造出给人一种层次分明的动感。如墙顶分色线、墙面分色线、墙裙高度线等。

画线常见的质量缺陷:

（1）线条弯曲不直、粗细不均匀。

①划线时执笔不稳、抖动，用力不均匀，画线的速度不一。

②没有根据线条粗细，选择合适的画（划）线笔或刷，握笔或握漆刷的角度不准。

（2）揭起、露底、流坠。

①没有掌握好涂料的稠度，用水性涂料画线时，重复来回多次，把底层涂层揭起，露出底色。

②一次蘸油过多，没有匀油，画线用力不均，速度不一，产生流坠。

2．仿木纹

仿木纹，一般适用于室内水泥墙裙、踢脚板以及原木材纹理有缺陷的木质面。通过特殊的工艺，仿制出各种树木的纹理，达到装饰效果。近几年，由于新材料、新工艺的出现，仿木纹已被逐渐取代。考虑是传统工艺，仍做些质量缺陷分析。

仿木纹常见的质量缺陷：

（1）断纹。

①刷纹时，用力不均，手势不稳。

②绘刮木纹线条，中途停顿。

（2）叠纹。

①绘制的仿木纹颜色过稠，干燥太快。

②纹理之间间距太小。

（3）纹形不清晰。

①底层涂料未干，即绘木纹致使颜色流淌太快。

②手势过重或过轻。

（4）分块颜色不一致。

①没有一次配足料。

②涂料发生沉淀，使用时没有经常搅动，上稀下稠。

3．仿石纹

大理石、花岗石饰面板应用很广泛，装饰效果好，但成本较高。故仿大理石和花岗石，可以降低成本，也可以取得类似的装饰效果，这一工艺至今仍在沿用。

仿石纹的常见质量通病：纹理模糊。

①点、刷石纹没有采用遮盖力较好的溶剂型涂料。

②底层涂膜未干燥。

③点、刷纹理时用力过重或过轻。

4．杂色花纹

杂色花纹主要适用于室内墙面等装饰。其操作方法有溶解法喷花和手绘花纹两种。

可用花基漆或彩纹漆涂饰。

杂色花纹涂饰常见的质量通病：

（1）纹形模糊。

①用花基漆涂饰，搭花间距太小，花纹重叠。

②用彩纹漆涂饰没有一次成活，在同一部位搭花重复。

③搭花运行线路无顺序。

（2）纹路粗糙、颜色不鲜艳。

①涂料黏度过稠，使纹路粗糙。

②涂料黏度过稀,使颜色失去光泽。

5. 拉毛涂饰

在涂饰的墙面上拉毛,可以减小噪声和提高装饰效果。适用于影剧院、会堂、会议室。一般常用石膏油腻子拉毛。

拉毛涂饰常见的质量通病:

(1)毛头不均匀。拍拉腻子的角度和拍拉用力不一。

(2)接槎明显。

①同一面上分几次施工。

②前后施工用料不一。

案例 8.27

1. 工程质量概况

某住宅小区按设计要求,每单元客厅室内墙顶处画色线。考虑画线是较细致的工艺,要求先做出样板房。画线的工艺顺序都做了明确交底。画好色线后,发现色线不平直,有轻微流坠。

2. 原因分析

(1)实测表明色线平直,所以感觉不平直,是被人们视觉习惯造成的。墙顶线的高度应以顶棚高度为准,实际是按地面高度确定的,造成视觉上的误差。

(2)涂料稠度不适当(宜稠些)。画线用力不一,画线中途停顿太多、交接线处产生流坠。

案例 8.28

1. 工程质量概况

某政府机关大会议室,内墙饰面采用石膏油腻子拉毛。考虑会议室空间不是很大,中拉毛施工后,发现拉出毛头不均匀一致,局部露底,有流坠,色泽不一。

2. 原因分析

(1)基层清除干净后,虽然对墙面的洞眼,低凹处用腻子补嵌平整。但少了一道刷底油的工序,以增强黏结力。

(2)刮石膏油腻子没有严格控制好厚度,厚薄相差 2mm 左右,造成拉出的毛头粗细不一。依次拍拉,没有使毛刷朝向一致,造成花纹不均匀。

(3)中拉毛腻子,干燥后吸收力强。在涂饰涂料前,局部漏刷清油,吸收能力不一,造成色泽不一。

(4)拉毛面涂刷困难,采用喷涂法时,喷嘴移动速度不一,局部毛头集涂料多,产生流坠。

第五节　裱糊与软包工程

一、裱糊工程

裱糊适用室内饰面,是我国的传统装饰工艺。施工方便,使用寿命长。

为了保证裱糊的质量,对于基层处理的质量要求,《建筑装饰装修工程质量验收规范》(GB 50210—2018)作的一般规定与涂饰工程对基层处理要求基本相同。

对于裱糊工程的质量通病产生的原因,主要是由于基层处理不好、胶黏剂使用不当及黏贴引起的。如含碱的基层表面没有进行封闭,会造成壁纸污染、变色;如木质基层的染色剂没有做隔离处理,被胶黏剂溶解,也会造成壁纸被沾污。如胶黏剂渗透壁纸太快,壁纸同样会被污染。为了使分析有条理性,本节以出现质量缺陷的现象,采用综合分析的方法。

裱糊工程常见的质量缺陷:

1. 表面不平整

(1)基层不平整,对凸凹部位没有进行批刮腻子,或嵌批腻子后没有进行打磨。

(2)基层沾有杂物。

(3)粘贴壁纸漏刷胶,或涂胶厚薄不均,铺压不密实,出现曲纹,使壁纸失去平整。

2. 壁纸不垂直

壁纸不垂直是指相邻壁纸不平行,壁纸上的花饰与壁纸边不平行,阴阳角处壁纸不垂直。

(1)基层表面阴阳角垂直偏差大,又没有进行纠偏处理,造成壁纸的接缝和花饰不垂直。

(2)裱糊前,没有吊垂直线,裱糊失去基准线,容易造成不平行,第一幅不平行,使后续裱糊的壁纸不平行。

(3)对花饰与壁纸边不平行的壁纸,没有进行处理,直接裱糊上墙。

(4)搭缝裱糊的花饰壁纸,对花不准确。

3. 离缝或亏纸

相邻壁纸间缝隙超过允许范围称为离缝;壁纸的上口与挂镜线(无挂镜时以弹的水平线)下口与踢脚线连接处露底称为亏纸,见图 8-7。

(1)裁割尺寸偏小,裱糊后不是上亏就是下亏,或上下都亏。

(2)搭接缝裁割壁纸,不是一刀裁割到底,裁割时多次改变刀刃方向,或钢尺偏移,造成缝间距偏差超过允许范围。

(3)裱糊后续壁纸与前一张壁纸拼缝时连接不准,就进行赶压,用力过大使壁纸伸张,干燥后回缩,产生离缝或亏纸。

4. 花饰不对称

(1)在同一张壁纸上印有正花与反花、阴花与阳花,裱糊前未仔细区别,盲目裱糊,使相邻壁纸花饰不对称,见图 8-8。

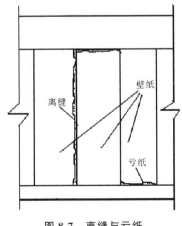

图 8-7　离缝与亏纸

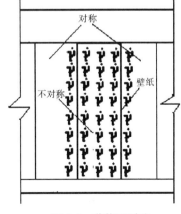

图 8-8　花饰不对称

（2）裱糊前,对裱糊墙面没有进行事先对称规划,忽视了门窗口两边、对称柱子、对称的墙面而采取连续裱糊,见图 8-9。

5. 搭缝

（1）没有将壁纸的连接处推压分开,造成重叠。

（2）对壁纸的收缩性能不了解,如对收缩性较大的壁纸可以搭缝,干燥收缩正好合缝;如对无收缩性的壁纸也作搭缝,就会产生重叠,见图 8-10。

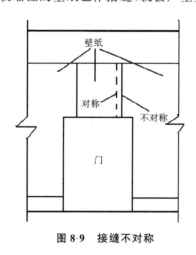

图 8-9　接缝不对称

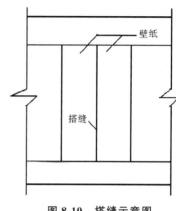

图 8-10　搭缝示意图

6. 翘边

（1）基层不洁,或表面粗糙,或太干或潮湿,使胶黏剂与基层连接不牢。

（2）胶黏剂黏结力小,特别是阴角处,第二张壁纸粘贴在第一张壁纸面上,容易翘边。

（3）阳角处包角的壁纸的宽度小于 20mm,阴角搭接宽度没有控制在 2～3mm,黏结强度小于壁纸表面张力,容易翘边,见图 8-11、图 8-12。

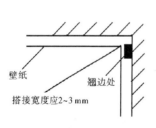

图 8-11　包阴角处翘边

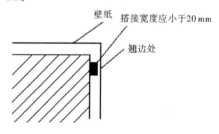

图 8-12　包阳角处翘边

7. 空鼓

（1）基层潮湿,含水率超过规范要求;或基层表面不干净。

（2）基层强度低,存在空鼓、孔洞,凹陷处又未用腻子嵌实补平。

（3）石膏板基层的表面纸基起泡或脱落。

（4）基层或壁纸底面,涂刷黏结胶厚薄不均或漏刷。

（5）裱糊壁纸时,反复挤压胶液次数过多,使胶液干结失去黏结力;或赶压用力太小,没有能把多余的胶液赶出,存集在壁纸下部,形成胶泡。

8. 死褶

壁纸裱糊后,表面上出现皱纹,称为死褶。

(1)壁纸质量不好或壁纸较薄,或壁纸厚薄不均。

(2)裱糊壁纸时,没有将壁纸铺平就进行赶压,容易产生皱纹。

9. 起光

(1)裱糊壁纸时,胶液粘到壁纸面上,又没有进行清洁处理,胶膜出现反光。

(2)凹凸花饰壁纸,被用力赶压,造成局部被压平,失去质感,光滑反光。

10. 变色

(1)壁纸受基层碱性侵蚀,造成壁纸印色脱色或变色。

(2)基层潮湿或环境湿度大,胶黏剂干燥缓慢,促使霉菌生长,引起变色。

(3)壁纸暴露在强烈的阳光下,被照射变色。

(4)壁纸贮存期间被污染。

案例 8.29

1. 工程质量概况

某宾馆标准间全部采用裱糊壁纸饰面,投入使用一年后,朝北向房间壁纸出现颜色不一致,南向房间无此现象。

2. 原因分析

北立面外墙面为砖饰面,工序控制不严,墙面多处渗漏,基层潮湿,使壁纸颜色发黄变深。

案例 8.30

1. 工程质量概况

某装饰公司承接一小区几户家庭装饰业务,在裱糊施工时,出现如下质量缺陷:

甲户:原墙面已涂饰了有光涂料,在裱糊前为了增加胶黏剂附着力,做了消光处理。裱糊完工后,出现起泡。

乙户:原墙面已裱糊纸面壁纸,因使用了三年,略显陈旧变色,故未做处理,直接在纸面壁纸上裱糊乙烯基壁纸,裱糊完工后,出现卷起。

丙户:铲除旧饰面,基层进行了处理后,裱糊壁纸过程中,就出现起泡、卷边。

2. 原因分析

甲户:基层表面涂饰了有光涂料,裱糊壁纸,因未粘贴衬纸,胶黏剂干燥缓慢,使壁纸浸泡时间过长,延伸膨胀出现起泡。

乙户:乙烯基壁纸的强度比纸面壁纸大,乙烯基壁纸干燥收缩将纸面壁纸拉起。

丙户:壁纸刷胶后放置时间不够,使壁纸张力不均,平整壁纸难度大,产生起泡、卷边。

二、软包工程

软包工程一般指墙面、门等软包。

《建筑装饰装修工程质量验收规范》GB 50210—2018 对软包工程质量的主控项目做了

如下规定：

软包面料、内衬材料及边框的材质、颜色、图案、燃烧性能等级和木材的含水率应符合设计要求及国家现行标准的有关规定。

软包工程的安装位置及构造做法应符合设计要求。

软包工程的龙骨、衬板、边框应安装牢固、无翘曲,拼缝应平直。

单块软包面料不应有接缝,四周应绷压严密。

软包工程质量要求的一般项目：

软包工程表面应平整、洁净,无凹凸不平及皱褶;图案应清晰、无色差,整体应协调美观。

软包边框应平整、顺直、接缝吻合。其表面涂饰质量应符合涂饰工程的规定。

清漆涂饰木制边框的颜色、木纹应协调一致。

从以上的质量要求来看,软包工程是一个综合性很强的子分项工程,其与细部工程,涂饰工程有很多相同之处,有相同的质量要求。如涂饰工程的质量缺陷,也会出现在软包工程中。软包工程的饰面,与裱糊工程的饰面质量要求也有许多相同之处,所不同的表现在“裱糊”与“绷压”。

软包工程常见的质量缺陷：

1. 边框翘曲、开裂、变形

(1)使用了劣质木材。

(2)木材的含水率太高。

2. 面料下垂,皱褶

绷压不严密,经过一段时间后,软包面料因失去张力,造成下垂及皱褶。

3. 面料开裂

单块软包上的面料进行了拼接,拼接处容易开裂。

4. 安装不平不直

(1)安装前,没有吊垂线和拉水平通线。

(2)边框的高度、宽度超出允许偏差范围(允许偏差为 3 mm)。

(3)对角线长度超出允许偏差范围(允许偏差为 3 mm)。

5. 面料发霉变色。

(1)基层潮湿。

(2)衬板没有进行封闭处理及吸潮。

案例 8.31

1. 工程质量概况

某宾馆 1~5 层标准间全部采用软包饰面,进行竣工验收时,观感质量不尽人意,整体协调美观欠佳。

2. 原因分析

(1)面料图案不够清晰,清漆涂饰的木制边框又出现刷痕,纹理显露差。

(2)同一房间使用的软包面料有细微色差,不是采用同一品种。

(3)软包边框与边框的垂直接缝不吻合、不顺直。

(4)安装软包时,面料局部被轻微污染,不清洁。

(5)软包表面略有凹凸。

第六节　门窗工程

一、木门窗安装工程

1. GB 50210—2018 规范主控项目对木门窗安装工程做出的质量要求

(1)木门窗框的安装必须牢固。预埋木砖的防腐处理、木门窗框固定点的数量、位置及固定方法应符合设计要求。

(2)木门窗扇必须安装牢固,并应开关灵活、关闭严密,无倒翘。

(3)木门窗配件的型号、规格、数量应符合设计要求,安装应牢固,位置应正确,功能应满足使用要求。

2. 一般项目对木门窗安装工程做出的规定

(1)木门窗与墙体间缝隙的填嵌材料应符合设计要求,填嵌应饱满。寒冷地区外门窗(或门窗框)与砌体间的空隙应填充保温材料。

(2)对木门窗安装的留缝限值、允许偏差和检验方法也做了规定。

木门窗安装工程容易出现的质量缺陷:

1. 木门窗窜角(不方正)

在安装过程中,卡方不准或没有进行卡方,造成框的两个对角线,长短不一。致使门框变形(框边不平行)。

2. 松动

(1)门窗框与墙体的间隙太大,木垫干缩、破裂。

(2)预留木砖间距过大,与墙体结合不牢固,受振动与墙体脱离。

(3)门框与墙体间空隙嵌灰不严密,或灰浆稠度大,硬化后收缩。

3. 门窗扇开关不活或自行开关

(1)安装门的上下副合页的轴不在一条垂直线上。

(2)安合页一边门框立框不垂直,向开启方向或向关闭方向倾斜。

(3)选用的五金不配套,螺丝帽凸出。

二、金属门窗安装工程

金属门窗安装工程,一般指钢门窗、铝合金门窗、涂色镀锌钢板门窗安装。

1. 新规范主控项目对金属门窗安装工程做出的质量要求

(1)金属门窗框和副框的安装必须牢固,预埋件的数量、位置、埋设方式、与框的连接方式必须符合设计要求。

(2)金属门窗扇必须安装牢固,并应开关灵活、关闭严密、无倒翘。推拉门窗扇必须有防脱落措施。

(3)金属门窗配件的型号、规格、数量应符合设计要求,安装应牢固,位置应正确,功能应满足使用要求。

2. 一般项目对金属门窗安装工程做出的规定

(1)铝合金门窗推拉窗扇开关力应不大于 100 N。

(2)金属门窗框与墙体之间的缝隙应填嵌饱满,并采用密封胶密封。密封胶表面应光滑、顺直、无裂纹。

(3)金属门窗扇的橡胶密封条或毛毡密封条应安装完好,不得脱槽。

(4)有排水孔的金属门窗、排水孔应畅通,位置和数量应符合设计要求。

同时对钢门窗、铝合金门窗安装的留缝限值、允许偏差和检验方法办作了规定。

1. 钢门窗安装工程质量缺陷

(1)门窗框不方正、翘曲、框扇变形。堆放位置不正确(不是竖立堆放,堆放坡度大于 20°);或杠穿入框内抬运,门窗上搭设脚手架;或悬挂重物、碰撞。

(2)大面积生锈。搬运或安装时撞伤表面,损伤漆膜,防潮防雨措施不力。

(3)安装不牢固。铁脚固定不牢或伸入墙体长度太短,或与预埋铁件脱焊、漏焊。

2. 铝合金门窗安装工程质量通病

(1)门窗框与墙体连接刚度小。

①洞口四周的间隙没有留足宽度。

②砖砌体错用射钉连接。

③锚固定与窗角处间距大于 180 mm,锚固定间距大于 500 mm,外窗框与墙体周围间隙处,没有使用弹性材料嵌实。

(2)门窗框与墙体连接处裂缝。门窗框内外与墙体连接处漏留密封槽口,直接用刚性饰面材料与外框接触,形成冷热交换区。

(3)门窗框外侧腐蚀。

①用水泥砂浆直接同门窗框接触,对铝产生腐蚀。

②没有做防腐处理(接触处),保护膜没有保护好。

案例 8.32

1. 工程质量概况

某美食城内外装饰施工正逢冬季,为保持室内温度,以利其他专业工种施工,外墙铝合金窗提前安装完毕。因赶工忽视了安装质量和成品保护,出现了窗框翘曲变形、开关不灵活、窗框腐蚀、铝合金窗污染。

2. 原因分析

(1)型材系列选的偏小,强度不足,产生翘曲变形。

(2)窗框与墙体间隙太小,无法嵌填隔离、密封材料,用水泥砂浆抹灰,直接接触窗框,被水泥砂浆腐蚀。

(3)不注意成品保护,提前撕掉窗框保护胶带,又没有采取其他保护措施,被砂浆、灰尘沾污。

案例 8.33

1. 工程质量概况

南方某住宅小区工程,安装铝合金窗前,考虑材质较薄,平开窗刚度不足,用推拉开启。

用户进住后,反映推拉不灵活、窗台渗水、亮子玻璃处也漏水。物业管理部门调查属实,反馈到施工单位。

2. 原因分析

(1)推拉不灵活。墙体与窗框之间的空隙用水泥砂浆填实,两种材料膨胀系数不一样,窗框受热变形。

(2)窗台渗水。①内扇聚集的雨水流入两轨之间,通过两端与竖框结合处流入墙体。

②框与墙体间空隙填实不严密。

③抹灰层饰面高于下框。

④固定条固定间距太大,压条成波浪形,造成积水。

(3)亮子玻璃处漏水。安装工序不对:安装玻璃→装压条→打密封胶,造成密封胶层薄龟裂。(正确的做法:密封胶打底→装玻璃打密封胶→安装外层压条)。

三、塑料门窗安装工程

塑料门窗主要是以聚氯乙烯或其他树脂为主要原料,辅以相应的辅助材料,经挤压成型,做成不同截面的型材,再按规定要求和尺寸组装成不同规格的门窗。

1. 新规范对塑料门窗安装工程的质量主控项目要求

(1)塑料门窗框、副框和扇的安装必须牢固。固定片或膨胀螺栓的数量与位置应正确,连接方式应符合设计要求。固定点应距窗角、中横框、中竖框 150～200 mm,固定点间距应大于 600 mm。

(2)塑料门窗扇应开关灵活、关闭严密、无倒翘。推拉门窗扇必须有防脱落措施。

(3)塑料门窗配件的型号、规格、数量应符合设计要求,安装应牢固,位置应正确,功能应满足使用要求。

(4)塑料门窗框与墙体间缝隙应采用闭孔弹性材料填嵌饱满,表面应采用密封胶密封。密封胶应黏结牢固,表面应光滑、顺直、无裂纹。

2. 一般项目对塑料门窗安装工程的质量要求

(1)塑料门窗表面应洁净、平整、光滑,大面应无划痕、碰伤。

(2)塑料门窗扇的密封条不得脱槽。旋转窗间隙应基本均匀。

(3)玻璃密封条与玻璃及玻璃槽口的接缝应平整,不得卷边、脱槽。

(4)排水孔应畅通,位置和数量应符合设计要求。

同时对塑料门窗的安装允许偏差和检验方法也作了规定。

塑料门窗安装工程中,容易出现的质量通病:变形、安装不牢固、开关不灵活。

1. 变形

(1)存放时,门窗没有竖直靠放,挤压变形。

(2)没有远离热源。

(3)在已安装门窗上铺搭脚手板,或悬挂重物,受力变形。

(4)门窗框与洞口间隙填料过紧,门窗框受挤变形。

2. 安装不牢固

(1)单砖或轻质墙砌筑时,与门窗框交界处没有砌入混凝土砖,使连接件安装不牢,必然造成门窗框松动。

(2)直接用锤击螺钉使之与墙体连接,造成门窗框中空多腔材料破裂。

3. 开关不灵活

安装顺序不正确。在安装门窗框前,没有将门窗扇先放入框内找正,检查是否开关灵活。

4. 表面沾污

(1)先安装塑料门窗,后做内外粉刷。

(2)粉刷窗台板和窗套时,没有进行粘贴纸条保护。

(3)填嵌密封胶时被沾染,没有及时清除。

案例 8.34

1. 工程质量概况

一作业班组在安装塑料窗时,窗扇开关灵活。当窗框与墙体间隙用了规定材料(伸缩性能较好的弹性材料)填嵌后,并用了密封胶进行密封后,出现窗扇开关不灵活现象。

2. 原因分析

班长在进行技术交底时,强调窗框外围空隙填实必须严密。操作工人用矿棉条填实时,以为越紧密越好,用小锤击实,密封胶镶嵌。填实过紧,造成外框变形。

思考题

1. 一般抹灰工程中容易出现哪些质量通病?产生的主要原因是什么?

2. 抹灰工程与基层的处理质量有何关系?

3. 举例说明装饰抹灰工程中不同饰面常见的质量缺陷和产生的原因。

4. 举例说明基层质量对楼地面工程质量的影响。

5. 水泥砂浆面层常见的质量缺陷有哪些?

6. 分别简述块材地面施工的薄弱环节,哪些工序容易失控。

7. 地面工程哪些质量缺陷影响装饰效果?

8. 分别简述饰面板(砖)工程中容易产生的质量缺陷及原因。

9. 金属板饰面安装工程中产生安装不牢固的原因有哪些?

10. 基层品质不好会使饰面板(砖)工程带来哪些质量缺陷?

11. 简述涂饰工程与基层处理二者之间存在的质量关系。

12. 涂饰工程中有哪些常见的质量缺陷?

13. 你是如何理解建筑涂料的保护和装饰功能的?

14. 你熟悉美术涂饰一般的质量要求吗?结合工程实践谈谈体会。

15. 基层的质量不好,会使裱糊工程产生哪些质量缺陷?

16. 哪些质量通病会影响裱糊的装饰效果?

17. 软包工程常见的质量通病有哪些?

18. 门窗安装工程中容易出现哪些质量通病及其产生的原因?

19. 为什么将"建筑外墙门窗必须确保安装牢固"列为强制性条文?

20. 塑料门窗安装工程中容易出现的质量通病有哪些?

第九章　建筑工程检测方法

【教学要求】

混凝土强度的检测方法有回弹法和超声波法两大类。用回弹仪现场检测混凝土强度的实施步骤是强度检测的重点内容。钻芯法检测混凝土强度、检测混凝土结构中的钢筋实际应力、检测砌体的强度、测定混凝土结构中钢筋的位置和保护层厚度、建筑物不均匀沉降观测等内容也应了解。

【教学提示】

通过本章学习,应重点掌握、了解各种检测手段的特点及各自的适应性。

当建筑工程发生质量事故以后,为了分析事故发生的原因,为工程质量事故的纠纷仲裁提供客观而公正的技术依据,也为建筑工程的修复、加固提供参考数据,往往有必要对发生事故的结构进行必要的检测。这些检测包括:

(1)常规的外观检测。如平直度、偏离轴线的公差、尺寸准确度、表面缺陷、砌体的咬槎情况等。外观检测中很重要的一项是对裂缝情况的检测。

(2)强度检测。如材料强度、构件承载力、钢筋配置等。

(3)内部缺陷的检测。如混凝土内部孔洞、裂缝,钢结构的裂纹、焊接缺陷等。

(4)材料成分的化学分析。如混凝土骨料分析、水泥成分分析、钢材化学成分分析等。

(5)建筑物的变形观测。如建筑物的沉降观测、倾斜观测等。

与常规的建筑构件检测工作相比,对发生质量事故的工程进行检测有一些特点,主要有:

(1)检测工作大多在现场进行,条件差,环境因素干扰大。

(2)对发生严重质量事故的建筑工程,常常管理不善,经常没有完整的技术档案,有时甚至没有技术资料,因而检测工作要有周到计划,有时还会遇到虚假资料的干扰,这时尤要慎重对待。

(3)有些强度检测常常要采用非破损或少破损的方法进行,因事故现场一般不允许破坏原构件,或者从原构件上取样时只能允许有微破损,稍加加固后即不影响结构强度。

(4)检测数据要公正、可靠,经得起推敲。尤其是对于重大事故的责任纠纷,涉及法律责任和经济负担,为各方所重视,故所有检测数据必须真实、可信。

被检测的结构构件类别,主要有砌体结构构件、钢筋混凝土结构构件和钢结构构件。由于结构构件类别不同,检测的方法也有所不同,至少是检测的侧重内容有所不同。为叙述方便,下面按结构构件类别介绍常用的一些检测方法,而且侧重介绍用仪器检测的方法;至于按一般规程进行的外观检测不作详细叙述。

第一节 钢筋混凝土构件的检测

钢筋混凝土构件的检测,主要是要测定混凝土的强度、钢筋的位置与数量、混凝土裂缝及内部缺陷等。这些检测要在已有的构件上进行,大多为现场操作,因而有一定的难度。目前已发展了一系列方法,可以对混凝土质量的评定做出较准确的检测。

一、混凝土表面裂缝及蜂窝面积的检测

(一)混凝土裂缝的检测

混凝土裂缝有直观性,易于被人们发现,而不同的裂缝是由不同原因引起的。因而,裂缝的观察与测量有助于对结构的质量的评判。

裂缝检测的项目主要包括:裂缝的部位、数量和分布状态;裂缝的宽度、长度和深度;裂缝的形状,如上宽下窄、下宽上窄、中间宽两端窄、八字形、网状形、集中宽缝形等;裂缝的走向,如斜向、纵向、沿钢筋方向,是否还在发展等;裂缝是否贯通、是否有析出物、是否引起混凝土剥落等。

检测方法如下:裂缝长度可用钢尺或直尺量,宽度可用检验卡(表明裂缝宽度,可作对比)、塞尺和 20 倍的刻度放大镜测定。裂缝深度可用细钢丝或塞尺探测,也可用注射器注入有色液体,待干燥后凿开混凝土观测,或用超声回弹法测定,测得的裂缝状况在构件表面裂缝展开图如图 9-1 所示。

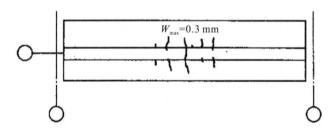

图 9-1 混凝土梁表面裂缝展开图

(二)蜂窝面积的测定

蜂窝处砂浆少、石子多,严重影响混凝土强度。蜂窝面积可用钢尺、直尺或百格网进行测量,以面积及蜂窝面积百分比计。

二、混凝土强度的检测

对于工程质量事故中的混凝土强度的检测方法可分为非破损法和半破损法两大类,它们又各自存在着许多实际检测的手段,见表 9-1。

表 9-1　混凝土强度的检测方法

类别	检测方法	类别	检测方法
非破损法	回弹法	破损法	钻芯法
	超声波法		拔脱法
	超声回弹综合法		拔出法
	表面刻痕法		扳折法
	振动法		
	射线法		

(一)回弹法

回弹法是根据混凝土的回弹值、碳化深度与抗压强度之间的相关关系来确定其抗压强度的一种非破损方法。它应根据《回弹法评定混凝土抗压强度技术规程》(JGJ23—2011)和有关技术手册来进行实施。

回弹法使用的仪器叫回弹仪,使用时,先轻压一下弹击杆,使按扭松开,让弹击杆徐徐伸出,并使挂钩挂上弹击锤;再将回弹仪对混凝土表面缓慢均匀施压,待弹击锤脱钩,冲击弹击杆后,弹击锤即带动指针向后移动直至达到一定位置,指针块的刻度线即在刻度尺上指示某一回弹值。回弹仪应按有关规定定期进行检测。获得检定合格证后在检定有效期(一年)内使用。

检测方法如下:回弹仪测区面积一般为 20 cm×20 cm 左右,选 16 个点。测了 16 个点的回弹值,分别剔除 3 个偏大值与偏小值,取中间 10 个点的回弹值之平均值作为测定值。测区表面应清洁、平整、干燥,避开蜂窝麻面。当表面有饰面层、浮浆、杂物油垢时,可以除去或避开。回弹仪还应该避免钢筋密集区。一般情况下,如构件体积小、刚度差或测试部位混凝土厚度小于 10 cm,回弹混凝土构件的侧面,应加支撑加固后测试,否则影响精度。

混凝土强度的推测如下:根据回弹值与混凝土强度的关系曲线(称为测强曲线),由平均回弹值 N 即可查得混凝土的强度。按照使用条件和范围的不同有三类测强曲线。

1. 统一测强曲线

这是规程(JGJ23—85)给出的测强曲线。它是由北京、陕西等 12 个城市或地区进行混凝土率定的统计回归曲线。其曲线方程为:

$$f_{cu} = 0.0249 \, \overline{N}^{-2.0108} \times 10^{-0.0358\overline{L}}$$

$$(9\text{-}1)$$

式中:f_{cu}——测区混凝土立方体强度,N/mm²;

$\overline{N}$——混凝土的平均回弹值;

$\overline{L}$——混凝土的平均碳化深度,mm。

如不是耐久性的事故,在新建混凝土结构的检测中可取 $\overline{L}=0$。规程(JGJ23—85)已将上式求出的对应值列成表格,查用很方便。如将该表格用图表示,则可参见图 9-2。

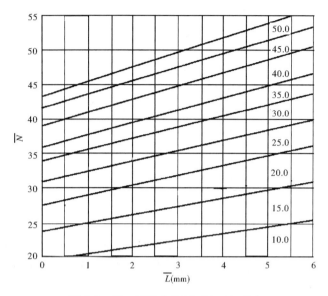

图 9-2 统一测强曲线(f_{cu}以 MPa 计)

2. 地区测强曲线

这是由某一省、市或地区根据本地区的具体条件率定的曲线。

3. 专用测强曲线

这是专以某种工程为对象所率定的曲线。

应用回弹法时,应优先选用地区的或专用的测强曲线。

由式(9-1)可知,碳化深度 L 对强度测定有较大影响,这是由于碳化后混凝土表面硬度增加。此外,如混凝土的测试面不是侧面,而是上表面或底面,则也应修正,见表 9-2。检测时回弹仪的角度对混凝土强度测定也有影响,若混凝土测试面不垂直于地面,即回弹仪不处于水平方向,如图 9-3 所示,也应根据回弹仪与水平线的夹角不同进行修正,修正值列于表 9-3。

表 9-2 不同浇筑面对回弹值的修正 ΔN_s

$\overline{N_s}$	ΔN_s	
	表面	底面
20	+2.5	−3.0
25	+2.0	−2.5
30	+1.5	−2.0
35	+1.0	−1.5
70	+0.5	−1.0
75	0	−0.5
80	0	0

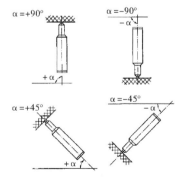

图 9-3 回弹仪测试角度

表 9-3　不同 α 对回弹值的修正 ΔN_α

$\overline{N_\alpha}$	测试角度 α							
	$+90°$	$+60°$	$+45°$	$+30°$	$-30°$	$-45°$	$-60°$	$-90°$
20	-6.0	-5.0	-4.0	-3.0	$+2.5$	$+3.0$	$+3.5$	$+7.0$
30	-5.0	-4.0	-3.5	-2.5	$+2.0$	$+2.5$	$+3.0$	$+3.5$
40	-4.0	-3.5	-3.0	-2.0	$+1.5$	$+2.0$	$+2.5$	$+3.0$
50	-3.5	-3.0	-2.5	-1.5	$+1.0$	$+1.5$	$+2.0$	$+2.5$

(二)超声波法

超声波法是根据超声脉冲在混凝土中的传播规律与混凝土强度有一定关系的原理,通过测定超声脉冲的参数,如传播速度或脉冲衰减值来推断混凝土的强度。目前国产的超声脉冲仪大多是测量传播速度的。超声脉冲仪产生的电脉冲通过发射探头(即电—声换能器)使声脉冲进入混凝土,然后电接收探头(即声—电换能器)接收仪器测得信号的时间直接化为声速表示出来,从仪器上读出了声速,即可由有关测强曲线求得混凝土的强度。

测试步骤如下:测试要选两个对面,一边放发射探头,一边放接收探头。测点布置视结构的大小和精度而定,一般可取十个方格,一般方格边长 $15\sim20$ cm,在一方框内测三个声速,取其平均值。测点应避开有缺陷及应力集中的部位,并应避开铁预埋件及与声通路平行而又很近的钢筋。两个对面一般选择两侧面。设探头处表面要平整、干净,有不平整处可用砂纸磨平,在置探头处可适当涂一薄层黄油等耦合剂,探头要压紧表面,以减少声能反射损失。

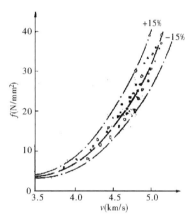

图 9-4　强度-声能曲线

混凝土强度的推断与回弹法相似,应当率定测强曲线。目前还没有统一规程规定的测强曲线,各单位、各部门自己应当率定,图 9-4 是某系统试验率定的测强曲线。

(三)超声回弹综合法

超声回弹综合法是利用超声波测量与回弹仪测量所得到的结果相互修正而较之它们中的某一种方法更为准确的一种非破损法。一般要求先进行回弹测量后进行超声测量。超声回弹综合法的仪器与现场准备、测量方法分别与超声波法及回弹法相同,只是对其结果按规定的公式进行换算。

超声回弹综合法应根据《超声回弹综合法检测混凝土强度技术规程》(CECS 02—2005)进行。

至于表面刻痕法、振动法、射线法等,因国家尚无统一的技术规程,使用时应该谨慎。

(四)钻芯法

钻芯法是使用专门的钻芯机在混凝土构件上钻取圆柱形芯样,经过适当加工后在压力试验机上直接测定其抗压强度的一种局部破损检测方法。这种方法非常直观,更为可靠,在事故质量评判中也更能令人信服,因而受到重视。以前钻芯机靠国外进口,现在已有多个厂家生产钻芯机,钻孔最大孔径可达 160～200 mm,可以满足工程需要。但是,由于钻芯法对结构有一定损伤且试验费用较高,故难以将钻芯法作为结构实际强度的全面检测方法。这种方法常可结合非破损方法同时应用,它可修正非破损方法的精度,而取芯数目可以适当减少。

取芯直径常在 100 mm 左右,只要布置适当,修补及时,一般不会影响原构件的承载力。取芯后留下的圆孔应及时修补,一般可用合成树脂为胶结材料的细豆混凝土,或用微膨胀水泥混凝土填补。填补前应细心清除孔中的污物及碎屑,用水湿润。修补后要细心养护[注意:对于预应力构件、小截面构件和低强度(<C10)构件,均不宜采用钻芯法]。

试样制取时,取芯的部位应注意以下几点:

(1)取芯部位应选择结构受力小,对结构承载力影响小的部位。在结构的控制截面、应力集中区,构件接头和边缘处等一般不宜取芯。

(2)取芯部位应避开构件中的钢筋和预埋件,特别是受力主筋。

(3)作为强度试验用的芯样,不应取在混凝土有缺陷的部位(如裂缝、蜂窝、疏松区)。

(4)取样应注意代表性。

在柱上钻取芯样后要经过切割、端部磨平等工艺加工成试件。试件直径一般要大于骨料最大粒径的 2～3 倍。高度为直径的 1～2 倍。一般建筑结构梁、柱、剪力墙的混凝土骨料最大粒径在 40 mm 以下,故一般可加工成 $D \times H = 10 \text{ cm} \times 10 \text{ cm}$ 的圆柱体试件。我国混凝土标准试块为 15 cm×15 cm×15 cm 的立方体,尺寸不同时,会有差异,应予修正。但对比试验表明,当直径为 100 mm 或 150 mm,而 $D : H = 1 : 1$ 的芯样试件之抗压强度与标准立方体强度相当,因而可以不用修正。直接用芯样的抗压强度作为混凝土立方体强度。

钻芯法应根据《钻芯法检测混凝土强度技术规程》(CECS 03—2007)进行。

(五)拔出法

拔出法是在混凝土构件中埋锚杆(可以预置,也可后装),将锚杆拔出时,连带拉脱部分混凝土。试验证明,这种拔出的力与混凝土的抗拉强度密切相关,而混凝土抗拉力与抗压力是有一定关系的,从而可据此推得混凝土的抗压强度。这种方法在美国、前苏联和日本等国已经制定了试验标准。我国也已开始应用,目前铁道部、冶金部也已通过了试验的技术标准。对于质量事故的检查,主要用后制锚杆法。

试验取样对单个构件取样不少于一组,对整体结构不少于构件总数的 30%。一组试验是指在 2 m×2 m 左右范围内取 3 个试验点,由 3 个测点的算术平均值为推算强度的代表值。当三个值之间的差值中有一差值超过 15% 时,可取中间值为代表值;如两个差值均超过 15% 时,应加取一个组(3 个点)试验,取 6 个点的平均值为代表值。选择测点应平整,要清除抹灰、饰面层,应避开蜂窝、孔洞、裂缝及钢筋。测查点的厚度应大于两倍锚具置入深度,对于厚度小于 150 mm 的构件,只可在一侧布置测点。

试验步骤:

(1)在混凝土构件上钻孔(见图 9-5,例如孔径可取 30 mm、深 25 mm 左右);

(2)将钻孔头部扩孔成"⊥"形,下部环形槽深 2～3 mm;

(3)将锚具放入孔内,安装拔出机;

(4)拔出锚杆,读出拔出机上的最大拔力值。

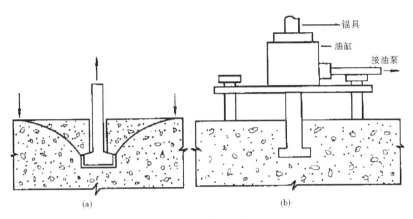

图 9-5　拔出法示意图

强度推断如下:设拔出力为 F_P,则混凝土抗压强度与 F_P 有直线相关关系,即:

$$f_c = AF_P + B$$

式中:A、B——待定常数,要先率定。例如某一地区率定的测强公式为:

$$f_c = 1.6F_P - 5.8$$

拔出法与钻芯法均为微破损检测法。拔出法的精度比回弹法、超声法等非破损检验法要高,但比钻芯法稍低。但拔出法检测快,一般测一点只需十多分钟,而钻芯法要几天甚至十几天,并且拔出法破损小,破损面直径小于 100 mm,深度不超过 30 mm,大概在保护层厚度附近,不影响结构强度,因而其使用受限制少,可更广泛地应用。

拔出法的实施有铁道部颁布的行业标准《混凝土强度后装拔出试验方法》(TB/T2298—91)可供参照。拔脱法和扳折法目前尚无统一标准。

三、混凝土内部缺陷的检测

混凝土内部均匀性和缺陷的检测主要采用超声波法。在前面已介绍过用超声波法检测混凝土强度,本节介绍用超声波法检测混凝土内部缺陷。

(一)缺陷部位存在及位置的检测

混凝土结构内部缺陷的探测主要是根据声时、声速、声波衰减量、声频变化等参数的测量结果进行评判的。对于内部缺陷部位的判断,由于无外露痕迹,如一一普遍搜索,非常费工,效率不高,一般应首先判断对质量有怀疑的部位。做法是以较大的间距(例如 300 mm)画出网格,称为第一级网格,测定网格交叉点处的声时值。然后在声时值变化较大的区域,以较小的间距(如 100 mm)画出第二级网格,再测定网格点处的声时值。将数值较大的声时点(或异常点)连接起来,则该区域即可初步定为缺陷区,见图 9-6。

声速值在均匀的混凝土中是比较一致的,遇到有孔洞等缺陷时,因经孔隙而变小。但考虑到混凝土原材料的不均匀性,宜用统计方法判定异常点。设测了 n 个声速点,其平均值为 v_m,标准差为 σ_v。当被测结构构件的厚度不变时,即可用声时值作为判别缺陷的依据,下列声速点可判为有缺陷:

$$v_i < v_m - 2\sigma_v$$

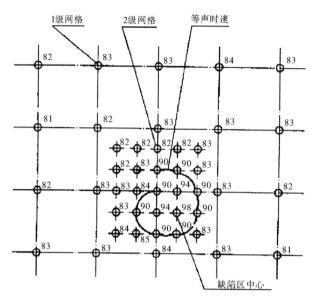

图 9-6 超声波法测内部缺陷时的网格布置

式中：v_i——第 i 个测点的声速值；

v_m——平均声速值，$v_m = \dfrac{1}{n}\sum\limits_1^n v_i$；

σ_v——声速的标准差，可按下式计算：

$$\sigma_v = \sqrt{\dfrac{\sum(v_i - v_m)^2}{n-1}}$$

声速值的变化可以判断缺陷的存在，但其变化幅度一般不是很大，对于构件尺寸不大时更难以判断；一般还要结合接收波形的变化进行综合判断。关于波形的评判可参考有关资料。

(二)混凝土内部缺陷大小的判定

用上述方法确定了内部缺陷的位置以后，其大小可用下列方法测定。

1. 对测法

如图 9-7 所示，首先在缺陷附近无缺陷处(a)测定声时值 t_0(即声脉冲通过被测定构件的时间)，然后移动探头到声时最长区，也即缺陷的"中心"位置(b)，测得其声时值 t_1。设缺陷(如孔洞)位于构件中部，其横向尺寸为 d，构件厚度为 L，声速为 v，探头直径为 D，则有：

$$\begin{cases} L = vt_0 \\ 2\sqrt{\left(\dfrac{d-D}{2}\right)^2 + \left(\dfrac{L}{2}\right)^2} = vt_1 \end{cases}$$

解此联立方程，可得：

$$d = D + L\sqrt{\left(\dfrac{t_1}{t_0}\right)^2 - 1}$$

按此式即可判定孔洞的横向尺寸 d。

2. 斜测法

如果探头尺寸 D 大于内部缺陷的尺寸，则上述对测法无效。这时可该用斜测法，见图

9-8,其缺陷尺寸可按下式估算：

$$d = \frac{L_c}{\sin\alpha} \sqrt{\left(\frac{t_c}{t_0}\right)^2 - 1}$$

式中：d——缺陷尺寸，m；

　　　L_c——两探头间最短距离，m；

　　　t_c——超声脉冲绕过缺陷的声时值，m/s；

　　　t_0——按相同方式在无缺陷区测得的声时值，m/s；

　　　α——两探头连线与缺陷平面的夹角。

以上参数的意义可参照图 9-8。

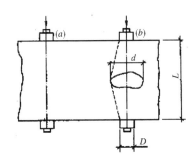

图 9-7　内部孔洞尺寸的对测法

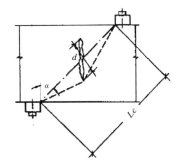

图 9-8　内部孔洞尺寸的斜测法

(三)裂缝深度的测定

对于开口而又垂直于构件表面的裂缝，可按图 9-9 所示测量。首先将探头放在同一构件无裂缝位置，测得其声时值 t_0；然后将探头置于裂缝两边，测出其声时值 t_1。测 t_0 及 t_1 时应保持探头间距离 l 相同。裂缝深度 h 可按下式计算：

$$h = \frac{l}{2} \sqrt{\left(\frac{t_1}{t_0}\right)^2 - 1}$$

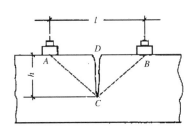

图 9-9　平测法测垂直裂缝的深度

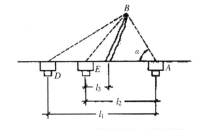

图 9-10　斜裂缝深度的测量

需注意的是，$l/2$ 与 h 相近时，测量效果较好。测量时应避开钢筋，一般探头离钢筋轴线的距离为 $3.5h$ 为好。

如为开口斜裂缝，则可按图 9-10 布置测试。首先在裂缝附近测得混凝土的平均声速 v；然后将一探头置于 A，另一探头跨过裂缝，先置于 D，量得 $AD = l_1$，测得 ABD 的声时值为 t_2；再置于 E，量得 $AE = l_2$，测得 ABE 的声时值为 t_1；E 裂缝的距离为 l_3。则有方程：

$$(AB) + (BE) = t_1 v$$

$$(AB)+(BD)=t_2v$$
$$(BE)^2=(AB)^2+l_2{}^2-2(AB)l_2\cos\alpha$$
$$(BD)^2=(AB)^2+l_1{}^2-2(AB)l_1\cos\alpha$$

其中 v、t_1、l_1、l_2 等为测得值,代入后即可解出 AB、BE 及 BD 值,从而可确定裂缝的深度。测量时注意事项同垂直裂缝的测量。

(四)钢筋位置的检测

钢筋的检测,一般可在构件上进行。凿去保护层,即可看到钢筋的数量并测量其直径,然后与图纸对照复合。必要时,可截取钢筋做强度试验,甚至对其进行化学成分分析。

此外,可用钢筋检测仪测量钢筋的位置、数量及保护层厚度。我国生产的钢筋检测仪是利用电磁感应原理制成的。如国产 GBH-1 型钢筋检测仪。

检测方法是首先接通电源,探头放在空位(不可接近导磁体),调整零点,然后把探头垂直于钢筋方向平移(探头平行于要测钢筋方向),同时观察指示表上的指针,指针最大读数处即为钢筋所在位置。

国外有些钢筋检测仪器可在一定保护层厚度内测得钢筋的直径,国内也开始应用。

(五)钢筋实际应力的测定

混凝土结构中钢筋实际应力的测定,是对结构进行承载力判断和对受力筋进行受力分析的一种较为直接的方法。

1. 测试部位的选择

一般选取构件受力最大的部位作为钢筋应力测试的部位,因为此部位的钢筋实际应力反映了该构件的承载力情况。

2. 测定步骤

(1)凿除保护层、粘贴应变片。在所选部位将被测钢筋的保护层凿掉,对钢筋表层清洁并粘贴好测定钢筋应变的应变片。

(2)削磨钢筋面积,量测钢筋应变。在与应变片相对的一侧用削磨的方法使被测钢筋的面积减小,然后用游标卡尺量测其减小量,同时应变记录仪记录钢筋因面积变小而获得的应变增量 $\Delta\varepsilon_s$。

(3)钢筋实际应力 σ_s 的计算。近似可取:

$$\sigma_s=\frac{\Delta\varepsilon_sE_sA_{s1}}{A_{s2}}+E_s\frac{\sum\limits_1^n\Delta\varepsilon_{si}\cdot A_{si}}{\sum\limits_1^nA_{si}}$$

式中:$\Delta\varepsilon_s$——被削磨钢筋的应变增量;

$\Delta\varepsilon_{si}$——构件上被测钢筋邻近处第 i 根钢筋的应变增量;

E_s——钢筋弹性模量;

A_{s1}——被测钢筋削磨后的截面积;

A_{s2}——被测钢筋削磨掉的截面积;

A_{si}——构件上被测钢筋邻近处第 i 根钢筋的截面积。

重复测试,得到理想结果:重复(2)(3)步骤。当两次削磨后得到的应力值 σ_s 很接近时,便可停止削磨测试而将此时 σ_s 值作为钢筋最终要求的实际应力值。

3. 注意事项

(1)经削磨减小后的钢筋直径不宜小于 $\dfrac{2}{3}d$,d 为钢筋的原直径。

(2)削磨钢筋应分 2～4 次进行,每次都要记录钢筋截面积减小量和钢筋削磨部位的应变增量。

(3)钢筋的削磨面要平滑。测量削磨后的钢筋面积应使用游标卡尺。削磨时,因摩擦将使被削钢筋温度升高而影响应变读数。一定要等到钢筋削磨面的温度与大气温度相同时,方可记录应变仪读数。

(4)测试后的构件补强。在测试结束后,应用 $\phi20,l=200$ mm 的短钢筋焊接到被削磨钢筋的受损处,并用比构件高一强度等级的细石混凝土补齐保护层。

第二节 砌体构件的检测

砌体构件的检测包括:材料(砖或其他材料砌块及砂浆)强度、砌体强度、砌体裂缝、砌筑质量等。其中,砌筑质量检查可按有关施工规程的要求进行,一般无技术上的困难,这里不作讨论。砖或其他材料砌块的检测,与建筑材料中砖和砌块的试验方法相同,所不同的是砖样或砌块取自已建成的墙体。每次检测时,同类墙砌体上至少取 5 块试样进行抗压试验检测,然后以其抗压强度的算术平均值作为块材的抗压强度。下面分别讨论砌体裂缝、砂浆和砌体强度的检测。

一、砌体裂缝检测

因为砌体中的裂缝是常见的质量问题,裂缝的形态、数量及发展程度对承载力、使用性能与耐久性有很大影响,对砌体的裂缝必须全面检测,包括查测裂缝的长度、宽度、裂缝走向及其数量、形态等。

裂缝的长度可用钢尺或一般米尺进行测量。宽度可用塞尺、卡尺或专用裂缝宽度测量仪进行测量。对于裂缝的走向、数量及形态应详细地标在墙体的立面图或砖柱展开图上,进而分析产生裂缝的原因并评价其对质量的影响程度。

二、砌体中砂浆强度的检测

砌体中的砂浆不可能做成标准立方体,无法按常规方法试验。常用的现场检测方法有冲击法和推出法。

(一)冲击法

冲击法是在砌体上凿取一定数量的砂浆,加工成颗粒状,由冲击锤将其粉碎。冲击将消耗一定的能量。砂浆粉碎后颗粒变小变细,其表面积增加。试验研究表明,在一定冲击作用下,砂浆颗粒增加的表面积 ΔA 与破碎功的增加量 ΔW 呈线性关系,而砂浆的抗压强度与单位功的表面积增量 $\dfrac{\Delta A}{\Delta W}$ 有定量关系,从而可以据此测得砂浆的强度。试验中主要的设备是冲击仪、孔径为 12 mm 及 10 mm 的圆孔筛、一套砂标准筛及感量为 0.01 g 的天平。

1. 试件制作

在拟检验的砌体中取硬化的砂浆约 600 g(一部分用于测容量,一部分用于冲击试验)。将其锤击加工成粒径为 10~12 mm 的颗粒,形状近于圆形,两个垂直方向的直径之比不宜大于 1.2。可用孔径为 12 mm 及 10 mm 的筛子筛分,取通过 12 mm 孔径而留在 10 mm 孔径筛子上的颗粒作为冲击试验的用料。取 180~200 g 试料,放入烘箱内,在 50~60℃温度下烘烤 4~6 h(干燥的试样可不必烘烤),取出在常温下搁置 8~12 h。试料烘烤干燥后分为 3 份,每份 50 g,称量精确至 0.01 g。即要平行做 3 组试验。

2. 试验方法及步骤

根据砂浆的特征,估计其强度的大约范围,按表 9-4 选好打击锤的重量及落锤高度,然后将试样放入冲击仪的冲击筒中,并将其顶面摊平。整个试验分 3 个阶段,每阶段均有冲击、筛分、称重三个步骤。第一阶段:冲击 2 次,进行筛分与称重;第二阶段,将试样重新放入筒内,摊平,冲击 4 次,再进行筛分与称重;第三阶段,将试样重新放入筒内摊平,最后冲击 4 次,然后筛分、称重。第一份试样总计冲击 10 次,筛分、称重 3 次。3 组试样平行做 3 次。

测定砂浆容重,可用未冲击的砂浆试样取 8 cm³ 左右的块状试件,用蜡封法测定。

表 9-4　冲击参数选择表

预计强度 (N/mm²)	硬化砂浆 试料特征	冲击总功 /kg·cm	锤重/kg	落锤高度 /cm	冲击次数
<5.0	试料结构疏松,可用手捏碎,容重小于 1.9 g/cm³	100	1.0	10	10
5.0~10.0	试料棱角易掰掉,肉眼观察孔隙较多,容重在 1.95 g/cm³ 左右	180	1.5	12	10
10.0~20.0	试料棱角不易掰掉,结构较密实,容重在 2.0 g/cm³ 左右	450	1.5	30	10
20.0~30.0	颜色呈青绿色,需使用工具才能破碎,容重在 2.1 g/cm³ 左右	900	2.5	36	10
>30.0	颜色呈青绿色,需使用锐利工具才能破碎,容重在 2.1 g/cm³ 以上	1 250	2.5	50	10

注:当试料经 2 次冲击后,5 mm 筛上的筛余量以 42 g 左右为宜,过多或过少均应适当增大或减少锤重或落锤高度。

1 kg·cm≈0.098(J)。

测定冲击后试料的表面积。试样粉碎后筛分 2 min,分别称量各筛子上的筛余量 Q_i,然后可按下式计算试料的总表面积:

$$A = \frac{1}{\gamma_0}10.5\sum_{i=1}^{7}\frac{Q_i}{d_i}+A_8$$

式中:A——试样总表面积,cm²;

　　　γ_0——试样容重,g/cm³;

　　　Q_i——试料在各号筛子上的筛余量,g;

d_i——各号筛子上试料的平均直径,cm,可按表 9-5 采用。

表 9-5　各号筛子上试料的平均直径

i	1	2	3	4	5	6	7
i 号筛子上试料粒度范围(cm)	1.2～1.0	1.0～0.5	0.5～0.25	0.25～0.12	0.12～0.06	0.06～0.03	0.03～0.015
平均直径 d_i(cm)	1.097	0.722	0.361	0.177	0.086 6	0.043 3	0.022

注:小于 0.015 cm 的试料表面积按 $A_8 = 1510 \cdot \dfrac{Q_8}{\gamma_0}$ 计算。

计算破碎消耗功:

$$W = m \cdot h \cdot n$$

式中:W——冲击功,kg·cm;

m——落锤重,kg;

h——落锤高度,cm;

n——冲击次数。

计算 $\left(\dfrac{\Delta A}{\Delta W}\right)$ 值。一组试验分三阶段,每一阶段均可计算出 $(A_1, W_1)(A_2, W_2)(A_3, W_3)$,用最小二乘法,可计算出单位功的单面积增量,即 $\left(\dfrac{\Delta A}{\Delta W}\right)$ 之值。

取三组试验的平均值 $\left(\dfrac{\Delta A}{\Delta W}\right)$,然后按下式计算砂浆的抗压强度值 f_m(N/mm²):

$$f_m = 64.55 \left(\frac{\Delta A}{\Delta W}\right)^{-0.78}$$

上式适用于砂子的细度模数为 $2.1 < M_k < 2.9$,砂子最大粒径小于 4 mm,砂浆用砂量为 1300～1600 kg/m³ 的水泥砂浆或混合砂浆。否则应重新标定,按对比试验求出有关参数,公式形式仍与上式相同,即

$$f_m = a \left(\frac{\Delta A}{\Delta W}\right)^b$$

但式中参数 a、b 应经试验确定。

(二)推出法

推出法是利用小型推出装置对砖砌体中处于统一边界条件下的丁砖施加水平推力,用以间接推算出砂浆抗压强度的一种方法。所谓统一边界条件,是指欲被推出的砖的顶面及两侧的砂浆层均已清除的情况。

推出法的测试步骤包括三个方面:即测区选择、清砂浆缝、推出。

测区选择原则是尽量做到有代表性和可操作性。测区宜在墙体上均匀布置,应避开施工中预留的各种孔洞,被检测到的砖的端面应平整,砖下的水平砂浆层的厚度应在 9～11 mm 之间。测区大小以能进行 6 块推出砖的检测工作为宜。对于抽样评定的墙体,随机抽样数量应不少于该总量的 30%,且不小于 3 片墙体。

清缝开洞是为了使推出装置安装就位(图 9-11),并保证被测砂浆层处于统一的边界条

件。具体做法:先用冲击钻及特制金刚石锯将被推砖顶部的砂浆层锯掉,然后用扁铲插入上一层砂浆中轻轻撬动,使被推砖上部的两块顺砖脱落取下,形成一个断面为 240 mm×60 mm的孔洞,最后再用锯将被推砖两侧缝砂浆清除掉,为推出检测作好准备。

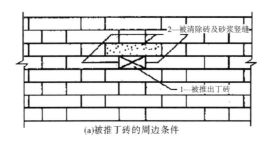

(a)被推丁砖的周边条件

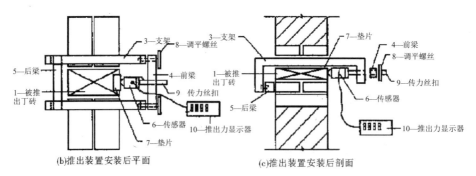

(b)推出装置安装后平面　　　(c)推出装置安装后剖面

图 9-11　推出法的推出装置安装

最后的步骤是推出。待清好缝后,把推出装置安装在已处理好的孔洞中,接好传感器与仪表并清理归零,用专用扳手旋转加载螺杆对推出砖加载,观察传感器仪表,记录下砖被推出时最大的推出值,随即取下被推出砖测量并记录砂浆饱满度值。

得极限推出力 P 后,即可由下式算得砂浆的抗压强度 f_P:

$$f_P = 0.298 K_B P^{1.193}$$

式中:K_B——砂浆饱满度 B 对 f_P 的修正系数,$K_B = (1.25B)^{-1}$

(三)砌体强度的检测

有了砌块与砂浆的强度,即可按砌体结构设计规范推求得砌体强度,这是一种间接测定砌体强度的方法。有时,希望直接测定砌体的强度,下面介绍直接测定法。

1. 实物取样试验

在墙体适当部位选取试件,一般截面尺寸为 240 mm×370 mm 或 370 mm×490 mm,高度为较小边长的 2.5～3 倍。将试件四周的砂浆剔去,注意在墙长方向(即试件长边方向)可按原竖缝自然分离,不要敲断条砖,留有马牙槎,只要核心部分长 370 mm 或 490 mm 即可。四周暂时用角钢包住,小心取下,注意不让试件松动。然后在加压面用 1:3 砂浆座浆抹平,养护 7d 后加压。加压前要先估计其破坏荷载 N,加压时的第一级加破坏荷载的20%,以后每级加破坏荷载的 10%,直至破坏。设破坏荷载为 N,试件面积为 A,则砌体的实际抗压强度为:

$$f_m = \frac{N}{A}$$

2. 扁顶法

扁顶法是用一种特制的扁千斤顶在墙体上直接测量砌体抗压强度的方法。它的测试过程在墙体垂直方向相隔五皮砖凿开两个相当于扁千斤顶的水平槽,宽 240 mm,高为 70～130 mm,然后在两槽内各嵌入一个千斤顶并用自平衡拉杆固定(图 9-12),用手动油泵对槽间砌体分级加载至受压砌体的抗压强度 f_m:

$$f_m = \frac{N}{KA}$$

式中:f_m——砌体抗压强度的推定值,MPa;

$\quad A$——受压砌体截面积,mm^2;

$\quad N$——试验的破坏荷载,N;

$\quad K$——强度换算系数,$K = 1.29 + 0.67\delta_0$;

$\quad \delta_0$——被测试砌体上部结构引起的压应力值。

值得注意的是,当 $\delta_0 \geqslant 0.6$ MPa 时,取 $\delta_0 = 0.6$ MPa;δ_0 代入上式时,不用单位。

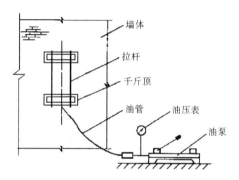

图 9-12　扁顶法测量砌体抗压强度

第三节　钢构件的检测

钢构件中的型钢如由正规钢厂出厂,并具合格证明,则一般材料的强度及化学成分是有保证的。检测的重点在于加工、运输、安装过程中产生的偏差与失误。主要内容有:

(1)外观平整的检测。

(2)构件长细比、平整度及损伤的检测。

(3)连接的检测应作为重点。

如果钢材无出厂合格证明,或者来路不明,则应再增加检测以下项目:

(4)钢材及焊条的材料力学性能,必要时再检测其化学成分。

其中第(4)项在材料试验规程中有规定,一般施工安装单位自身或委托有关单位按常规试验进行,这里不作介绍。

一、构件整体平整度的检测

梁和桁架构件的整体变形有垂直变形和侧向变形,因此要检测两个方向的平直度。柱子的变形主要有柱身倾斜与挠曲。

检查时,可先目测,发现有异常情况或疑点时,对梁或桁架可在构件支点间拉紧一根细铁丝,然后测量各点的垂度与偏度;对柱子的倾斜度则可用经纬仪检测;对柱子的挠曲度可用吊线垂法测量。如超出规程允许范围,应加以纠正。

二、构件长细比、局部平整度和损伤的检测

构件的长细比,在粗心的设计中或施工时构件截面型钢代换中常被忽视而不满足要求,在检查时应重点加以核准。

构件的局部平整度可用靠尺或拉线的方法检查,其局部挠曲应控制在允许范围内。

构件的裂缝可用目测法检查,但主要要用锤击法检查,即用包有橡皮的木锤轻轻敲击构件各部分,如声音不脆、传音不均、有突然中断等异常情况,则必有裂缝。另外也可用 10 倍放大镜逐一检查。如疑有裂缝,尚不肯定时,可用滴油的方法检查。无裂缝处,油渍呈圆弧形扩散;有裂缝处油会渗入裂隙呈直线状伸展。

当然也可用超声探伤仪检查。这在前一节中已叙述过,对钢结构的检查,原理和方法与检查混凝土时相仿,这里不再赘述。

三、连接的检测

钢结构事故往往出在连接上,故应将连接作为重点对象进行检查。

连接板的检查包括:检测连接板尺寸(尤其是厚度)是否符合要求;用直尺作为靠尺检查其平整度;测量因螺栓孔等造成的实际尺寸的减小;检测有无裂缝、局部缺损等损伤。

焊接连接目前应用最广,出事故也较多,应检查其缺陷。焊缝的缺陷种类不少,如图 9-13 所示,有裂纹、气孔、夹渣、未熔透、虚焊、咬肉、弧坑等。检查焊缝缺陷时首先进行外观检查,借助于 10 倍放大镜观察,并可用小锤轻轻敲击,细听异常声响。必要时可用超声探伤仪或射线探测仪检查。

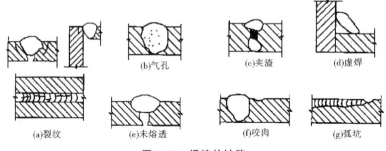

图 9-13　焊接的缺陷

对于螺栓连接,可用目测、锤敲相结合的方法检查,并用示功扳手(当板手达到一定的力矩时,带有声、光指示的扳手)对螺栓的紧固性进行复查,尤其对高强螺栓的连接更应仔细检查。此外,对螺栓的直径、个数、排列方式也要一一检查。

第四节　建筑物的变形观测

一、建筑物的倾斜观测

可用经纬仪通过对建筑物的四个阳角进行倾斜观测然后综合分析得出整个建筑物的倾斜程度。

如图 9-14 所示为对建筑物某阳角倾斜观测的示意图。由该阳角顶点 M 向下投影得点 N,量出 NN' 水平距离 a 及经纬仪与 M、N 点之夹角 α,$MN=H$,经纬仪高度为 H'。

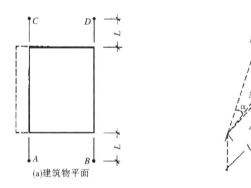

(a)建筑物平面　　　　　　　　　(b)在建筑物一角观测

图 9-14　用经纬仪观测建筑物倾斜示意

经纬仪到建筑物间的水平距离为 L,则:

$$H = L \times \mathrm{tg}\alpha$$

建筑物的斜度:

$$i = \frac{A}{H}$$

建筑物该阳角的倾斜量:

$$\bar{a} = i(H + H')$$

用同样的方法,亦可得其他各阳角的倾斜度、倾斜量,从而可进一步描述整栋建筑物的倾斜情况。

二、建筑物的沉降观测

建筑物的沉降观测包括沉降的长期观测和不均匀沉降两部分内容。

(一)建筑物沉降的长期观测

建筑物沉降的长期观测是指在一定时间范围内对建筑物进行连续的沉降观测。

观测的仪器主要是水准仪。一般要求在建筑物附近选择布置三个水准点。水准点的选择应注意:稳定性,即水准点高程无变化;独立性,即不受建筑物沉降的影响;同时还应注意应使观测方便。此外,建筑物沉降观测点的位置和数目应能全面反映建筑物的沉降情况。观测点的数目一般不少于 6 个,通常沿建筑物四周每隔 15~30 m 布置一个,且一般设在墙上,用角钢制成,如图 9-15 所示。

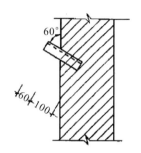

图 9-15　沉降观测点示意

水准测量采用Ⅱ级水准,采用闭合法。在观测时应随时记录气象资料,以便于分析。施工期间的观测次数不应少于 4 次。已使用建筑物则应根据每次沉降量的大小确定观测次数。一般是以沉降量在 5~10 mm 以内为限度。当沉降发展较快时,应增加观测次数。随着沉降的减少而逐渐延长沉降观测的时间间隔,直至沉降量稳定。

观测时,水准尺离水准仪的距离为 20~30 mm,水准仪距前、后视水准尺的距离要相等。读完各观测点后,要回测后视点,两次同一后视点的读数差要求小于 ±1 mm。根据沉降观测记录计算出各观测点的沉降量和累计沉降量,同时绘出时间—荷载—沉降曲线图,如图 9-16 所示。

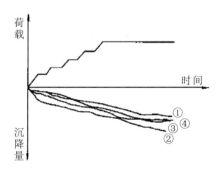

图 9-16　时间—荷载—沉降曲线图

(二)建筑物不均匀沉降观测

建筑物的不均匀沉降除了可通过上述方法计算得到外,还可由下述步骤得到建筑各点处的不均匀沉降。

首先,由于在对实际建筑物进行现场检测时,不均匀沉降已经发生,故可了解到建筑物不均匀沉降的初步情况。

其次,在已经发生沉降量最大的地方及建筑的阳角处,挖开覆土露出基础顶面作为选择的观测点。

再次,布置仪器进行数据测读。一般是采用水准仪和水准尺,并且将水准仪布置在与两观测点等距离的地方,同时将水准尺放在观测点处的基础顶面,即可从同一水平的读数得知两观测点之间的沉降差。如此反复,便可得知其他任意两观测点间的沉降差。

最后,将以上步骤得到的结果汇总整理,就可以得出建筑物当前不均匀沉降情况。

思考题

1. 工程质量事故中的混凝土强度的检测方法可分为哪两大类? 有哪些实际检测手段?
2. 试述用回弹仪现场检测混凝土强度的实施步骤。
3. 钻芯法检测混凝土强度有哪些优缺点,其适用范围如何?
4. 如何检测混凝土结构中的钢筋实际应力?
5. 检测砌体的强度,如何现场取样?
6. 试比较扁顶法和推出法检测砌体强度的优缺点。
7. 如何测定混凝土结构中钢筋的位置和保护层厚度?
8. 测定混凝土结构中钢筋锈蚀程度的方法有哪几种?
9. 如何检测混凝土裂缝深度? 如何检测砌体结构的裂缝?
10. 试述建筑物不均匀沉降观测的步骤。

第十章 建筑结构缺陷的处理

第一节 建筑结构的加固与地基处理方法

一、建筑结构缺陷的处理

建筑结构缺陷的处理,指对有缺陷、损伤或临近破坏的结构(或构件)的处置与治理。处理的跨度很大,包括维修(护)、加固、改(扩)建三个组成部分,见图 10-1。

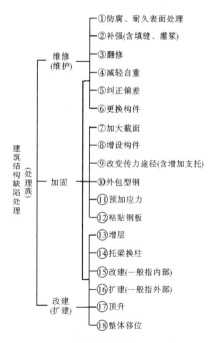

图 10-1 建筑结构缺陷处理方法

在这个处理族里，"加固"定义为对结构或构件的承载力、刚度、延性(与抗震能力有关)、抗裂性、整体性、稳定性予以恢复或增加，其概念可以跨越维修和改建。狭义的"加固"，为图10-1的⑦～⑫，指对存在重大缺陷、损伤、临近破坏以及需要大幅度增加功能(如抗地震能力)的结构或构件的防治，加固后结构构件的外观和受力状态会有所改变。广义的"加固"包括①～⑱，其中"维修"一般能维持结构构件的原来外观和受力状态；而"改建"则多半指在原结构构件完整状态下因改变使用途径引起结构构件变化而要做的工作。

本章仅讨论"补强"和狭义"加固"，统称加固。它又有两种分类方法。

(一)按加固法的直接性和间接性分

1. 直接加固

指使原有结构或构件直接提高结构功能的加固。

(1)用同种材料进行加固。譬如用混凝土和钢筋对原钢筋混凝土构件加固(增加原截面高度和宽度、增加受力筋、修补已开裂截面、凿去部分低强度混凝土代以较高强度的新混凝土等)，用钢材或增加焊缝、增设螺栓对原钢构件加固等。它们都可以达到有效结果，但必须使得后加的材料和零部件能与原构件的材料和零部件结合成整体共同工作。

(2)用异种材料进行加固。譬如用环氧树脂等胶合料灌缝，用预应力钢筋提高原构件的承载力和刚度，用钢板、型钢乃至钢桁架与原钢筋混凝土构件形成组合构件共同受力等。它们也可以达到有效结果，但必须或者使两种材料结合成整体共同工作，或者利用预加力迫使后加材料与原构件共同工作，或者通过原构件变形把部分荷载转嫁给后加构件以达到共同受力的目的。

2. 间接加固

指以减轻负荷、减小破坏概率、发挥构件潜力等措施以达到提高原结构或构件功能目的的加固。

(1)减轻负荷。如减少楼层数，限制或更改使用用途，增设构件减轻原构件负担等。

(2)发挥构件潜力。可达到此目的的几种常用做法或考虑方法是：设法减小梁的跨度，如在支座附近加斜撑；设法减小柱的计算高度，如加强填充墙与柱的连接；将平面结构考虑成空间结构；将单跨结构改变成多跨结构；将一般构件间的简单传力关系考虑成构件间能够共同作用的传力关系，如考虑板和梁的共同作用、梁和柱的共同作用、上部结构和地基的共同作用等。

(3)减小破坏概率。如工业厂房中，把一榀不满足安全要求的待加固屋架，通过增设纵向垂直支撑与左右两榀连成一体，则三榀屋架同时破坏的概率将小于单榀独立屋架的破坏概率，从而在不加固中间这榀屋架的情况下提高了这榀屋架的可靠概率。

(二)按加固所采用的材料和施工方法分

1. 灌浆法

用空气压缩机或手压泵将黏合剂(如107胶水泥砂浆黏合剂或水玻璃砂浆黏合剂等)灌入裂缝，这适用于砖砌体开裂且裂缝不严重的情况。或者用压送设备将化学浆液(如环氧树脂或甲基丙烯酸脂类浆液等)注入钢筋混凝土裂缝，这也仅适用于开裂不严重情况。

2．面层法

用水泥砂浆面层(厚 20 mm)、钢筋水泥砂浆面层(厚 35 mm)或钢筋混凝土面层(厚 60～100 mm)加固构件,可用抹砌、喷射或浇筑的施工方法。面层可以是双面的或单面的,适用于砖砌体墙面或柱面。

3．加设钢筋混凝土外套法

指在构件外部加设钢筋混凝土外套,达到增加构件截面和配筋量,以提高承载力和刚度的加固方法。广泛适用于钢筋混凝土梁、柱、基础等构件,也可用于钢筋混凝土楼板和砖柱。

4．外包型钢法

用角钢紧贴拉压杆、梁、柱四角并用扁钢缀板焊接形成整体构架,外抹水泥砂浆表面层的加固方法。可用于钢筋混凝土梁、柱和砖柱。适用于既不允许过多地加大构件截面又需要提高承载力和刚度的构件。

5．粘贴钢板法

在抗弯承载力不足的钢筋混凝土梁的受拉区表面,以及抗剪强度不足部位的钢筋混凝土梁的两侧面,用黏结剂粘贴钢板(2～6 mm 厚)加固。适用于环境温度不超过 60℃,相对湿度不大于 70%及无化学腐蚀的环境下。

6．预加应力法

用预加应力的水平拉杆或下撑式拉杆或二者结合等方式对被加固构件施加与它应承受荷载反向的作用力,可提高被加固构件的正截面抗弯、斜截面抗剪(当使用下撑式拉杆时)、抗裂度和刚度,减小构件受载时的挠度。适用于允许占用较小空间要求恢复承载力、刚度和抗裂度的构件。

7．改变传力途径法

用增设支承点、增设连接点等构造上的措施来改变被加固结构或构件的受力状态,从而能较大幅度地提高原结构或构件的承载力,并能减小和限制变形。适用于净空不受限制的加固,以及使用功能可作适当变化的加固。

8．增设构件法

根据受力需要增设各种结构构件,例如:

(1)增设圈梁。目的是增加墙体和建筑物的整体性、抗不均匀沉降能力和抗震性能。适用于砖砌体结构。

(2)增设拉杆。如对于空旷房屋或墙体在水平力作用下有外闪倾向时,可采用增设拉杆加固以增强房屋整体性。

(3)增设钢筋混凝土构造柱。这是目前认为增加砖砌体房屋抗地震性能的有效措施。钢筋混凝土构造柱必须与钢筋混凝土圈梁连接,共同起作用。

(4)增设抗侧力墙。可以是钢筋混凝土剪力墙或砖砌体墙,目的是有效地抵抗强大的侧向作用力(如风力和水平地震作用)。适用于高层建筑结构和抗地震建筑物。

(5)增设钢支撑。在工业厂房中常利用加支撑的方法增强抗侧力能力,甚至可改变传力途径。

(6)增设支柱。形成新的支承点,减小计算跨度,从而较大幅度地提高梁的承载力,减小梁的挠曲变形。普遍适用于钢筋混凝土构件和钢构件的加固。

二、地基基础缺陷事故的处理

地基基础缺陷事故的处理,指因地基发生过大不均匀变形或地基中的渗流造成建筑结构开裂、倾斜时,对地基和基础的处置和治理(区别于建筑物施工前的地基处理)。它包括地基处理、基础处理和纠偏处理三个组成部分,见图 10-2 所示。

(一)换土处理

这是指采用强度较大的纯净素土,或砂卵石,或灰土(1∶9 或 2∶8),或煤渣等材料代替一部分过硬地基或过软地基,并夯至密实的措施。其目的是使浅基下地基的承载力得到提高,使建筑物各处沉降差保持在许可范围以内。换土处理多用于建筑物建成后出现局部轻度塌陷,或表现为建筑物的个别部位发生墙体开裂的情况,如图 10-3(a)(b)所示。为保证换土质量,应认真选择填料。若采用砂垫层以中粗砂为好,可掺入一定数量碎石但要分布均匀;若采用黏性土,塑性指数宜取 7～14,接近最优含水量。每层铺土 200～300 mm,压实后需进行干重力密度测试,必须达到合格标准。

(二)浆液处理

这是指采用水泥浆液或者硅酸钠(水玻璃)类、环氧树脂类、丙烯酰胺类等化学浆液在已建基础两侧,通过注射孔,在竖向、斜向或水平方向压入土中,利用压力浆液的扩散作用强化基础以下周边的土体,达到提高这部分土体的强度,减少其压缩性,消除其湿陷性的目的,如图 10-3(c)(d)所示。浆液处理也称化学处理,目前我国应用较多的是水泥浆液;其他化学浆液处理造价昂贵,应用并不广泛,只在重要工程(如人民大会堂)及特殊工程中采用。浆液处理采用的条件是基础埋深较浅,需加固处理的土层不太厚,以及中等或较严重的湿陷性地基。

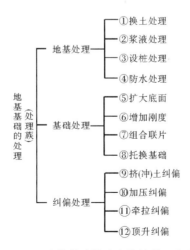

图 10-2　地基基础缺陷事故的处理方法

(三)设桩处理

这是指在已建基础周围设置一排或多排砂桩、灰土桩、石灰桩或旋喷桩,甚至混凝土桩的方法,利用成桩孔时的侧向挤密作用加强基础底下的部分地基,如图 10-3(e)所示。

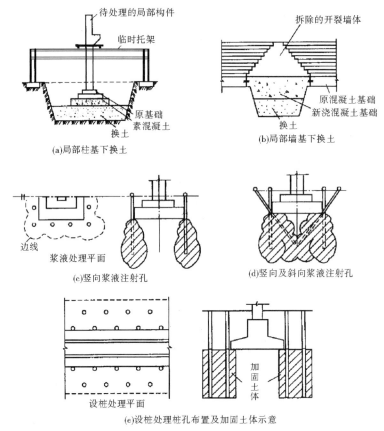

图 10-3　换土和浆液、设桩处理示意

　　砂桩,对于砂土来说,可以通过挤压作用增加砂土地基的相对密度;对于黏性土来说,可以使它与砂土共同作用形成复合地基,它们都可以达到提高地基承载力、减少基础沉降的作用。但砂桩仅适用于处理深层松砂、杂填土和黏土含粒量不高的黏性土,而不适用于饱和软黏土地基。

　　灰土桩的作用是利用分层夯实灰土的效果在基础周围形成一个密实的土围幕,使基础底部土体的侧向变形受到一定的约束,从而提高地基土的承载力,减少其压缩性、减少其湿陷变形。灰土挤密桩适用于下沉变形较小或下沉已趋稳定的一般建筑物。

　　石灰桩是指在成孔后灌入生石灰块,使石灰吸收土中水分水解为熟石灰,体积膨胀,把周围湿土挤密,从而减少土的含水量和孔隙比达到加固处理的目的。故石灰桩适用于地下水位较低、基础较窄的建筑物。

　　旋喷桩的原理是强制浆液与土体进行搅拌混合,在喷射力(工作压力在 20 MPa 以上)的有效射程内形成圆柱形的凝固柱体,其极限强度可达 3～5 MPa,能起到加固地基的目的

（旋喷桩也是一种浆液处理方法），适用于静压灌浆难以改良的软弱地基，尤其是 $N_{63.5} < 10$ 的砂土或 $N_{63.5} < 5$ 的黏性土。

（四）防水处理

这是指遇到湿陷性黄土地基或膨胀土地基时的综合处理。其防治措施是围绕建筑物四周设置良好的排水系统（如设置宽散水、排水沟、能使排水畅通的地坪等），确保建筑物内的管道、贮水构筑物不漏水，做好有灰土或砂石、炉渣垫层的室内地坪，移走建筑物附近吸水量或蒸发量大的树木等。

（五）扩大基础底面、增加基础刚度

这是指采用钢筋混凝土套的办法扩大已建基础的底面积，增加已建基础高度的措施。它往往在以下两种情况下进行：

（1）勘察、设计或施工错误，造成基础底面积偏小，不能满足承载力要求时；或者建筑物的沉降量超过允许值时；或者建筑物需要增层时。

（2）基础构件设计有误或施工有误，使得它的承载力或刚度不足时。如砌体强度不足、混凝土标号过低、钢筋配置有误以及基础高度不足等。

增设钢筋混凝土套加固基础做法的关键在于新旧混凝土的连接。一般可采用锚筋连接或嵌入连接两种做法。前者是将扩大部分挖至与待加固基础的基底，将柱子根部和旧基础表面打毛，并在旧柱基四周直壁上钻孔，用环氧树脂锚入短筋，把新旧基础连接起来，见图10-4(a)所示；后者是将钢筋混凝土套的下端嵌入旧基础底部边缘，呈环抱状，同时将旧基础表面和柱子根部打毛，这就能使新旧基础共同工作，见图10-4(b)所示。嵌入连接做法的缺点是在施工过程中会扰动旧基础下的持力土层，因而在施工时要对柱加临时支撑。

（六）组合联片

这是指在做好单独基础扩大底面套的同时，再做基础梁伸入混凝土套的两侧，并在基础梁下设置底板，利用钢筋混凝土底板将待加固的基础组合联片，达到进一步扩大基底面积的目的，如图10-4(c)所示。

（七）托换基础

这是指在原基础两旁新设基础，把由原基础承受的荷载通过另设的传力体系转移到新基础的地基上。通过的传力体系是在墙体两侧设置贴墙的托架次梁，次梁所受的作用力传给穿越墙体的主梁再传给新设基础墩台，如图10-4(d)所示。

近年来有时采用锚杆静压桩托换基础。它将压桩架通过锚杆与原基础连接，利用建筑自重荷载作为压桩反力，用千斤顶将桩分段压入地基中，通过静压桩承担部分荷载，见图10-5所示。锚杆静压桩适用范围广，可用于黏性土、淤泥质土、杂填土、粉土、黄土等地基。其优点是机具简单，施工作业面小，技术可靠，效果明显。

（八）挤（冲）土纠偏

这是指利用挤出（或冲掏）地基中一些土体的办法来纠正建筑物因不均匀沉降而产生的倾斜。其构造做法一般是在倾斜基础一侧设置若干沉井或者钻若干孔洞，使得基础底部土体受压后向一侧挤出以纠偏；或者在沉井内向基础底部钻孔，使得基础底部一侧土体受压下沉以纠偏;或者在沉井中连续抽水使一侧土体压缩以纠偏;或者在沉井中用水枪冲水掏走部分土体以纠偏等等。

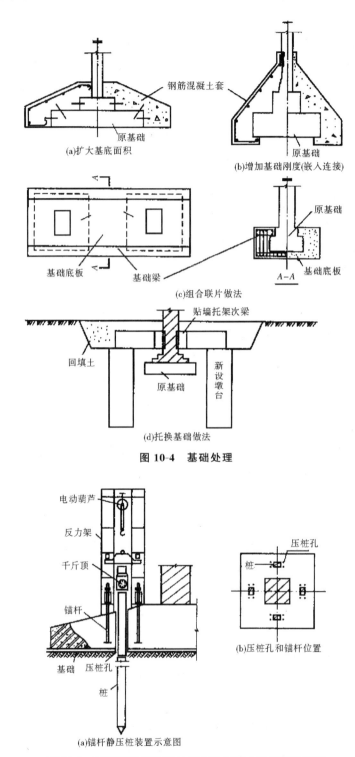

图 10-4　基础处理

图 10-5　锚杆静压桩装置示意图及压桩孔和锚杆位置图

(九)加压、牵拉、顶升纠偏

这是指采用各种在倾斜结构一侧施加作用力的办法,使基础下部的部分地基土进一步压缩,达到纠偏的目的。其中,加压纠偏是常用的一种方法。它可以用重物压沉,见图10-6(a)实线部分,或施加外力压沉,如图10-6(a)虚线部分,使基础在附加偏心荷载作用下所发生一侧附加沉降的过程中逐渐消除两侧的沉降差,达到矫正建筑物倾斜的效果。它适用于地基沉降已趋稳定、上部结构不需再作加固处理的工程。而牵拉或顶升纠偏则是用牵引或顶升设备直接纠正倾斜的上部构件和基础就位的办法,如图10-6(b)(c)所示。由于倾斜的结构具有整体性,牵引或顶升设备的作用力不可能将倾斜的整体结构矫正过来,故往往要解除被矫正构件和基础的周围联系,设置临时支护措施,矫正就位后尚需用垫块临时固定,最后才能作弥合处理。牵拉或顶升纠偏有时可用于纠正单层工业厂房柱的倾斜。

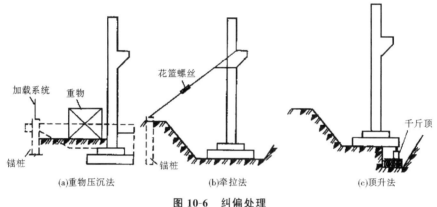

图10-6　纠偏处理

对整个建筑物进行顶升纠偏可将建筑物基础和上部结构沿某一特定位置加以分离。在分离区设置若干支承点,通过安装在支承点的顶升设备,使建筑物沿某一直线(点)做平面运动或转动,使有偏差的建筑物得到纠正(图10-7)。为确保与上部结构连成一体的分离器的整体性和刚度,要采用加固措施,通过分段托换,形成一个全封闭的顶升支承梁(柱)结构体系。显然,在实施顶升前,应对顶升支承梁的结构体系、施工平面图(分段施工顺序和千斤顶位置等)顶升量和顶升频率进行设计。

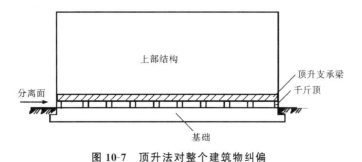

图10-7　顶升法对整个建筑物纠偏

第二节　建筑结构的加固原则

建筑结构的加固原则,是人们根据对建筑结构科学技术的认识、建筑结构工程质量的方针和目标、建筑结构的设计施工和使用实践、建筑结构的功能要求、建筑结构可能存在的缺陷损害和破坏状态,在总结长期的工程经验,特别是结构加固的实践经验基础上,所制订出的基本要求。它们对实际的加固工作有重要的指导作用。

1. 实际出发原则

加固以前,必须对原有结构和构件进行可靠性鉴定,对原有结构的作用力和材料使用状况进行实际调查,对存在缺陷、损害和破坏状态进行全面了解和分析。加固设计时的计算简图、材料和设备机具的选择要符合实际可能的条件;加固方案必须与施工的实际可能紧密结合。

2. 消除隐患原则

加固以前,还必须完全掌握造成质量问题的原因,并在对各种原因(特别是对于由地基过大不均匀沉降、腐蚀、高温、冷脆、冻融、振动等环境原因)所造成的损坏提出相应的处理对策。加固时充分考虑这类原因(特别是环境原因)可能再次造成的危害并加以预防,以免重蹈覆辙。

3. 全面比较原则

加固方案的确定,是在全面综合地考虑原结构构件的损害状况、原建筑使用空间和其他功能要求、加固施工的技术条件(施工技术、设备机具、熟练技工等)和非技术因素(资金、工期等),以及对加固效果效益的估计等多种因素后,经过多个方案分析比较后选优的结果。不能简单地单纯凭印象和经验办事。

4. 协同受力原则

加固方案的确定,还要采取有效措施尽可能地保证新增加的截面、构件和部件,与原有结构构件未受损伤的部分能够可靠地协同工作、整体受力,共同承担加固后该结构构件应承受的荷载和外加(或约束)变形。如果技术上做不到新加部分和原有部分的协同受力,也要在构造和连接上做到加固部分能分担被加固部分的荷载,减轻被加固部分的负荷到允许程度。

5. 预防损坏原则

在加固过程中,若原结构构件或其相关的结构构件有新发现的严重缺陷损害时,应立即停止施工,并会同原设计单位采取有效措施加以处理;处理后方可继续施工。对于存在倾斜、倾覆、失稳、滑移甚至倒塌等不可靠因素的结构构件(如钢屋架在加固施焊过程中可能因被施焊杆件不能受力而倒塌),在加固施工前应采取临时措施,防止发生加固期间可能出现的质量事故。

6. 保留完好原则

在加固构件时,应尽量不损伤原有结构,并保留具有利用价值的部分,避免不必要的凿伤、拆除或更换。这样做,一方面考虑的是经济效益,另一方面考虑的是尽量减少薄弱部位。因为加固所新增加的部分与原有部分的连接毕竟是一些薄弱的环节。

7. 有序实施原则

加固工作应该严格按照以下工作程序实施:可靠性鉴定(指加固对象)→经过比较确定加固方案→进行加固设计(计算、构造、施工技术过程、施工图纸)→施工组织设计→现场操作件验收。

第三节　建筑结构加固设计与施工要点

在确定适宜的建筑结构加固方案后,应进行加固的设计。设计时必须考虑适用的施工方法和合理的构造措施,并根据结构上的实际荷载进行承载力、正常使用功能等方面的验算。

一、设计要点

(一)设计计算时计算简图的确定

1. 荷载

(1)恒载按实际情况抽样实测确定。抽样个数≥5,以其平均值的 1.1～1.2 倍作为标准值。

(2)活载按照《建筑结构荷载规范》(GBJ9—87)的规定采用。

(3)对未作规定的工艺、吊车荷载,按生产单位或主管工艺负责人提出的资料和实际情况统计取值。

2. 支撑条件和跨度

按结构构件的实际构造做法确定;当难以判别时,取不利情况作为设计计算的参数。

3. 计算内力

除按上述荷载、跨度和支撑条件算得的内力外,还应考虑变形、温度作用造成的附加内力。

4. 计算截面

按实际有效截面计算。

(二)设计计算时新旧材料的共同工作

由于建筑结构加固时存在着构件原有材料和新加固材料两个部分,所以能否保证这两部分材料共同受力就成为加固设计计算时的关键问题。

保证新旧材料共同工作的条件是新旧结合面上剪力的有效传递。以钢筋混凝土构件加固为例,新旧结合面能有效传递剪力的要求是新旧混凝土之间有足够的黏结抗剪强度,以及在该结合面上配置足够的抗剪切筋。混凝土的黏结抗剪强度 f_v 的取值应比混凝土的抗剪强度低得多,而且它的试验值的离散度很大;f_v 的设计值只能达到混凝土立方体强度 f_{cu} 的 $\frac{1}{70}$～$\frac{1}{80}$。如 C20 混凝土的 f_v 为 $\frac{20}{70}$≈0.29 N/mm^2,C30 混凝土的 f_v 为 $\frac{30}{80}$≈0.37 N/mm^2。

若结合面上抗剪切筋的配筋率以 $\rho_v = \frac{A_{sv}}{bs}$ 表达(此表达式与钢筋混凝土构件中的配箍率表

达式相同，A_{sv} 为结合面上抗剪切筋截面面积，bs 为计算结合面面积），钢筋强度设计值以 f_y 表达，则结合面上的抗剪承载力可按下式估计：

$$\tau(\text{计算结合面上算得的剪应力}) \leqslant f_v + 0.5\rho_v f_y$$

满足上式的加固构件可按整体截面计算；否则，只能将新旧两部分分开进行受力计算。

(三)设计计算时材料强度设计值的取法

对于加固后新旧材料能够共同受力的构件，应考虑新加截面材料的应力滞后问题。被加固的原截面，在加固前已受力，但新加截面并不立即分担其受力，而是在新增加的荷载作用下才开始受力。所以在加固后的截面上始终存在着新加截面应力滞后于原截面应力的现象。这种应力滞后现象使得加固截面到达其极限状态时，新加截面材料的应力可能较低，它们尚难以充分发挥其潜力。

以钢筋混凝土轴心受压短柱的加固截面为例（图 10-8）。加固时原截面混凝土和钢筋已经受力，其应变为 δ_1。这时，混凝土的压应力为 σ_{1c}，钢筋的压应力为 σ_{1s}；但新加截面尚未受力，其混凝土和钢筋的应力为零。待到加固截面达到承载力极限状态的瞬间，原截面混凝土的应变为 0.002，应力为 f_{ck}，原截面钢筋的应变也为 0.002，应力为 f_{yk}；而新加截面混凝土和钢筋材料的应力却都未达到其强度标准值。

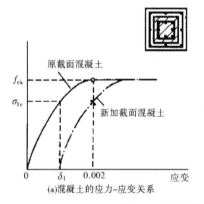
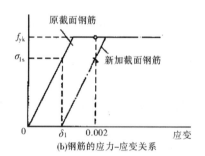

图 10-8　加固截面中材料的应力滞后现象

在实际设计时，考虑偏于安全的简化后，新加截面材料强度设计值应引入强度降低系数 η，η 取 0.8～0.9。当加固截面的受力状态为轴心受压时，取偏低值；偏心受压或受弯时，取偏高值。当加固构件直接承受动力荷载或振动荷载时，取偏低值；否则，可取偏高值。详见钢筋混凝土结构加固技术规范和钢结构加固技术规范。

二、构造和施工要点

以讨论钢筋混凝土构件的加固为例。

不同加固方法有不同的构造和施工要点。

(一)加大截面法

有单侧加厚、双侧加厚、三面外包、四面外包等几种，如图 10-9 所示。

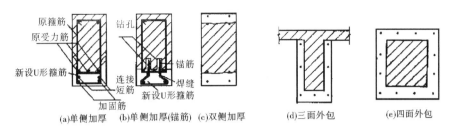

图 10-9　加大截面法示意

1. 构造要点

(1)混凝土加固层的厚度要求,板≥40 mm,梁、柱≥60 mm,如果采用喷射法施工时厚度≥50 mm;混凝土的强度等级不低于原构件,且不低于 C20,并宜采用细石混凝土。

(2)加固受力筋的直径,板 6～8 mm,梁 12～25 mm,柱 14～25 mm,封闭式加固箍筋的直径 6～10 mm,加固 U 形箍筋与原箍筋直径相同;受力筋宜采用Ⅱ级钢筋,箍筋宜采用Ⅰ级钢筋。

(3)加固受力筋两端应有可靠的锚固;加固 U 形箍筋应焊在原有箍筋上或焊在增设锚筋上(锚筋直径 d≥10 mm,钻孔直径≥14 mm,钻孔深度≥10d,用环氧树脂锚固在钻孔内,如图 10-9(b)所示,单面焊缝长 10d,双面焊缝长 5d。

2. 施工要点

(1)原有构件清理至密实部位,表面凿毛或打成沟槽(沟槽深≥6 mm,间距≤200 mm),被包混凝土的棱角应打掉,并除去浮渣、尘土。

(2)原混凝土表面冲洗干净,浇筑新加混凝土时应以水泥浆等界面剂进行界面处理。

(3)原有钢筋、箍筋和加固筋都应进行除锈处理。

(4)对受力筋和箍筋施焊前应对原构件采取卸荷或支顶措施,并逐根、分段、分层进行焊接。

(二)外包型钢法

可用水泥砂浆、乳胶水泥浆或环氧树脂化学灌浆等几种黏结材料将型钢贴紧被加固构件的四周,如图 10-10 所示。

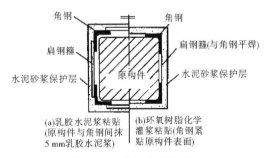

图 10-10　外包型钢法示意

1. 构造要点

(1)对型钢要求。角钢厚度 3～8 mm,边长≥50 mm(梁、桁架),≥75 mm(柱);扁钢箍截面≥25 mm×3 mm,间距20r(单根扁钢截面最小回转半径)～500 mm,节点区间适当减小。

(2)型钢两端应有可靠的连接和锚固。加固时,角钢下端应锚固于基础,中间穿过各层楼板,上端伸至上层板底;加固梁时,梁角钢应与柱角钢相互焊接;加固桁架杆件时,角钢应伸过该杆件两端的节点,或设置钢节点板将角钢焊在节点板上。

(3)当采用乳胶水泥浆粘贴时,扁钢箍焊于角钢外面;当采用环氧树脂化学灌浆粘贴时,扁钢箍应紧贴混凝土表面并与角钢平焊连接。

(4)型钢表面宜抹25 mm厚的水泥砂浆保护层,以防止外包钢的锈蚀。

2. 施工要点

(1)混凝土表面打磨平整,四角磨出小圆角,用钢丝刷毛吹净。

(2)用乳胶黏结时,抹乳胶水泥浆厚5 mm;用环氧树脂时,先在混凝土表面刷环氧树脂,呈薄层状。

(3)即将已除锈擦净的型钢骨架贴在加固构件表面,用夹具夹紧,夹具间距不宜小于500 mm。

(4)将扁钢箍与角钢焊牢,宜采用分段交错施焊法,施焊应在胶浆初凝前完成。

(5)若用环氧树脂法时,在加固骨架焊成后,要用环氧胶泥将型钢封闭并粘贴灌浆嘴,以0.2～0.4 N/mm² 的压力将环氧树脂浆液从灌浆嘴压入,当排气孔出现浆液时方能停止加压,用环氧胶泥堵孔。

(三)预加应力加固法

以预应力拉杆分,有水平拉杆、下撑式拉杆和组合式拉杆等。以张拉方法分,有人工横向张拉(水平横向张拉和竖直横向张拉)、机械张拉和电热张拉等,如图10-11所示。

(a)水平拉杆　　　　　(b)下撑式拉杆(竖直横向张拉)　　　　　(c)组合式拉杆

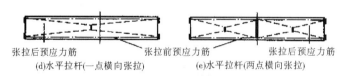

(d)水平拉杆(一点横向张拉)　　　　　(e)水平拉杆(两点横向张拉)

图 10-11　预加应力加固法示意

1. 构造要点

(1)加固梁时,选用两根直径12～30 mm的Ⅰ或Ⅱ级钢筋作为拉杆。水平拉杆或下撑式拉杆水平段距梁底净空30～80 mm,下撑式拉杆两端斜段宜紧贴梁肋两侧,其弯折处应设足够厚度(≥10 mm)的钢垫板和足够直径(≥20 mm)的钢垫棒,并用胶和焊点固定位置。拉杆两端的锚固:若梁两端已有传力埋设件可利用时,可将拉杆与预埋件焊接;若无传力埋设件时,应设置专用钢托套套在梁端,将拉杆与钢托套焊接。横向张拉钢筋通过拧拉紧螺栓的螺帽进行,拉紧螺栓直径≥16 mm。

(2)加固柱时,要用角钢作为受压撑杆施加预应力,角钢边长≥50 mm,厚度≥5 mm,角钢间用缀板连接。施加预应力一般采用螺栓横向拉紧法,做法是将撑杆中部切出三角形缺口向外折弯,在弯折处通过拧拉紧螺栓建立预应力,拉紧螺栓直径≥16 mm。撑杆末端与设在柱端的传力顶板和承压角钢连接,将预加力传给柱端以及梁或基础。传力顶板厚度≥16 mm,承压角钢边长≥75 mm,厚度≥12 mm。

2. 施工要点

(1)加固梁时,必须在施工前精确计算对水平拉杆或下撑式拉杆横向张拉的控制量(位移),并对拉杆端头传力处做认真的质量检查(指钢托套与原构件间的空隙、拉杆端头与钢托套的连接、锚具附近混凝土质量等)。横向张拉时要做好预张拉以确定横向张拉量的起点。当横向张拉量达到控制量的要求后,用点焊将拉紧螺栓上的螺帽固定,并在预应力拉杆外做防火保护层或涂以防锈漆。

(2)加固柱时,也必须在施工前精确计算对受压撑杆横向张拉的控制量,并对杆端传力处做认真的质量检查。横向张拉时也要做好预张拉以确定张拉量的起点。横向张拉完毕后,应用连接板焊连双侧加固的撑杆以固定其位置。焊好连接板后,应用砂浆填补撑杆与柱间的缝隙。对撑杆、缀板、连接板和拉紧螺栓做防火保护层或涂以防锈漆。

(四)增设构件改变传力途径法

在梁、桁架的跨中增设支柱、支撑等构件,可以较大幅度地提高被加固构件的承载力,减小其挠曲变形,这是常用的一种加固措施。它一般有刚性支点做法和弹性支点做法两种。前者(如设置支承在基础上的支柱)形成的支点没有变位;后者(如设置支承在梁上的支柱)形成的支点将产生弹性变位;如图 10-12 所示。

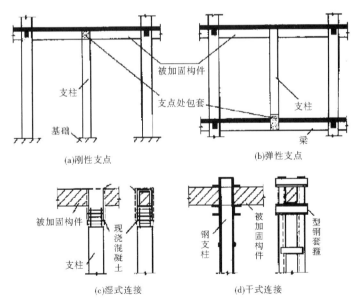

图 10-12 增设构件加固法示意

1. 构造要点

增设支柱(或支撑)的主要构造问题是它与被加固构件间有可靠的连接。这种连接有两种构造做法:湿式连接和干式连接。

(1)对于钢筋混凝土支柱,可采用湿式连接,做法是使被加固构件露出钢筋,与支柱的钢筋焊接后,再在连接节点处浇筑混凝土。节点处的后浇混凝土的强度等级不低于C25。

(2)对于型钢支柱,可采用干式连接,做法是用型钢做成套箍包住被加固构件,再将支柱与套箍焊牢。

不论哪种连接都要求处理好增设支柱后原构件受力状态的变化,保证原构件在新的传力途径下有足够的承载力和刚度。

2. 施工要点

(1)湿式连接时,连接节点处的后浇混凝土以微膨胀混凝土为宜。其他施工要求同加大截面法中的新旧混凝土连接要求。

(2)干式连接时可采用的施工方法:顶升法(用千斤顶顶升型钢支柱,使它与加固构件的套箍连接焊死就位,再设法将千斤顶拆走);纵向压缩法(制作型钢支柱时使其尺寸略小于需要尺寸,支柱就位后在它和套箍间砸入钢楔,并将钢楔焊死);横向校直法(制作型钢支柱时使其尺寸略大于需要尺寸,并成对地向外侧倾斜就位,就位后用螺栓装置在其一端施加横向压力,使倾斜的支柱校直)。

(五)粘贴钢板法

用粘贴钢板法加固连续梁的示意见图10-13。加固钢板的设计方法(需要截面面积、布置等)与钢筋混凝土构件中纵向受力筋和箍筋的设计十分相似,但需考虑加固钢板的锚固黏结长度问题。此长度又与加固构件混凝土的抗剪强度、粘贴胶的黏结强度、加固钢板的抗拉强度以及加固钢板的截面尺寸等因素有关。

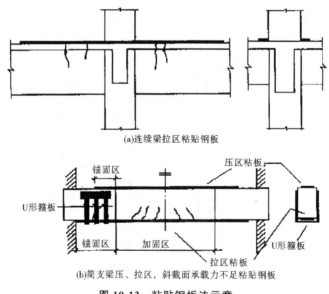

图 10-13 粘贴钢板法示意

1. 构造要点

(1)粘贴钢板基层混凝土的强度等级不应低于C15,粘贴钢板厚度为2~6 mm。

(2)对于受压区的粘贴钢板,其宽度不宜大于梁高的1/3。

(3)加固钢板在加固区以外的锚固长度:对于受拉区,不得小于$200t$(t为钢板厚度)和

600 mm;对于受压区不得小于 160t 和 480 mm。

(4)加固钢板表面须用 M15 水泥砂浆抹面,其厚度:对于梁,不应小于 20 mm;对于板,不应小于 15 mm。

2. 施工要点

(1)对加固混凝土构件的黏合面应用洗涤剂刷除油污物并用水冲洗,再对黏合面打磨除去 1~2 mm 表层,直至完全露出新面,待冲洗干燥后用丙酮擦净表面。

(2)对加固钢板的黏合面应进行除锈和粗化处理(如用喷砂或砂轮打磨,打磨纹路应与钢板受力方向垂直)。

(3)粘贴钢板前应设法对被加固构件卸荷(如采用千斤顶顶升法等)。

(4)将黏结剂配制好后涂抹在已处理好的混凝土黏合面和钢板黏合面上,厚度 1~9 mm,中间稍厚边缘稍薄,然后将钢板粘贴于预定位置上。粘贴后用手锤沿贴面轻轻敲击,保证密实。粘贴完毕立即用夹具夹紧,以胶液刚要从钢板边缘挤出为度。24 h 后拆除夹具。

(5)加固后的钢板表面要抹水泥砂浆保护。

(6)黏结剂施工时应注意防火和中毒。

思考题

1. 地基基础缺陷事故应如何处理?

2. 建筑结构的加固原则有哪些?

3. 什么是有针对性的地基基础质量事故缺陷处理措施?

附录

房屋市政工程生产安全重大事故隐患判定标准（2022版）

建制规〔2022〕2号

第一条 未准确认定，及时消除房屋建筑和市政基础设施工程生产安全重大事故隐患，有效防范和遏制群死群伤事故发生。根据《中华人民共和国建筑法》《中华人民共和国安全生产法》《建设工程安全生产管理条例》等法律和行政法规制定本标准。

第二条 本标准所称重大事故隐患，是指在"房屋建筑和市政基础设施工程"以下简称"房屋市政工程"施工过程中存在的危害程度较大，可能导致群死群伤或造成重大经济损失的生产安全事故隐患。

第三条 本标准适用于判定新建、扩建、改建、拆除房屋市政工程的生产安全重大事故隐患。县级以上人民政府住房和城乡建设主管部门和施工安全监督机构在监督检查过程中，可依照本标准判定房屋市政工程生产安全重大事故隐患。

第四条 施工安全管理有下列情形之一的，应判定为重大事故隐患：(1)建筑施工企业未取得安全生产许可证，擅自从事建筑施工活动；(2)施工单位的主要负责人、项目负责人、专职安全生产管理人员未取得安全生产考核合格证书，从事相关工作；(3)建筑施工、特种作业人员未取得特种作业人员操作资格证书上岗作业；(4)危险性较大的分部分项工程未编制、未审核专项施工方案或未按规定组织专家对超过一定规模的危险性较大的分部分项工程范围的专项施工方案进行论证。

第五条 基坑工程有下列情形之一的，应判定为重大事故隐患：

1. 对因基坑工程施工可能造成损害的比邻重要建筑物、构筑物和地下管线等，未采取专项防护措施；

2. 基坑土方超挖且未采取有效措施；

3. 深基坑施工未进行第三方监测；

4. 有夏利基坑坍塌风险预兆之一，且未及时处理：

(1)支护结构或周边建筑物变形值超过设计变形控制值；

(2)基坑侧壁出现大量漏水流土；

(3)基坑底部出现管涌；

(4)桩间土流失孔洞深度超过桩径。

第六条 模板工程有下列情形之一的，应判定为重大事故隐患：

1. 模板工程的地基基础承载力和变形不满足设计要求；

2. 模板支架承受的施工荷载超过设计值；

3. 模板支架拆除及滑膜爬模爬升时混凝土强度未达到设计或规范要求。

第七条 脚手架工程有下列情形之一的，应判定为重大事故隐患：

1. 脚手架工程的地基基础承载力和变形不满足设计要求；

2. 未设置连墙件或连墙件整层缺失；

3. 附着式升降脚手架未经验收合格即投入使用;

4. 附着式升降脚手架的防倾覆、防坠落或同步升降控制装置不符合设计要求、失效、被人为拆除破坏;

5. 附着式升降脚手架使用过程中架体悬臂高度大于架体高度的 2/5 或大于 1 米。

第八条 起重机械及吊装工程有下列情形之一的,应判定为重大事故隐患:

1. 塔式起重机、施工升降机、物料提升机等起重机械设备未经检验收合格,即投入使用或未按规定办理使用登记;

2. 塔式起重机独立起升高度、附着间距和最高附着以上的最大悬高垂直度不符合规范要求;

3. 施工升降机附着间距和最高附着以上的最大悬高级垂直度不符合规范要求;

4. 起重机械安装、拆卸、顶升加节以及附着前未对结构件顶升机构和附着装置以及高强度螺栓、销轴、定位板等连接件及安全装置进行检查;

5. 建筑起重机械的安全装置不齐全、失效或者被违规拆除破坏;

6. 施工升降机防坠安全器超过定期检验有效期,标准节连接螺栓缺失或失效期建筑起重机械的地基基础承载力和变形不满足设计要求。

第九条 高处作业有下列情形之一的,应判定为重大事故隐患:

1. 钢结构网架安装用支撑结构,地基基础承载力和变形不满足设计要求,钢结构、网架安装用支撑结构,未按设计要求设置防倾覆装置;

2. 单品钢桁架(屋架)安装时未采取防失稳措施;

3. 悬挑式操作平台的搁置点、拉结点、支撑点未设置在稳定的主体结构上,且未做可靠连接。

第十条 施工临时用电方面。特殊作业环境(隧道、人防工程、高温、有导电灰尘、比较潮湿等作业环境)照明未按规定使用安全电压的,应判为重大事故隐患。

第十一条 有限空间作业有下列情形之一的,应判定为重大事故隐患:

1. 有限空间作业,未履行"作业审批制度",未对施工人员进行专项安全教育培训,未执行先通风,再检测,后作业的原则;

2. 有限空间作业时,现场未有专人负责监护工作。

第十二条 拆除工程方面。拆除施工作业顺序不符合规范和施工方案要求的,应判定为重大事故隐患。

第十三条 暗挖工程有下列情形之一的,应判定为重大事故隐患:

1. 作业面带水施工未采取相关措施或地下水控制措施失效且继续施工;

2. 施工时出现涌水、涌砂、局部坍塌、支护结构扭曲变形或出现裂缝,且有不断增大趋势,未及时采取措施。

第十四条 使用危害程度较大,可能导致群死群伤或造成重大经济损失的施工工艺、设备和材料,应判定为重大事故隐患。

第十五条 其他严重违反房屋市政工程安全生产法律、法规、部门规章及强制性标准,且存在危害程度较大,可能导致群死群伤或造成重大经济损失的现实危险,应判定为重大事故隐患。

第十六条 本标准自发布之日起执行。

参考文献

[1]潘全祥.施工员必读[M].北京:中国建筑工业出版社,2005.

[2]中国建筑工程总公司.建筑工程施工工艺标准汇编[M].北京:中国建筑工业出版社,2005.

[3]江见鲸,等.建筑工程事故分析与处理[M].北京:中国建筑工业出版社,2006.

[4]武明霞.建筑安全技术与管理[M].北京:机械工业出版社,2007.

[5]郑文新.建设工程项目管理[M].北京:中国计划出版社,2017.

[6]郑文新.工程资料管理[M].上海:上海交通大学出版社,2007.

[7]魏东华.地下防水工程施工细节详解[M].北京:机械工业出版社.2009.

[8]李栋,李伙穆,等.建筑装饰装修工程技术[M].大连:大连理工大学出版社,2020.

[9]余国凤.建设工程质量分析与安全管理(第2版)[M].上海:同济大学出版社,2009.

[10]梁工谦.质量管理学(第3版)[M].北京:中国人民大学出版社,2018.

[11]江正荣.简明施工工程师手册[M].北京:机械工业出版社,2010.

[12]罗琦先.桩基工程检测手册[M].北京:人民交通出版社,2010.

[13]江虹.建筑施工[M].北京:中国建筑工业出版社,2015.

[14]王辉.建筑工程质量检测检验与评定[M].北京:人民交通出版社,2011.

[15]张昌旭.砌体结构工程施工质量验收规范实施手册[M].北京:中国建筑工业出版社,2011.

[16]严希康.建筑施工技术与组织[M].武汉:武汉理工大学出版社,2017.

[17]毛鹤琴.土木工程施工[M].武汉:武汉理工大学出版社,2018.

[18]杨波.建筑工程施工手册[M].北京:化学工业出版社,2012.

[19]李栋,李伙穆.建筑施工安全与管理[M].厦门:厦门大学出版社,2021.

[20]王枝胜,等.建筑工程事故分析与处理(第2版)[M].北京:北京理工大学出版社,2013.

[21]郑文新.建筑工程质量事故分析[M].北京:北京大学出版社,2013.